本研究课题获得中国机械工程学会、中国科学院
自然科学史研究所中外科技比较研究中心资助

技术转移与技术创新历史丛书 ● 张柏春　主编

制造一台大机器

——20世纪50—60年代中国万吨水压机的创新之路

Making a Big Machine

The Road of Innovation to the 120MN Hydraulic Forging Press in 20th Century China

孙烈　著

山东教育出版社

编　委　会

主　编：张柏春
编　委：（按姓氏笔画排序）
　　　　王　斌　方一兵　尹晓冬　田　淼
　　　　孙　烈　李成智　李　雪　邹大海
　　　　张柏春　韩晋芳

总　序

　　近现代技术发端于西方,并向世界各地转移。接受西方技术的国家或地区逐步消化吸收外来的技术,并使之本土化,实现技术自立,进而可能形成自己的技术创新能力。技术转移与技术创新已成为决定综合国力的一个重要因素,对社会变革和文化转型也产生了巨大影响。

　　自 16 世纪以来,技术转移成为中国技术发展的一条主线,从模仿到技术创新的根本转变越来越成为国人的追求。16—18 世纪欧洲枪炮、仪器与钟表等的制造技术就被传教士和商人转移到中国,并且在一定程度上实现了本土化。19 世纪 60 年代以来,西方技术更大规模地向中国转移。中国人试图通过引进先进技术而实现"自强",甚至迎头赶上西方工业化国家。20 世纪后半叶,中国继续大规模引进、消化吸收国外先进技术,较快地形成自己的技术能力。近十多年来,中国更是将提升技术创新能力、建设创新型国家当做一项国策。

　　技术转移与技术创新因历史阶段、社会文化的地区差异而呈现出不同的路径与模式。要认知技术转移与技术创新的本质和模式,就须开展大量的历史专题研究,特别是个案研究。自 2002 年以来,中国科学院自然科学史研究所组织团队开展了如下的技术转移与技术创新个案研究:

　　16—17 世纪西方火器技术向中国的转移(尹晓冬负责);

　　晚清德国克虏伯技术向中国的转移(孙烈负责);

　　近代铁路技术向中国的转移——以胶济铁路为例(王斌负责);

　　晚清西方电报技术向中国的转移(李雪负责);

　　中日近代钢铁技术史比较研究:1868—1933(方一兵负责);

中国高等技术教育的苏化：以北京地区为中心（韩晋芳负责）；

制造一台大机器——20 世纪 50—60 年代中国万吨水压机的创新之路（孙烈负责）；

中国航天科技创新（李成智负责）。

如今，该系列的个案研究告一段落，所取得的主要成果形成 8 部专著，结为《技术转移与技术创新历史丛书》。这套丛书在研究视角与方法、史料与学术观点等方面都有所突破。首先，与以往国内的技术成就史与引进史研究不同，作者们从技术转移或创新的视角，梳理基本史实，分析"进口—适应—技术自立"的"横向"跨国技术转移、"理论研究与教育—实用技术—产品"的"纵向"技术转移、"转移—消化吸收—创新"的转变，以发现中国技术转移与创新的模式和机制。其次，作者们发现了大量新史料或重新解读了已有史料，包括胶济铁路的德文档案、大北电报公司的档案、汉阳铁厂外籍工程师回忆录、克虏伯公司的档案、机械部关于水压机的档案、教育部关于院系调整的档案等，这为提出新的学术见解和进一步的理论研究奠定了坚实的基础。

《技术转移与技术创新历史丛书》也是国际合作研究的结果。比如，"16—17 世纪西方火器技术向中国的转移"的研究是与德国马普学会科学史研究所合作完成的；"晚清德国克虏伯技术向中国的转移"与"近代铁路技术向中国的转移"的研究得到了德国柏林工业大学的支持；"中日近代钢铁技术史比较研究：1868—1933"获益于与日本同行的交流。

《技术转移与技术创新历史丛书》主要仰赖中国科学院规划战略局与基础局"中外科技发展比较研究"项目（GZ01—07—01）的支持，也部分地得到了中国机械工程学会和北京航空航天大学人文学院的支持。作者们正在以本丛书为基础，以更开阔的视野开展中外技术发展的比较研究，审视技术在不同的文化传统中的发生、发展、转移与创新，以认知科学技术的本质，求得历史借鉴与思想启发。

中国近现代技术史研究是一项长期的学术使命。这套丛书只是从技术转移与技术创新的角度做了非常初步的尝试。因研究积累和学识所限，故本丛书中难免有疏漏与不足，敬请广大读者和学界同仁不吝赐教。

张柏春

目　录

Contents

前　言

机构运动学之父勒洛（Franz Reuleaux，1829—1905）曾给出了机器的经典定义："机器是一种具有抵抗力之物体的组合，能够借助自然界的机械力以某种确定的运动做功。"[1]从人类学会制作借助风能或水能驱动的装置算起，机器虽有数千年的历史，但对人类社会产生深远影响的时间则不过200余年。以蒸汽机为代表的各类机器引领了"工业革命"，并最终导致所谓的机器时代（machine age）的出现。机器的发明和演化，不是单纯的科学或技术知识累积到一定程度的结果。从产生和发展来看，机器是人类智力将自然资源与社会资源相结合的产物，其中的创造与变革既反映了人类对自然的认识与利用的不断深化以及社会生产力水平变迁的历程，也揭示出在不同文化中科学技术的复杂多样以及相互间的交流与融合。在此意义上，每部机器都是一个时代的见证。

汉语中将"机"、"器"两字合成为一词，并且比较明确地对应于希腊文的 mechine 或拉丁文的 machina，很可能源于明朝末期邓玉函（Johann Terrenz，来华耶稣会会士，1576—1630）和王徵（1571—1644）在合著《远西奇器图说录最》时所创。至晚清，"机器"有时被称作"机巧之器"，而"造器之人"自然也成了"机巧之士"。伴随自强运动，中国引进西方机器和产业近代化，"机器"一词在汉语中的使用才日渐频繁，而像蒸汽机、发电机、拖拉机、飞机等大量以"机"为后缀作为机器名的用法，虽明显受到欧洲语言的影响，但国人也都见怪不怪了[2][3]。

300余年来，机器对中国的影响主要还是在工业化与现代化。洋务重臣李鸿章视机器为武备之基石——"机器制造一事，为今日御侮之资，自强之本。"（李鸿章，《置办外国铁厂机器折》[4]）民国时期，孙中山更将工业化的美好前景寄望于中国的机器——"于斯际中国正需机器，以营其巨大之农业，以出其丰富之矿产，以建其无数之工厂，以扩张其运输，以发展其公用事业。"（孙中山，《建国方略》[5]）中国真正开始大规模工业建设的标志是第一个五年计划（以下简称"一五"计划）的实施。期间，毛泽东以他独有的浪漫和气魄将机器与制度并列——"中国只有在社会经济制度方面彻底地完成社会主义改造，又在技术方面，在一切能够使用机器操作的部门和地方，统统使用机器操作，才能使社会经济面貌全部改观。"（毛泽东，《省委、市委、自治区党委书记会议上的报告》[6]）

机器，既为近现代的中国带来了追求和奋进的目标，也使国人承受了太多的沉重。或许正因如此，当第一台机床、第一台船用蒸汽机、第一艘轮船、第一台柴油机、第一辆汽车、第一台拖拉机等由中国人自己制造出来的时候，它们的名字往往会出现在救国强国的光荣簿上，令人景仰。因此，在20世纪60年代，当"万吨水压机"这几个字见诸报端时，这个陌生的名字连同那台上海的大机器一起，轰动了全国。

万吨水压机制造成功至今，不同体裁的文章以新闻报道、技术文献和传记文学等形式散见于报刊和书籍。上海万吨水压机正式投产后，《解放日报》以《自力更生方针万岁！》为题发表了一篇社论（1964年6月27日），对这台大机器进行了宣传报道。20世纪60年代，最有代表性的文章为《人民日报》署名"中国共产党江南造船厂委员会"的《一万两千吨水压机是怎样制造出来的》一文。接着，许多地方和部门办的报刊都转载了这篇新闻报道。除这些文章之外，亲历者在当年的著述也为了解这台大机器提供了重要的线索。上海万吨水压机总设计师沈鸿主编的《12000吨锻造水压机》[7]1是迄今为止唯一公开发表的系统性技术文献；沈鸿本人的部分信件、回忆、总结和评述等内容已收入《沈鸿论机械科技》一书[8]1。沈鸿和副总设计师林宗棠于20世纪60年代还撰写过几篇总结性的文章。《历史曾经证明——万吨水压机的故事》[9]1记述了上海万吨水压机从制造到投产使用的完整过程。此书剔除了《"万吨"战歌——万吨水压机的诞生和成长》一书[10]1中不合时宜的政治语言。此外，在《科学通报》、《科学大众》等期刊上，也有关于上海万吨水压机部分技术内容的介绍。人物传记《沈鸿——从布店学徒到技术专家》[11]1是一部关于沈鸿个人生平的较为完整的研究专著，其中对万吨水压机的研制过程也有介绍。20世纪90年代以后，还陆续出现了一些影视作品反映当年白手起家制造这台大机器的艰辛。总之，关于上世纪中国制造万吨水压机一事，相关的宣传报道不算少，但尚未有系统的研究专著。既有的绝大多数文章多从政治和民族自尊心的视角来看待万吨水压机的成功，而在描述或评价对一些技术的来源与运用的时候，有时不尽客观。那么，制造万吨水压机在中国究竟经历了一个怎样的过程呢？

中国万吨水压机的历史有些不同寻常。1958 年，中共中央主席毛泽东在中共八大二次会议上亲自批准在上海建造万吨水压机。由此，制造万吨水压机成为一项获得国家最高决策者亲自认可的、重大的科研任务与工业建设项目。这一超出常规的决策过程既体现了国家政治与经济的需求，也为工程取得最后的成功奠定了重要的基础。此后，一支不专此业的团队以其独特的技术路线和运作方式攻克了制造上海 12000 吨锻造水压机的难关。1964 年，万吨水压机正式投产，带动和促进了国内相关产业及国防工业的发展。中国也成为少数拥有重型水压机的国家之一。这台大机器作为中国工业建设和科技发展的标志性成果，被广为称颂。中国自主制造成功万吨水压机一事，是"大跃进"时期不多见的技术创新的成功实例，其立项的经过、技术路线的选取，以及工程的组织实施与项目管理，都深刻地反映出在现实国情之下，中国快速步入工业化和技术创新的思路与举措。

本书选取中国制造万吨水压机这一典型事例作为个案，系统地研究了20 世纪五六十年代中国制造万吨水压机的历史背景、技术来源和技术特征。在此基础上，本书试图回答在制造万吨水压机的过程中，是否存在技术创新？如果存在，其性质、特点与影响因素又是怎样的？为便于分析，全书将围绕下述几个问题展开。

中国制造万吨水压机有何基础？本书第一章，从梳理国内外大型水压机的发展脉络入手，剖析了新中国兴办重型机器工业的相关技术背景和国际环境。第二次世界大战（以下简称"二战"）前后世界水压机的统计情况表明，大型水压机的技术发展和分布基本都适应所在国家和地区的工业化需求。在美、德、英等国，大型水压机的制造技术已基本成熟，有关技术也已向苏联、日本等其他工业化国家转移。然而，20 世纪 50 年代初期，中国制造业的家底主要是民国时期留下的工厂、机器和人员。薄弱的工业基础和技术能力尚不足以直接吸收国际工程科技的最新成果和关键技术。冷战开始后，中苏结盟，大量苏联和东欧国家的机器、专家和技术进入了中国。中国地缘政治形势的重大转变，直接改变了机器制造业的基本面貌和发展思路。少数几个改建和新建的重型机器厂成为引进和消化吸收相关外来技术的排头兵。"一五"后期，这几家工厂已经能够完成水压机的修配和仿制任务。但直到1958年，一台2500吨锻造水压机才在苏联专家的帮助下制造完成。第一章回顾了20世纪50—60年代中国重型机械（以下简称"重机"）工业的发展概况，重点分析了苏联重机技术向中国转移的特点，以及对相关行业技术体系的影响。

万吨水压机工程是如何立项上马的？本书第二章，对比了在上海万吨水压机立项的前、中、后三个阶段，中国大型水压机发展思路的巨变。大规模工业建设离不开大型锻件的生产，而缺乏大型水压机是当时的瓶颈。但是，这并不意味着自己制造万吨水压机就顺理成章。中国机器制造业20世纪50年代还处于起步阶段，若此时决定制造万吨水压机，要冒很大的风险。况且，研制万吨水压机需要投入大量资金，在当时国家计划经济体制的主导下，即使技术上有能力，如果没有中央决策的支持，立项也绝无可能。事实上，主管部门已经制定了较为稳妥的发展水压机的方案。然而，这些方案都在"大跃进"的狂潮中显得保守不堪。沈鸿在中共八大二次会议上，直接致信毛泽东提议在上海建造万吨水压机，并立即获得毛泽东的批准。这一举措正是万吨水压机得以上马的最重要的原因。由于毛泽东的亲自认可，水压机是否上马迅速成为政治态度。在万吨水压机的带动下，各地大中小型水压机项目纷纷上马，平地刮起了一阵"水压机风"。书中披露了水压机立项前后的诸多细节，也尝试分析了沈鸿致信与毛泽东批准的缘由。

上海万吨水压机的主要技术特征是什么？本书第三章和第四章，重点分析了万吨水压机在设计和制造过程中的主要技术困难、技术思路及相关举措。在分析其设计过程时，根据当时所用的参考资料和实际的设计方案对比，着重分析了万吨水压机的本体——即立柱、横梁和工作缸等部分的设计，探讨了其中的技术来源，以及设计人员主要技术路线的形成过程。在制造过程中，水压机的每个立柱和横梁重达数十吨或200多吨，而且精度要求高，加工、运输和安装的难度极大。关键零部件制成与否不仅关系到整个万吨水压机的成败，而且是对上海乃至全国的工业基础、科研实力和组织协调能力的一次考验。为此，全国有上百家企业、科研院所和高等院校以"大协作"的形式不同程度地参与其中。在制造部分的分析中，本书以制造这台水压机的两项最关键的技术——电渣焊接技术和"蚂蚁啃骨头"的机械加工方法为核心,分析了热加工、冷加工、起重及运输等相关技术在制造中的运用情况,并在搞清它们的技术来源和相关应用的基础上,总结了其中技术创新的特点。

东北和上海的这两台万吨水压机之间有何联系?本书第五章,对两台同时代的大机器做了多方面的比较。"大跃进"同时催生了中国万吨水压机的"双子座":一个筹划在先,一个立项在前,身处一样的时代,却经历了不尽相同的命运。本章披露了东北万吨水压机的筹划、研制经过。对于制造这两台大机器的技术路线的差异,书中也有介绍和分析。虽然第一重型机器厂(原富拉尔基重型机器厂,以下简称"一重厂")和上海重型机器厂(以下简称"上重厂")的这两台万吨水压机都在国家工业建设中发挥了重要作用,但相比上海万吨水压机的显赫声名,功劳不遑多让的东北大机器长期显得"默默无闻"。上海万吨水压机在20世纪60—70年代得到广泛的宣传,一度家喻户晓、备受关注。本书结合较为丰富的历史资料,回顾了当时宣传的盛况,剖析了其中的原因。

是什么赋予了上海万吨水压机独特的技术特征?本书第六章,尝试寻找其技术创新的来源、性质和动力。首先,在前述考察、立项、设计、制造和使用等的基础上,探讨了制造万吨水压机的创新条件。其次,在概括其技术特征的基础上,结合当时国内与国外的相关技术状况,分析了其创新活动的特征。第三,在比较其设计和制造的技术优点与不足的基础上,分析了其创新活动的意义和水平。制造万吨水压机不仅是一项具体的工程,也是一项具有典型性的社会活动。从万吨水压机的立项,到制造成功,多种社会因素影响了技术创新的层次与表达形式。

制造一台大机器,举国上下在半个世纪前曾为之一振。中国的科技实力、工业基础和社会氛围塑造了大机器。若将它放置于经济、政治和科技的"全球化"浪潮中来考量,那么它可被视作中国工业界艰难积聚实力的一例个案,也可被看做是中国工业技术与世界先进水平若即若离的一个缩影。在中国近现代工业化的进程中,从引进,到模仿,再到有所创新,患难民族的"机巧之士"所造之机器自有一个位置。

光阴荏苒,大机器如今已尽显沧桑。正所谓一叶知秋,了解它有助于理解我们所走过的时代。

第一章　新中国需要大机器

世界大型锻造水压机在 20 世纪 30—40 年代经历了一个辉煌的发展时期。本章着重阐述并分析了二战前后世界大型水压机的发展状况与技术特点，以及 20 世纪 50—60 年代中国重机制造业及其技术体系的状况。以前者为参照，可以衡量出中国的技术基础、发展思路、发展的速度和水平。

中国制造万吨水压机并不是"白手起家"，20 世纪 50 年代初步建立起来的重机制造业及其技术体系是后来赖以发展的"家底"；制造大机器也不属于"闭门造车"，因为伴随着"一边倒"的政策和中苏两国全面的技术交流与合作，部分相关技术已向中国转移。近现代以来，中国技术发展的主要方式是"外来技术本土化"[12]，通过对 20 世纪 50—60 年代中外水压机制造技术发展的比较，可以发现，在近现代技术向中国转移的背后，有两只相互博弈的"大手"——国际环境与国内政治。

第一节　国外大型水压机

大型水压机的历史并不长，却在问世不久就备受青睐；它们的数量也不多，但都发挥了举足轻重的作用。

一、大型水压机简介

水压机是一种用途广泛的锻压机器。锻压是常见的成型加工方法，通过对原料施加压力，产生塑性变形，以得到所需的形状和尺寸，并提高材质的机械性能。锻压加工的对象非常普遍，各种金属材料，如碳钢、合金钢、铜合金、铝合金、钛合金、高温合金，以及塑料制品、橡胶制品、人造板或其他坯料。锻造与普通铸造相比，锻件的性能一般要高于相同材质的铸件。因此，受力大、抗压、耐磨，或者在高温、高压下使用的重要零件大多采用锻件。锻压一般分为自由锻件、模锻件、积压件、冲压件、封头成型等类型。在过去，用铁锤捶击金属是铜铁匠们擅长的自由锻加工方式，刀剑、斧头、铁锄、剪刀等大量的兵器、工具和农具都缺少不了锻造加工。水力落锤和蒸汽锤等锻压机器的出现不仅提高了生产效率、节省了人力，而且可以加工几十公斤，甚至上百公斤的坯料，材料性能也有明显的提高。随着机器制造技术和锻压工艺水平的提高，锻压设备分化出不同的品种。根据工作原理的不同，锻压设备有机械压力机、螺旋压力机、重力落锤、动力落锤、弯曲校正机和水压机等不同类型。

水压机和油压机都属于液压机。液压机以液体为工作介质，实现能量传递和多种加工工艺。这种机器的工作原理并不复杂，主要是帕斯卡定律①：加在一个封闭容器里的液体的压强（压强＝压力/面积，或压力＝压强×面积），将会大小不变地传递到液体中的各个部分。由于这个定律的形式和效果类似于阿基米德杠杆定律，所以又被称为"液体杠杆定律"。帕斯卡据此原理推断出：一个人在一个连通器一端的小活塞上用不大的力，在大活塞的一端可以产生相当于一百个人的力；施加在小活塞上的力越大，或者大、小活塞的面积相差越大，大活塞产生的压力也就越大，如图1-1所示。在此基础上，帕斯卡天才地预见了水压机和其他液压机械的出现。

 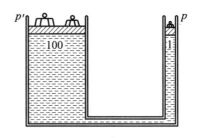

图 1-1　帕斯卡和帕斯卡定律

---

① 帕斯卡（Blaise Pascal，1623—1662），法国数学家、物理学家、哲学家和文学家。帕斯卡定律是他一生中最重要的科学发现之一。

不过，实际地做一台机器并不简单，因为从原理到真实的机器之间，还要跨越相当大的距离。1795年，英格兰工程师布拉默（Joseph Bramah，1748—1814）获得了世界上第一份水压机的技术专利，如图1-2所示。52年后，查尔斯·福克斯爵士（Sir Charles Fox，1810—1874）在水压机设计上又有了新进展，也获得了专利。这时候的水压机以人力为动力，力量有限，主要用于弯曲金属、折断木料，或捆扎、夹紧等辅助操作。

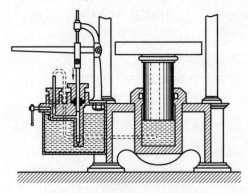

图1-2 布拉默设计的水压机

在攻克了动力、结构、传动介质及控制等一系列问题之后，第一台真正具有实用价值的锻造水压机，是由奥地利国家铁路公司的蒸汽机车主管哈斯维尔（J. Haswell）设计的，制造则是由位于英格兰利兹的柯克斯托尔锻造公司承担。1863年，这台蒸汽机安装在英格兰的库克洛普斯工厂（Cyclops Works）。此时，距帕斯卡定律发现已有200余年。

水压机出现伊始，并未立即受到重视，蒸汽锤仍占据锻造加工的主力位置。大型水压机的出现为水压机的前途带来了转机。所谓"大型"其实并没有一个特定的范围，公称压力500吨以上都可算在内①。4000—5000吨以上的水压机属于重型锻压设备，因而也被称作重型水压机。库克洛普斯工厂水压机的公称压力为1250吨，正是一台大型水压机。它以蒸汽机作

① 公称压力是表示水压机名义上最大工作压力的标示代号，在数值上等于液体名义最大工作压力和柱塞总工作面积的乘积，一般取一个整数数值。通常，水压机的公称压力用吨（T），或者用牛顿（N）作为单位。前者实际是"千千克力"的习惯说法，而后者是国际单位制（SI）中力的单位名称。我国自1977年起，逐步采用国际单位制。例如，一台水压机公称压力为12000吨（10 kT），按现在的标准应统一标示为120MN。本书为叙述方便，仍采用以前"吨"的用法。

动力，主要用于弯曲舰船的甲板，如图 1-3 所示。

图 1-3 库克洛普斯工厂的1250吨锻造水压机（1863）

与其他种类的锻造机器相比，大型水压机具有一些明显的优点：一是，可以通过增大液体的压强产生强大的压力，而不是靠增加锤头本身的重量。二是，具有大的工作空间和工作行程，适用于大尺寸的工件。三是，可以在任意位置输出全部功率和保持所需的压力。四是，工作部分的压力和速度可以在较大的范围内无级调整。五是，利用静压力工作，设备的冲击和噪声较小。大型水压机具有的压力较大、压力稳定和操作灵活、生产效率高的特点，非常适合于大型和高质量锻件的加工。

大型水压机为加工大锻件而生。自"机器时代"以来，不论是工厂中的机器，还是汽车、机车车辆、化工容器、舰船以及武器装备，许多关键大型零件均为大锻件。至 19 世纪末 20 世纪初，大型水压机的运用为大型铸锻件的生产发挥了推波助澜的作用，生产一二百吨的大锻件已不算稀奇；随着电力工业的发展和航空工业的到来，一些高精度、高性能的合金锻件也由大型水压机加工。这些大型铸锻件对整个工业，尤其是冶金、矿山、电力、装备制造、汽车与机车车辆、船舶、化工等基础工业的发展影响巨大。因此，大型水压机很快就在钢铁厂、机器厂、兵工厂、汽车厂和造船厂等地站稳了脚跟。

　　大型水压机具有液压机的共同特点——以矿物油或水基液体（一般要在纯水中加入乳化剂等）为工作介质。与一般的中小型水压机相比，大型水压机不仅是工作压力更大或个头更大，而且设计和制造的难度也显著增加。这主要表现在以下几个方面：

　　一是，工作中承受的负荷大，而且多在高温、高压下工作，对其零部件的选材和精密度都要求较高。

　　二是，零件尺寸大，部分零件的重量可达数百吨，在制造过程中通常需要使用大型加工设备，如大型铸造设备、大型锻压设备、大型金属切削机床等。

　　三是，零部件多达上万个，系统更加复杂，且对整机的自动化程度要求更高。

　　四是，成套性强。除主机之外，一台大型水压机还包括水泵、蓄势器、加热炉、热处理炉、运输吊车、锻造吊车、翻料机、工具操作机等几十台甚至上百台配套设备；而且作为重型机器厂或金属加工厂的核心设备，大型水压机需要铸造、热处理、粗加工和动力等辅助车间的配合。

　　五是，一般是单件或小批量生产，技术准备和制造周期较长。

　　不论是普通中小型水压机还是大型水压机，都逐渐发展出多种类型。按照工件加工方式的不同，可以划分为自由锻水压机、模锻水压机、冲压水压机、压力水压机和其他专门用途的水压机等。在大型水压机家族中，最先被制造出来，应用也最广泛的是大型自由锻造水压机。这类水压机是一种基础的锻压设备，在单件和小批量生产中应用广泛。从工艺上来说，它通常使用上下锻砧和简单工具进行自由锻造，既可以完成镦粗、拔长、扩孔、滚圆、冲孔、弯曲、校直等基本的自由锻造工序，用于钢锭开坯和大中型锻件加工；也可进行模锻或胎模锻造工艺，用于齿轮、叶轮，以及飞机零件等特殊零部件的加工。

　　大型自由锻造水压机是重要的工业基础装备。从对上下游产业的影响或产品的关联性来说，它在车轴、曲轴、大型化工容器、轧辊、机器主轴、汽轮机转子、电机护环、高压锅炉汽包和许多军工产品的关键零部件的生产中不可或缺。因此，拥有这种新型的锻压设备的数量、品种、等级和产量，不仅是一些工厂和行业实力的显示，也被视作一个地区或者一个国家工业基础和制造能力的标志。大型水压机不单是重机制造业，还是一个国家工业基础、制造能力和国防实力的标志之一。

二、大型水压机的发展

大型水压机是工业化到一定阶段的产物，19—20世纪的工业和科技的进展为大型水压机的出现做好了技术准备。19世纪，炼钢技术获得了多项重大突破，贝塞麦（Sir Henry Bessemer，1813—1898）转炉炼钢法（1856）、西门子—马丁（Sir William Siemens，1823—1883；Pierre-Emile Martin 1824—1915）平炉炼钢法（1856）、托马斯（Sidney Thomas，1850—1885）转炉炼钢法（1879），以及埃鲁电炉炼钢法（1899）等技术，可以炼制出10—100吨的高质量钢锭，解决了制造大机器首当其冲的材料问题。大型水压机离不开大的动力装置，成熟的蒸汽机技术和后来的电力技术不仅使得大机器的能源和动力问题迎刃而解，而且蒸汽泵和电动水泵的更替也带动了水压机的技术换代。在加工制作方面，各式机床及加工工艺形成了比较完整的机械加工体系，机器生产在很大程度上取代了手工作业，加工的精度和效率能够满足制造大机器所需。知识专门化也是19—20世纪一个典型特征，大学和各类工业学校已设置专门的机械设计与制造的系科，培养出庞大的专业技术群体。

然而，大机器的制造绝不仅仅是技术进步的结果。由于大锻件与重工业、军事工业的联系紧密，因此两次世界大战显著地影响了大型水压机的发展。二战前，德国的钢铁、机器和化工增长迅猛，在诸多方面居于领先。二战期间，美国对重工业的投资增长占到全部工业投资的90％[13]，一度拥有64家飞机制造公司和100家工厂，而70家船厂可同时造船400艘[14]。苏联的重工业在战前同样突飞猛进，战时的机器制造业的产值更是占到全部工业部门总值的五分之二强[15]。战争带动的强大的制造能力产生了对大型水压机的巨大需求。表1-1列举了二战结束前全世界投产的重型水压机的部分信息①。从中不难看出，人类文明史上最惨烈的两次战争，在很大程度上也是工业特别是重工业实力的较量。

---

① 二战后，德国和日本的水压机被美国和苏联拆走，其中有几台日本的2000—3000吨水压机被作为战争赔偿于20世纪40年代末运到中国。

表 1-1 1893—1960 年世界部分重型自由锻造水压机（4000吨以上级）制造与装机统计表[16][17]

序号	安装地点	公称压力（吨）	制造工厂	制成年份	水压机型式
英国					
1	［英］索斯弗思—约翰布朗公司	6000	［英］戴维兄弟公司	1911	双缸，蒸汽—液压式增压器
2	英国钢铁有限公司	7000	［英］阿姆斯特朗—威特伍斯有限公司	1913	原为蒸汽泵驱动，1934 年转为电动水泵驱动
3	［英］威廉比尔德莫尔公司	6000	［英］邓肯斯图亚特公司	1934	双缸，蒸汽—液压式增压器
法国					
1	［法］马雷尔兄弟公司	6000	［法］布罗伊尔舒马赫公司	1906	原为蒸汽泵驱动，1936 年转为电动水泵驱动
2	［法］菲尔米尼钢铁公司	6000	［法］霍摩比尔公司	1914	蒸汽—液压式增压器
3	［法］沙蒂科芒特里公司	6000	［法］哈尼尔卢埃克公司	1921	三级泵，空气蓄势增压器
4	［法］马里内钢铁公司	6000	［法］哈尼尔卢埃克公司	1921	蒸汽—液压式增压器
德国（二战前）					
1	［德］克虏伯公司	5000	［英］戴维兄弟公司	1908	双缸，蒸汽—液压式增压器
2	［德］克虏伯公司	15000	［德］克虏伯公司	1928	三缸，蒸汽—液压式增压器
3	［德］克虏伯公司	5000	［德］克虏伯公司	1941	双缸，蒸汽—液压式增压器，仿制于 1908 年英国机器

（续表）

序号	安装地点	公称压力（吨）	制造工厂	制成年份	水压机型式
4	［德］多特蒙德—赫尔德公司	15000	［德］克罗伊泽—瓦格纳公司	1932	双缸，空气蓄势水泵站传动
5	［德］古特霍夫农许特公司	5100	［德］施罗曼公司		双缸，空气蓄势水泵站传动
6	［德］施塔尔韦克—布伦瑞克韦克公司	5100	［德］施罗曼公司		三缸，空气蓄势水泵站传动
7	［德］鲁尔钢铁公司	6000	［德］杜伊斯堡液压有限公司		三缸，空气蓄势水泵站传动
捷克斯洛伐克					
1	［捷］维特科维采矿业与钢铁联盟	4500	［英］戴维兄弟公司	1908	双缸，蒸汽—液压式增压器
2	［捷］维特科维采矿业与钢铁联盟	6000	［英］戴维兄弟公司	1933	双缸，蒸汽—液压式增压器
3	［捷］斯柯达工厂	5000	［英］戴维兄弟公司	1933	双缸，蒸汽—液压式增压器
4	［捷］克利门特·哥特瓦尔德钢铁联合企业	12000	［捷克］列宁工厂	1956	三缸，中缸兼导向，空气蓄势水泵站传动
意大利					
1	［意］特尔尼电力工业公司	4500	［英］戴维兄弟公司	1910	双缸，水轮机和飞轮驱动
2	［意］特尔尼电力工业公司	8000～12000	［英］戴维兄弟公司	1934	三缸，采用发电机—电动机组拖动系统的水泵直接传动，8000吨用于锻造，12000吨用于弯制钢板

（续表）

序号	安装地点	公称压力（吨）	制造工厂	制成年份	水压机型式
苏联					
1	［苏］伏尔加格勒布拉卡达工厂	6000	［英］戴维兄弟公司	1914	双缸，蒸汽—液压式增压器
2	［苏］克拉玛托尔斯克机器厂	15000	［德］施罗曼公司	1935	三缸，中缸兼导向，蒸汽—液压式增压器
3	［苏］乌拉尔机器制造厂	10000	［德］杜伊斯堡液压有限公司	1934	三缸，蒸汽—液压式增压器
4	［苏］乌拉尔机器制造厂	10000	［德］杜伊斯堡液压有限公司	1934	三缸，蒸汽—液压式增压器
5	［苏］乌拉尔机器制造厂	6000	［德］杜伊斯堡液压有限公司	1934	三缸，蒸汽—液压式增压器
6	［苏］普季洛夫钢铁厂	12000	［英］戴维与联合工程有限公司	1939	双缸带导向器，原来使用4个蒸汽—液压式增压器，后改装为发电机—电动机组拖动的水泵直接传动
日本					
1	日本政府企业	6000	［英］戴维兄弟公司	1916	双缸，蒸汽—液压式增压器
2	日本政府企业	12000	［美］联合工程与铸造公司	1938	三缸，空气蓄势水泵站
3	［日］室兰制钢所	10000	［德］杜伊斯堡液压有限公司	1937	三缸，空气蓄势水泵站
4	［日］吴港海军机械厂	15000	［德］杜伊斯堡液压有限公司	1935	三缸，空气蓄势水泵站

（续表）

序号	安装地点	公称压力（吨）	制造工厂	制成年份	水压机型式
			美国		
1	［美］伯利恒钢铁公司	14000	［美］伯利恒钢铁公司	1893	双缸，无导向器，蒸汽泵
2	［美］卡内基—伊力诺依钢铁公司	12000	［美］伯利恒钢铁公司	1903	双缸，无导向器，蒸汽泵
3	［美］米德韦尔钢铁公司	7500	［美］米德韦尔钢铁公司	1904	单缸，蒸汽泵，最初设计为10000吨
4	美国海军南查尔斯敦造船厂	14000	［美］梅斯塔机械公司	1919	三缸，上横梁与基础间有倾斜支柱支撑，蒸汽—液压式增压器
5	［美］米德韦尔钢铁公司	6500	［美］联合工程与铸造公司	1920	双缸，中间导向器，蒸汽泵
6	［美］伯利恒钢铁公司	7500	［美］梅斯塔机械公司	1940	双缸，无导向器，蒸汽—液压式增压器
7	美国海军南查尔斯敦造船厂	6500	［美］联合工程与铸造公司	1944	双缸，中间导向器，往复泵，空气蓄势水泵站
8	美国海军南查尔斯敦造船厂	14000	［美］梅斯塔机械公司	1944	三缸，上横梁与基础间有倾斜支柱支撑，离心水泵并带空气蓄势器
9	［美］卡内基—伊力诺依钢铁公司	7000	［美］梅斯塔机械公司	1944	双缸，无导向器，离心水泵并带空气蓄势器

15

（续表）

序号	安装地点	公称压力（吨）	制造工厂	制成年份	水压机型式
10	美国海军南查尔斯敦造船厂	14000	［美］联合工程与铸造公司	1944	双缸，设有新式导向器，离心水泵并带空气蓄势器
11	［美］米德韦尔钢铁公司	14000	［美］联合工程与铸造公司	1945	双缸，设有新式导向器，蒸汽—液压式增压器
12	［美］梅斯塔机械公司	6000	［美］梅斯塔机械公司	1945	双缸，无导向器，离心水泵并带空气蓄势器
印度					
1	—	10000	［捷］列宁工厂	1960	—

（1）美国14000吨水压机　　　（2）苏联12000吨水压机

（3）德国克虏伯公司15000
吨水压机

（4）德国多特蒙德—赫尔德
公司15000吨水压机

（5）美国14000吨水压机

（6）美国12000吨水压机

（7）苏联15000吨水压机

（8）英国7000吨水压机

（9）意大利4500吨水压机

（10）英国6000吨水压机

(11) 德国5000吨水压机[18]

图 1-4　二战前部分大型水压机

　　纵观上表，名单上不仅有英、美、德国等 20 世纪初的工业和军事强国，还有苏联、日本等迅速崛起的新兴工业国家。重工业和国防工业在这些国家都占有较大的比重，这种形势主导了战后很长时期内世界大型水压机的发展。在 20 世纪上半叶，英、美、德三强几乎垄断了重型水压机的制造市场，上述八国的工业和军事发展也都离不开这 40 多台大机器的支撑。这表明，对一国或者一地区而言，制造和装备大型水压机的能力主要取决于装备制造业和整个工业的规模与技术水平。二战后，美、苏等国拆走了德国和日本等的水压机，以图破坏或削弱战败国的工业基础，阻止其军备发展，其中的奥秘也在于此。考虑到上述国家在二战前后的工业及国防安全的发展状况，可以看出大型水压机能够得到诸强的青睐并非偶然。

　　这里要提一下的是，捷克斯洛伐克①虽也装备了 3 台大型水压机，但是情况与上述其他国家有所不同。在历史上，捷克曾全境属于德意志联邦，1867 年后归奥匈帝国统治，并成为后者的工业区，集中了奥匈帝国约

―――――――――――――――

① 为行文方便，下文中的捷克是指捷克斯洛伐克社会主义共和国，不同于 1993 年后与斯洛伐克分别独立后的捷克共和国。

70％的工业。在上表中，捷克的第一台大型水压机就建立于奥匈帝国时期。捷克的工业，特别是机械、钢铁等重工业较发达。一战后奥匈帝国解体，捷克与斯洛伐克联合，于 1918 年 10 月 28 日成立捷克斯洛伐克共和国。捷克在二战中被德国占领，二战后又在较长时间里受苏联影响。冷战时期，捷克的工业技术的整体实力在社会主义阵营中处于上游，曾帮助中国进行工业建设。中国的万吨水压机也因此与捷克有着非同一般的关系。

　　大型水压机的发展大致经历了三个阶段。1890 年以前，大型水压机还是一个新生事物，数量稀少，技术也处在探索阶段。19 世纪末至一战之前，随着欧美重工业和军事工业的快速增长，重机制造业的规模也不断扩大，技术水平提高较快。这一阶段最具代表性的是美国在 1893 年制成的世界上第一台万吨级的水压机，公称压力达到 14000 吨。受到两次世界大战的刺激，大型锻造水压机在 20 世纪 20—40 年代进入全盛时期，技术也日渐成熟。这一时期，德、苏、美、英、日、意等国新增大型水压机 17 台，而各国的万吨级水压机总数则达到了 14 台。其中，美国在二战期间的表现非常突出，仅在战争后期就为本国制造了 6 台大型水压机，使得其重型锻造水压机的保有量达到 12 台，而万吨级的就有 6 台之多。按公称压力排序，除日本的 1 台 15000 吨级的水压机之外，德国的 2 台 15000 吨级的大水压机，在很长时间内都保持着世界纪录。令人惊讶的是，战后人们发现德国克虏伯公司正在筹建 1 台 40000 吨锻造水压机，它很可能与纳粹的核计划有关[16]。

　　表 1-1 中列出的一些制造或装备大型水压机的公司或工厂多是大型钢铁、机械或船舶企业，而这些行业当时都是大锻件的主要客户，水压机的发展明显受到这些行业的带动。相较而言，在英、德、美等国大锻件的生产多归于钢铁业；而在捷克、苏联等国，则是机械工业主导大锻件的生产。这种行业的划分方式随着技术的转移也影响了其他国家。值得关注的是，这些企业多直接服务于本国的军事工业，有的本身就是军工企业。例如，德国的克虏伯公司是德国的大型重工业集团，初期主要生产钢铁。19 世纪 50 年代，克虏伯公司开始大规模地制造军火，并逐步拓展到重工业的各个领域。美国的米德韦尔钢铁公司主要生产高品质钢材、汽轮机、压力容器，也制造舰船钢板和重型火炮等。另外，诞生了第一台万吨级水压机的美国伯利恒钢铁公司（Bethlehem Steel Crop.），前身是 Saucona 钢铁公司，于 1857 年在美国宾夕法尼亚州伯利恒南部成立，1861 年更名为伯利

恒钢铁公司。该公司主要生产优质钢材和大型舰船。1927 年该公司建造了美国第一艘航空母舰"列克星敦"号。二战期间，该公司发展迅速，成为美国第二大钢铁企业①。

冷战格局形成后，大型水压机的发展受到军备竞赛与重工业发展的带动。美、苏等国继续将重工业维持在较高的水平，与军备增长息息相关的钢铁、机器等产品的多寡也成为两大阵营角力的重要指标。美、苏两国的钢铁产量和机械设备制造能力在全球工业中占有较大优势，远远领先于其他国家，如表 1-2 所示。相较而言，冷战初期美国的工业实力明显强于苏联，与工业基础相适应的锻压设备的保有量很能说明问题——1949 年美国锻压设备拥有 54.1 万台，而同期，苏联仅拥有 26.2 万台[19]，大型液压机的数量也只有美国的一半左右。

表 1-2　1946、1960 和 1965 年世界主要工业国的钢铁产量[20]

（单位：万吨）

年份	美国	苏联	英国	联邦德国	法国	日本	全世界总计
1946	6042	1360	1290	255	441	56	11150
1960	9007	6529	2500	3410	1730	2214	34660
1965	11926	9100	2744	3682	1960	4116	45890

战后技术的发展表明，重型自由锻造水压机并不是吨位越大越好。美、苏等国的大型自由锻造水压机公称压力基本稳定在8000—15000吨的范围，规格并没有继续提高。其原因基本可归为以下几个方面：

第一，技术条件的束缚。大吨位虽然可以实现更强的加工能力，但是同时对炼钢、机器制造等方面提出了更高的要求。在 20 世纪 70 年代之前，炼制 250 吨的钢锭已逼近当时许多大型工厂的技术装置的极限。此外，大吨位还意味着更大的机身，以及更大的动力设备、加热炉、锻造行车和厂房。

第二，新型锻压设备的发展。无砧锻锤和快速锻造水压机，因其具有成本低、生产效率高，制造、安装简单，振动和噪声比普通锻锤小等优

① 该公司于 2003 年并入美国国际钢铁集团。

点，得到迅速发展。苏联已在 1954 年明确地把无砧锻锤作为重型锻压设备的一个发展方向[21]，并研究将快速锻造水压机的脉冲次数（锻压次数）从 35 次/分提高到 50—60 次/分。二战后，大型锻压设备操作和生产过程自动化的趋势明显。此外，水压机的传动方式也由蒸汽—水压传动改为纯水压传动，使水压机的操作更灵活，锻造能力更强。经过适当的技术改造，英国的7000吨水压机就可以锻造 250 吨普通钢锭，已经达到一些万吨级水压机的加工能力[16]。

第三，锻压工艺的改善。在锻压方法上，广泛采用冷锻、挤出锻压、无氧化皮锻压和精密锻压等新的工艺措施。在钢锭处理方面，美、苏、英等国都在发展真空铸造；苏联还实验了改进结晶组织的高频震动法。

第四，制造技术的进步。在机械加工方面，20 世纪中叶，制造业发达的国家已经开始普及自动机床、联动机床，以及使用高性能材料的切削刀具；焊接技术也有所突破，用电渣焊接技术可以拼合出大型铸锻件，降低了对大型铸锻设备和压力加工设备的需求；液压技术的进步促进了液压阀、管路系统和密封装置的设计，而高压和超高压技术的应用可使水压机的结构向高效和小型化方向发展，例如苏联的重型机床和水压机制造工厂（Тежстанкоги дропресс）在 1955 年左右试验了液体压力达1300个大气压的水压机[22]。

第五，重视模锻水压机等设备的发展。大型模锻水压机是发展航空航天器和电子工业所需的高性能材料的必不可少的加工设备。模锻水压机比自由锻造水压机的工作压力高，对结构设计和制造材料的要求也更高。世界第一台万吨模锻水压机由德国在二战期间制造出来，公称压力为18000吨。二战后，德国的 2 台15000吨模锻水压机被拆迁到美国，苏联则从德国拆走15000吨和 30000 吨模锻水压机各 1 台[17]。这些水压机主要用于生产飞机翼梁、筋板、底座、轮子等重要部件。二战后，美国、苏联、联邦德国、英国和法国重点发展大型模锻水压机，继 1946 年建成18000吨模锻水压机后，美国军工部门又建造了 4 台35000—50000 吨模锻水压机①。苏联

————
① 美国柯尔顿公司 1955—1956 年制造出的 50000 吨模锻水压机是当时世界上公称压力最大的水压机。

22

战后就没有制造过万吨级的自由锻造水压机，而是把力量投入到模锻水压机等设备的发展上。1957 年，苏联中央工艺和机器制造科学研究院（Цниитмаш）与新克拉马托尔斯克重型机器厂（НКМЗ）设计制造了75000吨模锻水压机①。捷克锻压设备与工艺研究所于 1959 年左右进行了16000吨模锻水压机的实验工作。法国为发展航空工业也于20 世纪 70 年代发展出65000吨模锻水压机。除模锻水压机外，二战后，大吨位的金属挤压液压机和管材、板材等专用液压机的发展也很快。

基于以上原因，冷战时期全球大型自由锻造水压机的数量增长并不显著，而是侧重于对原有自由锻造水压机及其附属设施进行技术改造和升级，另一方面则是将大型模锻水压机作为发展重点。从大型水压机的相关制造能力和技术水平来综合衡量，美国的实力最强，一直居于领先。联邦德国和民主德国在战后，设备和人员有较大损失，但是联邦德国恢复得较快，仍然有很强的技术实力。

苏联在战后高度重视重机制造业的发展，苏联共产党中央委员会和苏联部长会议曾经要求"推广先进技术，发展各种先进设备的生产，特别是强大的机械压力机和液压机与锻压机的生产"[23]。重型机器制造部门对重型锻压设备及其相关技术的研究非常重视，力图"在技术上也努力超过美国和西德（联邦德国）"。在战后相当长的时间，苏联大型水压机的目标主要是满足空间技术、原子反应堆与多种核武器增长的需要。1952 年，苏联共产党第十九次代表大会的决议要求机器制造业必须高速发展，并在关于第五个五年计划的指令上提出，重型锻压机器要比 1950 年增加 7 倍[24]。这些需求极大地带动了苏联相关行业的发展。至 1958 年，苏联拥有 14 家专业的锻压设备厂，并在制造工艺等部分领域居于领先。

与美国、联邦德国、苏联三国相比，捷克、民主德国、英国和法国的实力稍逊。另外，由于各国分属不同的阵营，在重型水压机等装备制造的合作与分工方面也各有侧重。例如，在所谓的社会主义阵营中，苏联生产大部分品种的重型锻压设备，重点在大型模锻水压机、卧式挤压机等，并

---

① 二战后，苏联拆运了德国的 30000 吨模锻水压机。1952 年，苏联乌拉尔重机厂也制造出了 1 台同级别的模锻水压机，用于飞机制造业；而该水压机的图纸和说明书于 1958 年 2 月由驻苏联商赞处寄至北京一机部基建局。

对相关的制造技术进行研究。捷克由于重机制造业的力量比民主德国、波兰和匈牙利强，可以按照苏联图纸生产1200吨平锻机、3500吨精压机和4000吨模锻机，也能够自行制造12000吨大型水压机和重型无砧锻锤。捷克的水压机主要是在皮尔逊区的列宁工厂（原斯柯达工厂）制造。

在二战后相当长的一段时期内，国际上的这种技术格局和发展趋势对中国的重机制造业及大型水压机的发展产生了重要的影响。

第二节　中国重型机械工业

中国人，从书本上知道水压机算起，到能够在自己的重型机器厂中制造出它，其间相距约100年。在这一个世纪里，中国艰难地从"自强"走向大规模工业化，重机制造业也经历了一个从无到有的历程。理清这段时期中国重机制造业的发展状况与技术特点，可以帮助认识建造万吨水压机的产业基础和技术基础。

一、国人初识水压机

水压机最早在汉语中被叫做"水架"、"压水柜"。清咸丰五年（1855年）刊刻的《博物新编》使用了这样形象化的词汇，并图文并茂地介绍了水压机的原理与功能（图1-5）[25]：

"西人每制水架，以架压棉花、纸料。其法以厚铁作一大柜，柜中容大木柱一条，使与柜内吻合，上落自如，勿使泄水。柜顶四隅以铁柱驾一平板，柜之底通引一铁筒，弯屈（曲）于柜外之侧，直出而上，约与柜体齐高。注水于筒，务以柜与筒中皆浸满为度。然后放棉花各物在木柱之上，令人以铁键塞入筒口，努力压之。假如筒中径阔一寸，柜中径阔千寸，则筒键压下之力百斤，其柜中每寸之力亦百斤，共十万斤之力。因筒中水力可均分于柜内之水，故木柱承水而起，将所夹之物密逼而实如铁矣。是借少力以制多，用一人之力即如百人之力，皆赖水势有均分之力也。"

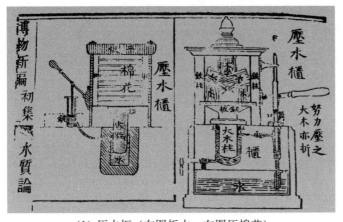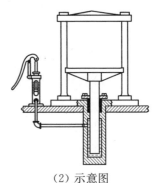

(1) 压水柜（右图折木，左图压棉花）　　　　　(2) 示意图

图 1-5　《博物新编》压水柜及简易水压机原理示意图（左图为颜宜葳、张大庆摄）

　　《博物新编》的作者英国医士合信（Benjamin Hobson，1816—1873）是基督教英国伦敦会传教士，长期在中国行医、传教和译著西方医书，其多部医书在中国流传颇广，影响很大[26][27]。江宁人管嗣复①（？—1860）可能参与了《博物新编》的编译，他与合信很可能是"压水柜"一词的发明者。《博物新编》的内容来源于当时的一些英文著作[28]，其内容虽涉及近代早期许多西方科技知识，但多点到为止。尽管如此，这部奇书还是对晚清中国知识界认识西方科技有启蒙意义。王韬（1828—1897）、华蘅芳（1833—1902）、徐寿（1818—1884）和徐建寅（1845—1901）等学人都曾受此书影响，想必也从中对早期的水压机有所了解。

　　除《博物新编》之外，后来的《格致汇编》、《格致须知》、《增订格物入门》、《格致启蒙》等书中也有介绍"压水柜"的原理、结构或使用的相关内容。汉语中的"水压机"一词很可能源于日语。日本学者饭盛挺造（1851—1916）在其编纂的《物理学》（1879）教科书中即有"水压机"这一称谓。20 世纪初《物理学》汉译本刊行，1908 年清政府学部颁行的中、

────────────

① 管嗣复，号小异，清朝江宁（今南京）人，真名管茂才。与合信两人合作翻译《西医略论》、《妇婴新说》、《内科新说》等医书，此外还和裨治文（Bridgman）翻译了《联邦志略》。《博物新编》压水柜等图可能是合信请周学所绘。

日、英3种文字对照的《物理学语汇》中已改称"水压机"。①[237]

自强运动后，中国购买了一大批洋机器，其中就有锻造水压机。这类机器厂或钢铁厂所用的水压机，其构造与功用与《博物新编》的介绍已有很大不同。前文所述，欧美工厂已将水压机用于枪炮和铁甲舰的制造，而洋务派开设机器制造局的用意正在于兵工，因此当时买水压机乃是顺理成章之事。清同治十三年（1874年），李鸿章在《筹议海防折》[29]中明确提出：

> "外国每造枪炮，机器全副购价须数十万金，再由洋购运钢铁等料，殊太昂贵。须俟中土能用洋法自开煤铁等矿，再添购大炉、汽锤，压水柜等机器，仿造可期有成。"

几年后，江南制造局购进蒸汽泵驱动的"二千吨双汽鼓水力压钢机一具"[30]9，如图1-6所示。此机器由英国制造，主要用于锻造炮管、弹筒、机器主轴与船用曲轴，操作已与欧美工厂一般无二。

图1-6　江南制造局2000吨锻造水压机

---

① 在江南制造局翻译出版的《物理学》（藤田丰八翻译、王季烈重编）中，仍将"水压机"译作"压水柜"。

"小炮用汽锤锤就，大炮用压机压成。压法用大元（圆）钳钳紧十五吨之钢块，用四十吨力起重机吊起，进于倒焰加热炉。俟其发亮白之色，即由起重机吊出，进于二千吨水力压机之中。开用一千马力汽机，运动水力，达于二千吨水力压机之汽鼓内。另开水门之机，则二千吨压机锤即能随意上下，钢块展（辗）转压机之中，四面锤压，渐就模范。再烧再压，即成大炮钢管胚料。"[31]

"钢块亦能随意压成方元（圆）扁之大料，其压力亦能随意大小，再烧再压即成，块料能造一百磅子、四十磅子炮胚及机器、大小直轴、曲轴等件。"[30]12

2000吨水压机购入后，制造大炮又添一利器。1880年，江南制造局制成一新炮，"炮身约重七吨半"。如果没有此类水压机，那是不可想象的。江南制造局的水压机当时在国内首屈一指，即使相比欧洲同类机器，也并不落后。清光绪六年（1880年），徐建寅以驻德国使馆二等参赞之名，赴英、法、德国为北洋水师订购铁甲舰，并考察工业。他在德国"刷次考甫制造厂"、英国"森茂达厂"、"毛氏枪厂"等[1]多次见到"大压水柜"——锻造水压机，并观看这些机器制造钢板、弹壳和砂轮等产品的生产过程。徐建寅认为，欧洲厂中的"大压水柜"等大机器"俱与沪局同，无他奇异"[32]。

清朝末期李浚之（1868—1953）[2]曾亲见江南制造局的水压机，并将所见所闻录于《东隅琐记》一书中[33]：

"钢胚既成，另入炉中锻之，次用极大水力之钢机压之。此机浑以钢铸，式如方砧，大约二方尺，厚亦如之，上下各二，夹以钢柱，起落皆以机轮拨转。四隅各有蒸汽管，全藉水之热度以助压力。据称，我国机器压力之大，此为第一。每方寸之力，重三千吨，殊骇听闻。"

响泉先生的记述颇有价值，可惜未能核准水压机的吨位，且误以"每方寸之力"做解释，以致后人以讹传讹。关于这台水压机，现存史料不多。1905年，江南制造局将船坞从制造局中分出，兵工部分更名为"上海

---

① 刷次考甫制造厂，即柏林机器制造厂。森茂达厂，即 Thamesmead 造船厂，位于英国伦敦泰晤士河边。毛氏枪厂，即毛瑟枪厂，位于德国奥伯恩多夫（Oberndorf）。

② 李浚之，号响泉，山东宁津人，张之洞的外甥，倡导实业救国，著有《东隅琐记》一书，记录1905—1906年间在日本及在天津、上海、青岛、济南等地的所见所闻。

制造局"和"上海兵工厂",水压机仍用于制造枪炮。1932年"一·二八"中日淞沪会战时,大多数机器被搬迁。此水压机或拆或毁,竟不知所终。一般来说,全套水压机包括主机和蒸汽机、高压水泵组、锻造与运输行车等辅机,而主辅机的正常使用还需配以重型厂房,因此,不排除这些机器设备在搬迁之后,因技术条件不具备而无法被重新安装与投产的可能性。

除江南制造局之外,晚清的其他几家洋务企业也从欧洲引进水压机。例如,天津机器局于1891年左右从英国格林活厂购进一台1200吨水压机,用于制造新式长钢炮炮弹;大约在1904之后,汉阳铁厂的炼钢厂拥有3台"水力机"。值得注意的是,江南制造局于清光绪二十一年(1895年)造出"水力压机"1台。这些机器的吨位和其他技术细节均不详。

水压机不仅可用于锻压钢铁,还是火药工厂用作驱水与成型的关键设备。1875年左右,江南制造局翻译的《克虏伯火药造法》,介绍了压制栗色火药的"压架"。自栗色火药和无烟火药出现后,高密度、单孔或多孔的几何形状药饼、硝化棉多由水压机压制而成。1887年天津机器厂建栗色火药厂、1893年江南制造局龙华无烟药厂(后称龙华火药厂)等先后开始用水压机成型工艺,仿造德国单孔和多孔炮药。此外,天津机器局、吉林机器局等兵工厂也购入500—1000吨的小型水压机用于火药生产。中国近代工业肇始于兵工,这些机器设备功不可没。

国内最早以水压机为核心设备设厂的是抗战前阎锡山在太原开办的壬申制造厂。该厂"第一科"下专设水压机分厂。1933年西北实业公司成立后,水压机分厂与炮厂合并为第一分厂,后改称西北水压机厂,设备多从德国进口。厂内拥有一台2000吨冲压水压机及6台百吨级的小型水压机,其他辅助设备约80余部,以及73间厂房和190余名职工,日产炮弹毛坯近千枚。除生产炮弹等军品之外,水压机厂也加工电动机、电扇、电钻、电力水泵等民用产品的零部件。阎锡山一贯重视枪炮弹药从原料到成品的自行配套,水压机等机器设备自然不可缺少。

民国时期的水压机仍然多数装备在兵工厂,主要用于小型火炮和弹药的加工生产。其他官办和民营的工厂则多以小吨位的蒸汽锤或空气锤为主要的锻造设备。抗战前西北水压机厂并不锻造身管、炮闩等炮料。晋造75毫米山炮、18年式88毫米野炮等的材料主要从日本、德国和奥地利进口。直至1947年晋造36式75毫米山炮时,所需材料才由西北育才炼钢机器厂和西北铸造厂初步解决。

因相关技术条件跟不上，水压机的加工能力难以发挥的情况在其他兵工厂也比较普遍。例如，技术实力较强的东三省兵工厂于1920年前后添置的水压机，只是用来压制钢质榴散弹弹体，而仿造的日式75毫米山炮、野炮，37毫米平射炮，150毫米榴弹炮和150毫米加农炮的炮管等部件，全部由国外工厂代工，锻造、镗削为半成品后，再运回国内加工、使用。至于那些缺乏大吨位锻造水压机的兵工厂，虽然也自造火炮，但是炮管、炮架、炮闩等几乎全靠进口，零部件的自给能力较弱。需要说明的是，东三省的兵工厂的设备多购自德国等地，关键技术也多由德、日、俄国等外籍人员把持；山西兵工厂等大型兵工厂对国外设备与技术的依赖情况也类似。

抗战期间，中国的工业基础受到严重破坏，锻件的生产能力也不可避免地受到冲击。西北水压机厂的设备大多被破坏或被运走。地处昆明的中央机器厂代表当时中国机械工业的最高水平，全厂仅有水压机1台，为厂内制造的机器提供锻件，产品种类、数量都十分有限。在一些兵工厂，设备与原料的匮乏使得压力加工能力难以为继，在武器生产中不得不采取代用的材料与工艺。例如，正常情况下榴散弹的药筒为钢质，需用冲压水压机做多次引伸加工，抗战时却经常用材质较差的生铁铸造；兵工署第五十工厂所产的60毫米迫击炮，因所用的碳素钢炮管无法锻制，只好以钢板卷焊，无缝管被改为有缝管，性能大打折扣；抗日根据地的兵工生产条件更加困难，用自制的"超重吊锤"作锻压设备，勉强能够将一截钢轨打造为50毫米投掷弹筒炮管毛坯，而子弹壳和炮弹壳多是收集旧弹壳，再复装使用。制造小型火炮和弹壳的情况尚且如此，重型火炮的发展更是无从谈起。设备的不足对于当时兵工发展的掣肘，由此可以想见。

民国时期，小型水压机在火药生产的运用中略有进展，一些工艺过程和质量控制得到提高。龙华火药厂和汉阳火药厂改进了原料和相关工艺，山西军人工艺实习厂的无烟药厂和东三省的兵工厂也先后采用水压机制造成型无烟药，后者还压制出国外常用的七孔炮药，提高了火药的燃烧性能。

20世纪40年代，金中铁工厂、中国植物油料、新中国、国民、渝鑫等几家工厂曾自造50吨或100吨的小型油压机，但都没有尝试制造更大吨位的液压机。当时若汇集国内的若干厂家之力，制造1—2台2000吨左右的液压机并非没有可能，因为所需的相应规格的铸锻件、蒸汽机、蒸汽水泵、空气压缩机、热处理炉以及中小型起重机等均已能够实现国产，只是设计能力偏弱。不过，以民国装备制造业的实力，5000吨以上的水压机还只能靠进口。其实，不只是自行设计制造大型水压机属力所难及之事，其他重型、成套的重大关键设备，如重型机床、大型发电设备、大型冶金设备、大型化工设备等莫不如此。究其原因，全国的基础工业门类不全，缺少大型专业工厂，技术水平低的不利局面一时仍难以改变。

日本侵华后，在东北开矿建厂，水压机等重型机器自然必不可少。1937年，日本"满洲住友金属工业株式会社制钢所"在沈阳设立锻压工场，装备了4000吨车轮水压机和3000吨轮箍水压机各1台，为铁路机车车辆轮箍、轮芯、车轴和其他矿山设备生产锻钢零件[34]5。此外，日资的鞍山钢铁厂和金州重机厂也装备有几台小型蒸汽水压机[35]。这些工厂中虽不乏华工，但技术与管理皆由殖民者掌控。1945年8月，日本战败，苏联军队奉命将大量东北工厂中的设备拆运本国，沈阳的2台中型水压机也不幸在内。大连机械厂的2台水压机因一时难于拆卸，1946年被接管的中共东北民主联军改作炮弹总装厂的弹体加工设备。

总之，1950年前，中国的水压机仍属稀罕之物，从当时的各方面条件来讲，也没有能力制造大型水压机。江南制造局和"满铁住友"分别是江南造船厂、沈阳重型机器厂的前身，在20世纪50—60年代，这两家工厂继续与中国的水压机结缘，却也是始料不及之事。

二、优先发展重工业和国防工业

制造大水压机是对中国重机制造业的考验。20世纪50年代初，中国确立了优先发展重工业和国防工业的工业化策略。重机制造业伴随着重工业和国防工业的增强而快速发展起来。

鸦片战争之后，中国的工业化进程在内忧外患中缓步推进，时有停滞或倒退。至20世纪50年代初，中国的工业可谓是千疮百孔——体系不完整，基础薄弱，而尤以重工业为甚。当时，中国没有专业的重型机器厂，只有为数不多的官办钢铁企业、机器修造厂和船舶修造厂。多数工厂的装备和技术落后，而小型民营企业更是因陋就简，它们主要从事机器设备的修配，以及简单零部件和小功率、低精度的机器设备的生产。在锻压设备方面，除原日资的鞍山钢铁厂装备有几台蒸汽水压机外，内地仅在上海的江南造船厂等工厂装备有几台小吨位汽锤，而其他小厂的小锻件要靠人工锻打，根本无法生产大锻件。中国所需的重要机器设备、关键材料、武器装备和许多工业产品只能依赖进口。

中国共产党在执政伊始即确定要加速工业化的进程，并着手规划重工业的发展。1949 年 9 月通过的《共同纲领》第三十五条规定："应以有计划有步骤地恢复和发展重工业为重点。"[36]1950—1952 年，在国民经济恢复期间，重工业得到了恢复性的发展。至 1952 年底，重工业在工业生产中的比重由 1949 年的 26.4％上升到 35.5％[37]，特别是东北重工业的生产能力在苏联帮助下有了很大提高[38]。

中国确立优先发展重工业和国防工业的建设方针，这既是国民经济、国家安全和社会发展的需求，也受到当时中苏关系的影响。中苏全面合作开始后，苏联"重工业优先"的工业化理论影响了中国相关政策的制定。二战后，苏联积极扶持重工业发展①[39]，在战前已有的重工业基础上，建立起"超重型"经济结构，尤其注重发展与国防密切相关的重工业部门[40]。同时，把发展"重工业及其心脏"——机器制造业作为国民经济各部门技术进步的基础，并通过五年计划来保障实施[41][42]。

苏联帮助中国制定了第一个五年计划。也正是从"一五"计划开始，中国把优先发展重工业和国防工业纳入到计划经济体制的发展轨道中。1952 年 8 月，周恩来在《二年来中国国内主要情况的报告》中，明确提出发展重工业是"一五"计划的"中心环节"[43]：

> "五年建设的中心环节是重工业，特别是钢铁、煤、电力、石油、机器制造、飞机、坦克、拖拉机、船舶、车辆制造、军事工业、有色金属、基本化学工业。"

同年 12 月，中共中央在《关于编制 1953 年计划及长期计划纲要的指示》中，明确提出重工业和国防工业在工业建设中的优先地位[44]：

> "首先保证重工业和国防工业的基本建设，特别是确保那些对国家起决定作用的，能迅速增强国家工业基础和国防力量的主要工程的完成。"

1953 年 9 月，周恩来在《过渡时期总路线》中强调："首先集中主要

---

① 斯大林："苏联战胜世界帝国主义的突击力量——法西斯德国的胜利就是苏联重工业的胜利。"赫鲁晓夫："优先发展重工业是唯一的正确的道路。"（1955 年 1 月苏共全会）勃列日涅夫在苏共二十三大指出，苏共"在今后仍将优先发展重工业，更快地提高生产资料的生产路线"。

力量发展重工业，建立国家工业化和国防现代化的基础。"[45]优先发展重工业和国防工业对机械工业及重机制造业提出了迫切的需求，决策者们也意识到落后的机械制造工业是制约重工业和国防工业发展的瓶颈之一。正如1954年毛泽东在中央人民政府委员会第三十次会议上所忧虑的那样[46]：

> "我们现在能造什么？能造桌子椅子，能造茶碗茶壶，能种粮食，还能磨成面粉，还能造纸。但是，一辆汽车、一架飞机、一辆坦克都不能造。"

中国要建立完整的工业体系，走自行制造武器装备和关键产品的工业化之路，就必须建立和发展重机制造业。"一五"计划期间，机械工业的首要任务是建设重型与矿山机械工业。在"一五"计划顺利实施的同时，独立制造大型水压机等重型机器也被提上议事日程。1956年，苏联帮助制定出台《全国十二年科技发展远景规划纲要》，希望科学技术水平在已有基础上有更大的提高。《十二年规划》提出中国科学技术发展在十三个方面的57项重要科学技术任务，对重型机器的技术发展也提出了明确的要求[47]：

> "……各类专业机械设计制造的研究，包括……冶金设备，轧制设备，化工、石油、矽酸盐工业设备，金属成型（包括铸造、锻压、冲压）设备……的科学研究。
>
> ……为了保证冶金工业，化学工业与材料成型及加工的机器设备，特别是冶金轧制设备、大型水压机、重化工设备及大型与精密切削机床等的发展，必需进行有关各专业机械的设计和制造工艺的有实验基础的理论研究。"

周恩来在1957年中共八大的报告中也明确提出[48]：

> "……能够独立地制造机器，不仅能够制造一般的机器，还要能够制造重型机器和精密机器，能够制造新式的保卫自己的武器，像国防方面的原子弹、导弹、远程飞机。"

由此可见，在20世纪50年代，重机制造业同许多行业一样，既面临发展的机遇，也要承受大规模工业化带来的压力。

重机制造业具有投入高、对基础工业要求高、技术门槛高的特点。中国必须首先解决机构不健全、技术力量薄弱、生产管理水平低等问题。中苏全面合作开始后，苏联的援助直接帮助中国解决了发展重机制造业所面临的管理、设备和技术等方面的诸多困难。通过设立第一机械工业部（以下简称"一机部")重型机器管理局(即第三局)等行业管理机构,统一行业技术标准、建立新的技术工作制度等方式,中国初步建立了计划经济体制下的重机技术体系与管理体系。这一系列体系和制度为行业的建立与发展,以及技术力量的统一与协调提供了有效的组织保障和制度保障。[49]

三、重机制造力量的调整与发展

20世纪50年代之前,与重型机器修配有关的技术人员和设备等都很有限,这些技术资源分散在为数不多的冶金、机械和造船等行业的工厂里,地区分布主要集中在东北地区、以上海为龙头的东部沿海和长江中下游地区、重庆与西南地区,以及太原及华北地区。民国时期,机械工业已有一定基础,也拥有一定数量的技术人员。新中国成立后,机械工业原有的技术力量得以保留和发展。20世纪50—60年代,中国重机行业的发展大致经历了三个阶段。

第一阶段,国民经济恢复期。在1950年之前,中国尚无重型机器的专门生产厂,通过改扩建部分较大企业和新建少量专业制造企业,使原有的重型机械的技术力量得以保留和恢复。东北地区是当时全国重机行业发展的重心。1949—1952年,政府采取"边恢复、边巩固、边发展"的思路,对原有企业进行了恢复生产和改建、扩建。在鞍山、沈阳、大连、本溪等地恢复和改建了多家钢铁企业和机械制造企业,东北几家重型机器厂主要用于配合鞍山钢铁公司、本溪钢铁公司、抚顺煤矿等厂矿恢复生产。这一时期,东北等地重型机械的技术力量不仅得到恢复,而且有了一定的发展。其代表为沈阳重型机器厂。

沈阳重型机器厂(下文简称"沈重厂")的前身是前文提及的"满洲住友金属工业株式会社"奉天工场。日本战败后,车间一度用于养马。解放后,该厂曾改称沈阳第二机械厂,1952年归属一机部第三局,确定以生产矿山、轧钢和锻压设备为主。同年,沈重厂利用日占时期遗留下来的图纸,试造成功1台5吨蒸汽-空气两用锻锤,恢复了一定的重机制造能力[50]。

基于原来日资工厂战后遗留的设备和人员的基础,沈重厂较早开始引进苏联的技术。"一五"计划期间,该厂引进了一批苏联图纸,试制了500吨锻造水压机和压塑料用的2000吨油压机[51]。日占时期该厂原有的水压机被苏联拆走后,于1952年由鞍钢运回1台一机部拨给的日本赔偿的3000吨水压机。这台水压机缺少一些部件，而且立柱有伤。次年，它被修复成功，实际能力为2000吨，成为当时全国唯一的 1 台中型锻造水压机，填补了国内空白[34][67][52]。由于水压机的操作工多数流散，工厂只好招收农村马掌炉的铁匠，逐渐培养。除了拥有水压机等大型设备外，沈重厂铸钢车间还有 3 座 35 吨平炉及金属加工车间。在新的重型机器厂未建成之前，沈重厂是中国技术条件最好、生产能力最强的重型机器厂。

第二阶段，"一五"计划时期，国家为重机行业投资达 43488 万元，新建大型工厂和改建扩建原有企业。整个"一五"计划期间，依靠苏联援助和自行尝试建造，建立起一批骨干的重型机器厂，基本奠定了中国重型机械设计、制造的产业基础。

在"一五"和"二五"计划时期，沈重厂等一批老企业在苏联援助下相继完成了改扩建，生产设备和技术力量都有较大发展。这一时期，通过测绘仿制苏联设备，沈重厂仿制了 2 吨、3 吨和 5 吨蒸汽—空气自由锻锤等为数不多的重机产品，及2000吨多层液压机等。

1953 年，沈重厂安装了2000吨水压机。1956 年，在苏联专家马里柯夫和波吉里斯基的指导下，将另 2 台日本赔偿的 2500 吨和3000吨蒸汽水压机修复并改为纯水式传动。这几台水压机原是日本国内工厂的设备，1948年作为赔偿物资拆运至中国。1953 年前，一直存放在上海张华浜材料厂和大冶钢厂。这批水压机在 1957—1958 年修好后，分别分配给 3 家工厂：1923 年英国产的3000吨水压机装备富拉尔基重型机器厂[52]；1940 年日本产2500吨和1000吨水压机装备太原重型机器厂（下文简称"太重厂"）；1942 年日本产1200吨水压机装备上海彭浦机器厂。修复中所需的水泵及管道都是由苏联供应。修复的这一批水压机虽然性能并不理想，但都被视作当时机械工业的"国宝"，在新中国恢复阶段发挥了作用[34][67][53][54]。通过对这 3 台水压机的修复，沈重厂培养了一支水压机设计制造的专业队伍。

苏联专家"传帮带"的方式，帮助中国培养了第一批重型水压机的自行设计力量，为中国后来开展包括万吨水压机在内的重型水压机的设计、研究和试验打下了基础。1958 年，这批设计人员又在苏联专家指导下设计制造了 1 台 2500 吨自由锻造水压机，可锻制 48 吨钢锭。这些产品的技术水平虽然不高，但是填补了一些空白和缺门。

太重厂是中国尝试自行建造的第一个重型机器厂。1950 年 5 月，"第一次全国机器工业会议"决定兴建太原重型机器厂。同年 10 月，机械专家支秉渊①主持完成设计规划，随即动工兴建。上海市为此抽调了一批技术骨干前往支援，并调拨了中央分配的水压机、重型车床、龙门刨床等设备，其中一些是日本的赔偿物资[55]11。

重型机器厂的厂房高大，厂房结构和设备安装复杂，特别是打桩、沉箱和地下构筑物的防水、重大钢结构的加工和吊装，以及水压机的安装等工程对前期的地质勘察都有较高的要求。由于没有大型工厂和重型厂房的建设经验，建设太重厂时，在地质勘察、总平面布置和设计任务上出现了问题，于1954年被迫中断基建。1955年复工后，在苏联专家的指导下进行了工厂设计。1958年建成投产，设计年生产能力6万吨，产品包括50—100吨桥式起重机和公称压力为2600吨以下的水压机。1953年安装了1000吨水压机[56]，1958年时安装了捷克制造的3000吨水压机，后又安装了2500吨[57]、1000吨水压机各一台，还配套有2座30吨平炉等设施。经过"一五"和"二五"计划时期的重点投资，太重厂建设成为重机行业的骨干企业。太重厂的自行建造虽然没有完全成功，但是对中国重型机器厂的设计和发展却从中积累了经验。

"一五"计划期间，苏联援助新建了富拉尔基重型机器厂，即第一重型机器厂（下文简称"一重厂"）等大型重机制造厂。一重厂仿照苏联的重机厂建造，由苏联重型机器制造部重型机器厂设计院承担工厂设计，组织机构及定员均参照苏联新克拉玛斯托克重型机器厂。1956年6月一重厂区工程开工，1958年部分建成投产，1960年全部建成，共投资4.58亿元。一重厂设计年生产能力为6万吨，建成后成为生产能力最大的重型机器企业，以生产大型轧机、冶炼设备、锻压设备、大型发电设备和大型铸锻件为主，设计可生产的最大铸钢件为115吨，最大锻钢件为85吨。

1958年，一重厂局部投产。1959年，一重厂安装了1台捷克制造的6000吨水压机，它是当时中国公称压力最大的重型水压机，可锻造的最大件达到85吨，能满足一般大型、中型设备对锻件的需求。一重厂后来还投产了1台万吨水压机，并配套有3000吨、1250吨和800吨的水压机各一台，3座60吨平炉，其中1台为酸性炉。中国工业界在苏联和捷克帮助设计建

---

① 支秉渊（1893—1971），字爱洲，机械专家，中国内燃机研制的先驱。支时任华东工业部机械处处长，中央重工业部重型机器厂筹备处副主任，太原工程处处长，后来曾任太原重型机器厂副厂长兼总工程师。

设一重厂和大型水压机的过程中，积累了许多经验。

除几家大型重机厂之外，在钢铁和军工行业的工厂中也装备了几台较大的自由锻造水压机。1957年，内蒙古447厂安装了1250吨与2000吨锻造水压机各一台，齐齐哈尔钢厂安装了1250吨和3000吨水压机各一台。

总之，在此阶段，中国装备了少量的最大公称压力达2000—6000吨的水压机。至1959年，全国重机行业共拥有8台自由锻造水压机，19台1吨以上的蒸汽锻锤。（全国水压机装备状况见图1-7、图1-8。）

第三阶段，"大跃进"至"文革"时期，重机行业打乱原有计划，急速发展，盲目性很大。"一五"计划进展十分顺利。为冶金工业提供成套设备和重要零部件是"二五"计划期间重机制造业最主要的任务。在制定具体规划时，苏联专家拉巴乔夫认为，重型锻压设备需要量的变化应与国家钢材的增长率相似或更高一些[58]。一机部当时采用了苏联专家的建议。可是，逐渐升温的钢铁大跃进对重型机械制造的规划产生了很大影响。

一重厂、二重厂、沈重厂和太重厂等大型重型机器厂在加速原有建设项目的同时，开始了新的扩建。20世纪60年代，上重厂、一重厂和西南重型机器厂（最早叫德阳重型机器厂，1960年更名为第二重型机器厂，下文简称"二重厂"）分别安装了1台万吨级锻造水压机，成为所在地区的大型铸锻件中心。其中，二重厂是此期间国家重点建设的重型机器厂。该厂于1958年开始筹建[59]115，三线建设时期扩建。建厂时考虑将其建成西南大后方的战略生产基地，军品和民品生产相结合。1971年投产，1976年完成填平补齐配套建设，设计年生产能力为6万吨。该厂装备有12500吨、6000吨和3150吨水压机各一台。其中，12500吨水压机系从捷克进口。该厂还为水压机配套了5座加热炉和11座热处理炉。

20世纪60年代初，中苏两国两党交恶。在失去苏联援助之后，为了解决重工业建设和国防建设对大型重型机器和成套设备的急需，国家开始加速发展重机制造业。除上述几家工厂之外，这一时期还改扩建了洛阳矿山机器厂、上海矿山机器厂、抚顺重型机器厂、大连重型机器厂、太原矿山机器厂等大型重型机器厂。在"大跃进"时期，后面的这些工厂也尝试制造或安装了若干中小型水压机。其实，按照计划体制下的专业分工，这些工厂本来都不生产水压机。

四、苏联技术的转移与中国科研力量的发展

同当时许多行业的技术发展相似，中国重机制造业所走的也是从仿制到独立制造的道路；而人才的培养则主要依靠对外交流及国内多种层次的专业教育。20 世纪 50—60 年代，相关的专业研究和教育培训的发展大致可分作两个阶段：

第一阶段，1949—1955 年，设计力量初步恢复与整合。1952 年，重工业部曾尝试在高等院校、中等专业技术学校和原有厂矿技术人员的基础上组成重型机器的设计公司，有设计人员百余人。但是，绝大部分设计人员对重型机器是改行从头学起，而这种设计机构又脱离生产，因此很快发现所出的产品图纸错误较多，不能满足实际生产的需要。

同时，重机行业技术人员短缺的问题非常突出。在恢复时期，全国重型机器厂技术人员总数不过 611 人，许多厂包括绘图和描图在内只有 2—3 名设计人员。例如，沈重厂只有 6—7 名技术人员。据 1955 年统计，全国重机行业共有技术人员 2094 人，占生产工人的 10.4%。工程师仅有 139人，其中，大专以上程度占 13.05%，中专程度占 21.77%，工人出身占42.9%，转业干部及其他人员占 22.28%。而且，高级技术人员成长缓慢，3年来只有 50 人升为工程师、技师。包括助理设计员和实习生在内，产品设计人员不足 400 人，而且主要集中在一重厂和上海矿山机器厂，其余 8 家生产厂的专业设计室只有技术人员 376 人，其中，工程师 23 人、技师 3人、技术员 228 人、助理技术员与实习生 122 人。到 1956 年 3 月统计，全国共有工程师 150 人、技师 145 人、技术员 1466 人、助理技术员与实习生1294 人。按照 1956 年计划投产的新产品总数 224 种来计算，平均每种新产品的设计人员投入不足 2 人。设计和制造的标准化、系列化更是刚刚起步。在制造环节，热加工和冷加工的工艺都很落后，冷加工的工艺水平更低。制造环节主要问题在于工艺文件内容不完备，工艺装备和检测手段比较落后，测试仪器也不齐全，最终导致产品的废品率高。

这段时期，薄弱的技术力量无法满足国家新建和改扩建重机企业的需要。管理部门虽然意识到"没有科学研究工作是技术工作落后、技术水平低的主要问题"[60]，但是一时也缺乏有效的解决办法。

第二阶段，1955—1960 年。这一时期，中苏两国在各个领域密切合作，加上国内对知识分子政策的调整，比较重视科技工作及专业人才的培

养与使用，这些因素都促进了科研和教育的发展。在此阶段，"国内外培训互相衔接"是重机行业人才培养的主要方式。中国同苏联等国的技术交流在工厂建设与产品设计制造、建立科研院所、专业教育和培训等多个方面影响了中国重机技术的发展。

"一五"计划之后，在军事、能源、材料、航空航天等重大战略目标的带动下，单纯的产品仿制已经不能满足重机制造技术进一步发展的要求，必须要开展新产品的研发。从1955年下半年开始，在苏联专家指导下，各重机厂陆续成立了多种专业设计室，将原有设计公司的设计人员分配到各厂充实设计力量。1957年，这支设计队伍重新分配到一重厂、沈重厂、太重厂和刚成立的重型机械研究所，初步形成了中国的重型机械设计队伍。

1956年，一机部第三局局长钱敏参观苏联重机部中央机械及工艺科学研究院时，苏方代院长建议，在建新科学研究院时应注意3个重要问题：培养干部、建立实验基地、反对为研究而研究的作风。一机部在发展之初，这些建议也的确很符合需要。后来，许多研究院所从机构设置、工作模式，到具体的研究目标等，几乎每个方面都获得了苏联的帮助和指导。

至"文革"前，重机行业的科研体系已经初步建立，分布于一机部、大型企业和相关专业高等院校的科研院所，成为重机行业科研的主要力量。

在设计和制造方面，"一五"计划期间，几家大型重机制造企业作为苏联援建的"156项工程"的一部分，迅速建立起来。苏联承担了其中主要的技术任务，包括选择厂址，搜集基础资料，进行设计（苏方承担70%—80%），供应设备（苏方承担50%—70%），无偿提供技术资料[①]，直到指导建筑安装和开工运行[61]。而且，苏联还向中国提供成套设备，其内容不仅包括交付机器设备，还包括交付设计、供应设备、提交技术资料、派遣专家和接收实习生[62]。

"一五"计划期间，苏联对重型机器的技术资料进行全套供应，包括产品设计、计算书及施工图等；对新建厂还供应了大量工艺资料、工卡量具资料，以及许多标准、系列、通用的设计资料。中国的同行也利用这样的机会，得到了一些宝贵的技术资料，为以后的发展做了适当的技术储

---

① 其实，在三年恢复时期，苏联即开始供应一些产品的部分图纸。

备。例如，苏联在二战后拆运了德国的 30000 吨模锻水压机，1952 年苏联乌拉尔重机厂也制造出了 1 台同级别的模锻水压机，用于飞机制造业；而该水压机的图纸和说明书于 1958 年 2 月由中国驻苏联商赞处送到一机部[63]。因此，如果用当时重机行业内的话来讲，这一阶段的设计工作可以说是"在充分占有国内外技术资料基础上进行"的[51]。

除产品的设计、制造和生产的技术资料外，苏联各有关科研院所、各重机厂的技术情报部门还经常供应专业书籍，这些书籍也对中国由仿制向自行设计过渡起了很大作用。其他的国家，如捷克、民主德国、波兰、罗马尼亚和匈牙利也提供了一些技术资料。此外，苏联专家还指导和帮助进行水压机车间的建设，以及水压机的安装、生产及维护等，在生产实践环节提供技术支持。

另一条积累经验、掌握经验的办法就是对苏联等国提供的产品进行测绘。在国外图纸不能及时到达的情况下，测绘能很快满足对产品生产的需要。通过测绘熟悉产品情况、性能，并根据机器在使用中出现的缺陷来进行改进。虽然测绘经常出现各种错误，但是中国的技术人员却能从中得到许多实践经验，从而迅速成长起来。

这一阶段，多种专业的教育和培训方式培养了一批重机制造业的管理和技术人才。1950 年，东北工学院成立，该院以原东北大学为基础，并入原沈阳工学院、抚顺矿业专科学校及鞍山工业专科学校；1952 年，配合太重厂成立了太原机器制造学校（1960 年改为太原重机学院）。1958 年在哈尔滨工业大学重型机械系及相关专业的基础上，组建重型机械学院（1960 年改名为东北重型机械学院）①。在职业技术教育方面，20 世纪 50 年代举办了各种长期或短期的培训班，采取"师带徒"的方式培养技术工人。"一五"计划期间，为了适应苏制机器设备的生产操作，依靠大型工厂发展职业技术教育。各地还以在职职工的技术培训为主，办起规模不等的业余大学、函授大学。

除了专业教育的方式，向苏联等国派遣实习生和考察团也是培养人才的重要途径。实际上，这种方式也得到了苏联专家的鼓励。苏联克拉玛斯托克重机厂冶金中央实验室主任的一番话就很有代表性[64]：

"（我）建议中国派实习生到实验室中学习，这是很重要的工作，不可忽视。我们实验室中的工作人员都很年轻，但是做出了许多的工

---

① 该校 1985—1997 年迁址秦皇岛，更名为燕山大学。

作成绩。研究院与大学中的教授，亦时常来此看我们的成绩。"

截至1959年，重机行业派往国外的实习生有200余名。这些实习生中，既有厂长、总工程师、车间主任、工长等管理干部，也有工程技术人员、大学毕业生和技术工人①。在实习中，苏联、捷克等工厂都尽了最大努力，编有实习计划，并有专责的培养人员。

出国的留学生、实习生和考察人员在国外开阔了眼界，得到了锻炼。他们回国后，多数人成为重机行业内的管理和技术骨干，在决定重机工业的发展方向以及新技术的推广中，都发挥了不可替代的作用。

在技术力量组建之初，中国的技术人员只能自行设计少数小型简单的产品。以1955年为例，当年重机新产品153种，自行设计的只占18%，另82%为依靠供图或者测绘完成设计。随后几年自行设计的比例逐渐上升，但依靠供图和测绘依然是不可缺少的。在沈重厂修复日本赔偿的3台2000—3000吨水压机的时候，中苏双方进行了有效的合作，因此中方的技术人员希望在重型水压机的设计方面能够得到苏联专家的帮助[65]：

"我们建议苏联专家来中国的三个月工作最好将其重点放在请专家协助我们设计重型锻造水压机上，这样既最大限度地发挥了专家的专才，同时亦为我国今后（在）设计制造重型锻造水压机上奠定了基础……"

中苏之间的这种技术交流的方式，为中国的技术进步提供了方便。对于苏联专家的帮助以及使用苏联的技术资料和测绘产品，中方当时对此并不讳言[51]：

"第一个五年三局所生产的产品，几乎全部是靠苏新②国家援助的技术图纸，只能说是开始学习摸门路。

各类重型机器产品的设计发展过程，多是经过了照抄、修改设计、取得经验之后，才能进行独立设计的……如果没有这些技术资料，则中国的自行设计工作，则当走若干年的摸索过程。

在发展新种类产品上，苏联及其他社会主义国家，给我们创造了

———————————
① 1953—1960年，一机部主管重型机械发展的刘鼎副部长，第三局局长钱敏，沈阳重机厂、太原重机厂和富拉尔基重机厂等重型机器厂的厂长、总工程师都曾赴苏联、捷克、波兰、民主德国等考察，收集了大量技术资料和信息。
② "苏联和新民主主义国家"的简称。

捷径，供给我们最新的技术资料，使我们能够从恢复时期开始，就按照苏联的技术标准和技术成就选择产品进行新产品试制工作。其他如生产管理方面等等，都由于有了苏联和其他社会主义国家的经验，使我们少走了许多弯路。"

总之，在今天看来，中苏之间的这些交流合作对中国重机制造业的发展起了很大的推动作用，也为后来万吨水压机的自主研发设计奠定了至关重要的技术基础。

附：1949—1962年全国最大公称压力2000吨以上的水压机装备状况统计①

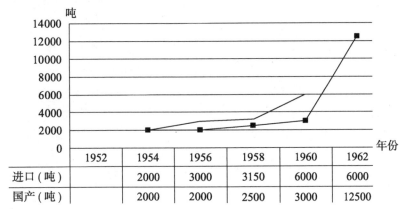

年份	1952	1954	1956	1958	1960	1962
进口（吨）		2000	3000	3150	6000	6000
国产（吨）		2000	2000	2500	3000	12500

图 1-7　1949—1962年水压机年度最大生产能力（吨）

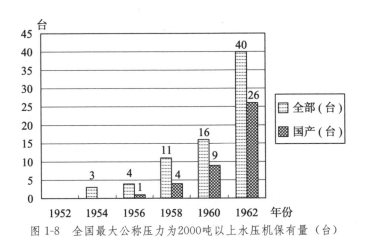

图 1-8　全国最大公称压力为2000吨以上水压机保有量（台）

---

① 国产，包括按照国外图纸生产、仿制、自行设计制造等方式在内。

第二章 "大跃进"催生大机器

20世纪50—60年代，中国优先发展重工业与国防工业，大型水压机也很自然地受到青睐。不过，鉴于当时薄弱的经济与技术实力，特别是与水压机配套的大型钢铁厂和机器厂尚未建成，决策者一度采取了相对稳妥的发展策略——以引进苏联或捷克设备为主，从仿制中小型水压机入手，逐步消化吸收国外重型机器制造技术，最终实现自给。然而，1958年开始的"大跃进"打断了预定的发展思路。自制万吨水压机的提议在党的代表大会上得到最高领袖的重视，这项工程以意想不到的方式上马，一场几乎刮遍全国的"水压机风"也随之到来。

第一节 计划赶不上变化

20世纪50年代初的中国百废待兴。"一五"计划期间，苏联帮助中国确定了重型机械的发展规划。随着中国重工业的发展，产业部门对装备大型水压机的需求增长很快。在与苏联和东欧国家密切的技术交流中，中方对大型水压机的需求逐渐明晰。在"一五"计划末期制定"二五"计划时，中国打算进口万吨级的水压机以装备新的重机厂；考虑到当时的技术能力，"二五"计划期间自行研制水压机的计划被确定在6000吨级以下。

一、富拉尔基重机厂装备大型水压机的初步规划

1953年，中国在苏联援助下开始筹建富拉尔基重机厂。当年，时任一机部重型机器局（第三局）局长的钱敏率队赴苏联商议设计方案和考察工

厂。专家们为一重厂(当时的厂名为富拉尔基重机厂)确定了以生产1150初轧机等大型轧钢设备和大型铸锻件为主的生产纲领。当时,中苏双方都认为该厂选择6000吨水压机是适当的,另装备3000吨、1250吨和800吨水压机形成高低搭配的格局,并设计制造相应的水压机车间、铸钢车间、粗加工车间,以及相关的配套设施。1957年6月,6000吨水压机配套的车间正式动工兴建,1959年3月建成。

实际上,苏联并没有打算为一重厂制造这台6000吨水压机,而是把从设计、制造到安装的任务转包给了捷克。捷克斯柯达工厂将这台水压机的型号确定为SKV·6000吨锻造水压机[66]251,水压机的本体采用三横梁与四立柱的结构。由于一重厂在"二五"计划期间才能建成投产,这台水压机也计划在1960年左右交付使用。随着一重厂建设工程的顺利进行,苏方一度打算提前到1957年交付。最终,全部零部件于1958年送达一重厂。

1958年8月,斯柯达工厂的2名技术人员世必拉尔和布拉伯茨受苏方委托,到一重厂指导安装水压机(图2-1)。次年3月,这台当时国内吨位最大的液压机正式投入生产,可以生产出1150初轧机轧辊等锻件。

(1) 6000吨水压机安装现场 　　　　　　(2) 捷克与中方技术人员在安装现场

图2-1　一重厂的捷克6000吨水压机

其实，在钱敏等人初到苏联时，就已经了解到"2500 冷轧机，（重）有 22000 吨，需要用 10000 吨水压机"[67]。不过，当时中苏双方的专家并不认为中国马上就需要用到万吨级的锻造水压机。中国初建的大型重机厂，首要的是能够较快地建成，解决大量急需产品不能自给的问题，并为其他工业项目提供及时的保障和支持，而不是一步到位地拥有苏联大型重机厂的生产能力和技术条件。况且在苏联的设计与规划中，中国所需的高端产品不必非要完全自产，苏联希望保持在己方阵营中各方面的优势地位。

在考察中，中方人员也了解到一些苏联专家不建议发展万吨级以上自由锻造水压机的看法。乌拉尔重机厂总工程师告诉第三局局长钱敏等人，采用新技术能对大锻件的生产产生重要的影响。例如，利用新发展的电渣焊接技术，可以将中小型的锻件焊接成大锻件，这样就不需要万吨级以上的水压机，只要能够锻造 90 吨的钢锭，就可以满足生产大锻件的需要；而且，此种方法还有利于铸件的生产，也有利于提高现有大型水压机的利用率。应该说，此种观点是有说服力的，中方专家进一步的考察也验证了这种说法的可靠性。

当然，中方也并未完全放弃对装备万吨级水压机的考虑，而是希望在后续的技术升级和工厂扩建时再做打算。1954 年，在筹划富拉尔基重机厂未来扩展方向时，中方曾将增装万吨级水压机作为关键问题提出[68]，并且与苏联专家商谈了扩建时水压机车间的位置安排[69]。

"扩展方向的问题关键是水压机。倘若本厂将来扩展方向是更重型的产品和更大锻件，则应在水压机车间保留添装 10000 吨水压机的可能性。中国的工业发展，是和苏联相似，这样的发展是完全可能的……曲轴用自由锻造时，如果用模锻方法，计算需 28000 吨水压机，现采用分段模锻法，10000 吨水压机即可以了。

扩建位置要根据将来的增加水压机来决定，如果增加 3000 吨水压机，扩充在北面，如果增加 10000 吨水压机，扩充在南面。"

此后，中国虽然没有马上发展公称压力为 6000 吨以上的水压机，但是对万吨水压机始终抱有很大兴趣。在"一五"计划期间，一机部多次派人去苏联的乌拉尔重机厂和新克拉玛托尔斯克重机厂，考察万吨水压机的生产情况，以获得更多的认识。譬如，1956 年 9 月，一机部第三局王新民等人在乌拉尔重机厂参观了 10000 吨水压机的生产过程，仔细了解其主要产品、生产工艺，以及相关的配套设施[70]。同年11月，第三局又派大型铸锻件考察组，参观乌拉尔重机厂水压机的生产情况，并对公称压力为3000吨、6000吨和10000吨3种吨位的水压机做了比较[71]：

> "钢锭在3000吨水压机锻造完了以后，不需加工及热处理，可以直接在10000吨水压机（上）进行半热锻……曾试验用3000吨水压机上锻，感觉力量不够，最好用6000吨水压机（10000吨水压机，力量太大了）。"

到了1957年前后，军工部门提出了对万吨水压机的需求。以当时国内已建和在建的重机厂来比较，一重厂的生产规模和配套设施情况比较理想。1957年，一机部部长黄敬召集一重厂副总工程师冯子佩赴京，商讨在该厂增设万吨水压机一事。黄敬就两种方案征询冯子佩的意见，一种是将捷克设计的6000吨水压机改装为万吨水压机，再一种则是在原设计外再补加万吨水压机。冯子佩认为，第一种方案受到原有厂房和起重机的限制，实现起来难度较大，而第二种方案则"没有问题"[55]。但是，由于当时6000吨水压机尚未安装、投产，在一重厂增装万吨水压机的计划也就没有马上落实。

二、西南重机厂装备万吨水压机的决策

早在1955年，中国就筹划"二五"计划期间在西南地区建设新的大型重机厂，并规划装备大型水压机，同时希望苏联与捷克帮助制定规划方案。捷克专家建议，新建的重机厂应安装12000吨、6000吨水压机。捷克方面也愿意承接这2台水压机的制造任务，并初步确定了在斯柯达工厂的生产安排。

在权衡是否装备万吨水压机的问题上，一机部充分考虑了苏联与捷克专家的建议。1956年，第三局局长钱敏等赴苏联，与苏联及捷克的专家进一步商谈新重机厂方案。各方专家对装备大型水压机存在两种意见：第一个方案，按照一般大型重机厂的生产方式，安装1台10000—15000吨锻造水压机，并配合该水压机再安装3台1000—6000吨水压机；第二个方案，拟以新的技术方案制定建厂规划，不安装大型水压机，而用3000吨水压机锻造中小锻件后，再用焊接的方式制造大件。由于方案二的技术不是主流，因此第一方案成为首选。这是中国工业部门第一次明确提出要安装万吨级水压机。

　　初定方案后，中方对装备万吨级水压机的态度比较慎重。在稍后建设德阳重机厂的规划方案中，一机部并没有急于求成，而是要求在第一期（1960—1964年）建厂时以6000吨水压机为中心；而在第二期（1965—1972年）时以12000吨水压机为中心①[56]1。

> 　　"我们认为在第三个五年计划中必须要考虑国内生产的问题。故在第二个五年计划的初期即开始筹备建设一个具有12000吨水压机能力重机厂是有必要的，亦是适时的……我国在第三个五年计划初期有一台12000吨水压机，不能说是搞早了更不能说是搞多了。"

　　一机部的这个方案很快就被修改了。1956年，各行业都开始制定第二个五年计划，"一五"计划的顺利实施很自然地刺激了工业界的欲望。在"二五"计划新产品发展中，冶金部提出要在1962年前全国添置6台万吨级水压机，一机部也提出在1961—1962年间在两大重机厂装备2台万吨水压机。这些需求对重机制造业的压力很大。用钱敏的话来讲，在这种形式下必须"迅速安装12000吨水压机"，"要解决能不能的问题"。最终，一机部决定应尽快装备万吨水压机，并要以1台12000吨水压机为中心建设西南重机厂[72]。

> 　　"由于水压机的能力是一个国家工业技术水平的重要标志，为了使我国工业技术能逐步与先进的工业国看齐，及为了满足今后建设中对大型锻件的需要，特别是因为世界科学技术已进入州（洲）际导弹、人造卫星时代，而发射导弹和卫星的设备也必须大型锻压设备来制造。因此也有必要增加一台12000吨水压机并以此为中心来建设。"

　　1956年初，建设西南重机厂的准备工作启动后，中国就与捷克多次商谈大型和特殊设备订货及技术资料的供应问题，其中也包括万吨水压机。1956年6月27日，根据中捷双方第894号议定书，确定由捷克供应所需的12000吨、6000吨、1250吨水压机共3台，以及配套的大型铸、锻、淬火吊车及若干台粗加工机床等设备。这笔大订单显然刺激了捷克的胃口。对捷方而言，因为不存在供货的竞争对手，唯一可能失去这笔订单的，只会是中方改变需求。所以，捷克多次催促中国尽快签订合同，并称12000吨水压机已投入生产。事实上，捷克在当时尚未完成设计，中方的技术人员后来还参与了部分

————————————

① 受"大跃进"和"三线"建设的影响，第二重机厂实际的建设进度比1957年的这个规划要提前。

的设计与制造工作。直到20世纪60年代末期，这台最早得到正式规划的万吨水压机才在二重厂安装、投产。

三、自行制造大型水压机的最初设想

中国重机行业始终没有放弃自行制造大型水压机的计划。当然，这样的打算必须要考虑实际的技术能力。

前述提到，在20世纪50年代初期，全国具备中小型水压机修复能力的仅有沈重厂一家而已，而全国锻压设备的专业技术人员相当匮乏，经验也明显不足。至1959年初，在苏联专家的帮助下，沈重厂刚制造完成1台2500吨水压机。几年内，基础薄弱的重机行业就达到这样的发展速度，还是相当快的。

但是，相比于国家快速建立完整工业化体系和继续优先发展重工业的决心，机器制造工业还必须要承担更重的压力。1956年的中共八大会议提出，要"使重工业生产在整个工业生产中占显著的优势，使机器制造工业和冶金工业能够保证社会主义扩大再生产的需要，使国民经济的技术改造获得必要的物质基础"。周恩来在大会上做《关于发展国民经济的第二个五年计划的建议的报告》。针对许多大型的精密机器和成套设备不能自给的问题，报告特别提出，要重点"发展我们所需要而又缺乏的各种重型设备"等制造业，使机器设备的自给率达到70%左右[73]。重机行业距这一指标无疑有很大差距。

基于这些情况，在随后出台的技术发展规划中，一机部第三局计划在"二五"计划期间自行研制3000吨水压机，而6000吨和8000吨水压机则计划在"三五"计划期间完成。至于自行建造万吨水压机，在1958年之前一直都没有纳入议事日程。

总而言之，在1958年之前一机部制定的大型水压机的发展规划和进度，既考虑了当时全国的工业基础、技术实力、各厂的生产能力及水压机的实际装备情况，也寄希望于中苏之间未来继续开展的技术合作。两家大型重机厂陆续进入建设阶段，但受限于技术实力的不足，产业界和科研部门借中苏密切合作之势，都在积蓄力量，历练队伍。在当时中苏合作的大环境下，不急于装备万吨水压机，也并不能说是中国重机行业领导者缺少远见卓识。在为工业化打基础的时期，首选稳健的发展策略不失为上策。

然而，这样的计划调整仍赶不上国内政治与经济形势所产生的变化。

1957 年，毛泽东提出要让中国在 15 年内赶超英国[74]，工业界随即提出"超英"的目标。重机行业也跟着调整大型水压机的发展思路，1958 年初已把部分原打算"三五"时期的任务，提前到"二五"计划时期完成。《重型机械》杂志发表社论指出[75]：

> "目前，我国的锻压机器生产很落后，还没有设计制造过比较大的锻压设备，更谈不到重型锻压机器的制造。为了今后可能发展我国自己的重型锻压机器制造业，必须在最短时期在技术上创立必要的基础。所以，在第二个五年计划期间准备试做3000吨水压机，一方面是为今后进一步制造重型锻压设备积累技术经验，而另一方面也为了满足当前对比较大型的锻压设备的需要。

> 三局要做重型锻压设备，先从部分中小型的做起，积累设计和制造的经验，仍然是有利的步骤（6000吨水压机三局有可能在第二个五年内试制出来）。"

很快，自行制造水压机的指标继续冒进，6000吨级的水压机已被明确定为"二五"计划时期的重要任务。"二五"和"三五"计划时期自行研制和生产水压机的发展规划也被不断地调整。一机部决定，在西南重机厂建成后，开始制造水压机，而各重机厂的分工为太重厂和沈重厂制造3000吨以下水压机，一重厂生产3000—6000吨水压机，6000吨以上水压机将由二重厂生产；并计划在 1967 年，完成 1 台12000吨锻造水压机的制造。这样，原来各厂的产品生产纲领也不得不相应变更。比如，一重厂本来没有制造水压机的任务，此时也不得不考虑将其纳入生产规划之中了。

就这样，各级主管部门一边出台各类计划，一边又在不断地调整发展方向和具体目标。按照在"一五"计划期间的规划，发展万吨水压机不是中国重机行业首当其冲，非干不可的事情，但是在"二五"和"三五"计划的各种计划册上，大型水压机相关的多种指标不断变化，自行制造万吨水压机已列入 10 年后需完成的任务之中。

然而，所有这些计划、变化和调整都被一次政治运动推向极致。1958年开始的"大跃进"急速改变了中国重机行业预定的发展轨迹，而政治领袖的一次直接表态也催生了中国自行研制万吨水压机的提前到来。

第二节 一语定乾坤

不了解中共中央主席毛泽东在中共八大二次会议上的讲话，就无法理解他为何会对万吨水压机那样一台大机器发生兴趣。

在中共八大二次会议上，毛泽东做了激情洋溢的发言。沈鸿在会议当中直接致信毛泽东，建议在上海自行建造万吨水压机，毛泽东当即表示支持。于是，万吨水压机项目上马。

一、毛泽东在中共八大二次会议上的号召

1958 年 5 月 5—23 日，中国共产党第八次全国代表大会第二次会议在北京举行。中共八大二次会议是"大跃进"运动开始的标志[76]。召开党代会的二次会议，此种情况在中共党史上可谓空前。从毛泽东在会前的一系列巡视和讲话透露出，他决心扭转"八大"以来的经济政策和指导思想。

大会正式通过了中共中央根据毛泽东的倡议而提出的"鼓足干劲、力争上游、多快好省地建设社会主义"的总路线。会议号召全国人民，认真贯彻这条总路线，争取在 15 年，或者更短的时间内，在主要工业品产量方面赶上和超过英国。会后的《人民日报》"社论"认为，"这次大会是整风的大会，是大跃进的大会，是反对修正主义的大会"。事实上，这次会议旨在全党全国发动一场规模和声势巨大的"大跃进"运动[77]314。

毛泽东在会议上共做了 4 次讲话，重点强调要破除迷信，解放思想，发扬敢想敢说敢做的创造精神。毛泽东事先自己写有讲话提纲，但是并没有一个定稿，发言时即兴发挥的成分很多，许多内容信手拈来。毫无疑问，毛泽东在会上的数次讲话为大会的讨论框定了话题和基调。下文将讲话提纲中的部分要点摘录于表 2-1。

这类讲话反映出，毛泽东在"一五"计划顺利实施和"反右"斗争运动取得胜利之后的心态。毛泽东的发言向参会者传达了一个重要的信息——群众最有创造性，学问少的人胜过学问多的人，外行可以领导内行。在1300余名正式和列席代表中，除了中直机关和中央国家机关部门的负责

人，以及省、市、县和工矿企业、乡镇合作社、高等院校和科研院所的负责人外，还有被毛泽东称为"土专家"的李兴发等特邀代表[78]。事实上，毛泽东的讲话引起了代表们热烈的响应。

表 2-1　毛泽东在中共八大二次会议上的讲话摘要

内容分类	讲话提纲或内容
破除迷信	怕教授，怕马克思
	马克思、列宁都反对将他们的主义当教条
	破除迷信，无法无天
	大讲特讲，破除迷信
	天体、神仙、洋人、细菌
	妄信〈自〉① 菲薄
	工业没有什〔么〕了不得，迷信不对的
	名人学问多，保守落后了
	反对贾桂
	庸信〈俗〉的谦虚
	先进的东方，落后的欧洲
	现在迷信还多得很
	科学是高不可攀的
	工业是很难的
	原子弹尤其可以吓人
	拿苏联吓人
	要学苏联，不要硬搬，而是有选择的学，一定要将一切有用的东西都学来，无用的东西则反面学，以我为主，不是盲从
	如孔子至今存在，岂非一大灾难？
	妄自菲薄，奴隶尾巴
	没有苏联就不能活（工业、军事），此论不通
青年人学问低的人外行	从古以来，发明家都是年轻人，卑贱者，被压迫者，文化缺少者，学问不行
	名家是最无学问的，落后的，很少创造的
	世界是青年的，长江后浪催前浪，譬如积薪，后来居上
	人人是外行，外行才能领导内行
	讲外行领导内行，是一般规律

———————————
① 引文中的括号，原书中即是如此。

（续表）

内容分类	讲话提纲或内容
青年人学问低的人外行	人人是外行，人人是内行
	内行少，外行多，例如一万行
	略熟几门别行，是必要的，业余转化为专业，专业专〈转〉化为业余
	劳动人民中蕴藏了丰富的积累〈极〉性
	一机部的材料
	制试〈式〉教练要学，其余都可自学。华罗庚①、齐奥尔科夫斯基，这两人都是没有上过大学，自学成才的
	可信赖的人不是专家，而是老粗、外行、卑贱者或所有那些愿意为公众服务的人[79]
敢于突破	甘罗、贾谊、刘项、韩信、释迦、颜子、红娘、荀灌娘、白袍小将、岳飞、王勃、李贺、李世民、罗士信、杜伏威、马克思、列宁、周瑜、孔明、孙策、王弼、安眠药〔发〕明者、青霉素〔发〕明者、达尔文、杨振宁、李政道、郝建秀、聂耳、哪吒、兰陵王
	世界是青年的，长江后浪催前浪，譬如积薪，后来居上
	敢想、敢讲、敢做
	平衡的破坏优于平衡
	十五年赶上美国，可能的
	插红旗、标新立异
	设置对立面，十分必要
	高山低头，河水让路
	我们的口号高明些，干部、技术、共产主义可能提前到来
	突变（生死都是突变）是宇宙最根本的规律②
	突变优于量变
	遗传性与变异性，习惯性与创造性，旧条件反射与新条件反射，设置对立面（自然的、人为的）
	苏联之前无苏联
	马克思之前无马思想
	要产生自己的理论
	自己长了一个脑筋，为什么不独立思考
	你们要超过我

---

① 华罗庚（1910—1985），著名数学家，早年曾辍学并自学数学，自 1931 年起在清华大学边工作边学习，1936—1938 年在英国剑桥大学留学，接受了正规高等教育，但均未申请学位。

② 着重号为原文所加。

　　中共八大二次会议上的毛泽东思维敏感而活跃，在别人眼中看似寻常的典故或材料，经他评点，往往能得出迥异于常人的结论。这当中最受人关注、给人印象最深刻的恐怕要属"卑贱者最聪明，高贵者最愚蠢"一语。在会议期间，毛泽东批阅了国家计委副主任倪伟、国家计委机械局局长王光中的一份报告。他对报告中提到的安东机器厂依靠老工人试制成功一台 30 马力单缸轮胎式拖拉机一事，非常感兴趣。毛泽东别具一格地用这句著名的论断作为批语的标题，并要求将批示作为大会文件印发给与会者[80]236。他在批示中写道：

　　"请中央各工业交通部门各自收集材料，编印一本近三百年世界各国（包括中国）科学、技术发明家的通俗简明小传（小册子）。看一看是否能够证明：科学、技术发明大都出于被压迫阶级，即是说，出于那些社会地位较低、学问较少、条件较差，在开始时总是被人看不起、甚至受打击、受折磨、受刑到（戮）的那些人。这个工作，科学院和大学也应当做，各省市自治区也应当做。各方面同时并举。如果能够有系统地证明这一点，那就将鼓舞很多小知识分子、很多工人和农民，很多新老干部打掉自卑感，砍去妄自菲薄，破除迷信，振奋敢想、敢说、敢做的大无畏创造精神，对于我国七年赶上英国、再加八年或者十年赶上美国的任务，必然会有重大的帮助。卞和献璞，三（两）刖其足：'函关月落听鸡度'，出于鸡鸣狗盗之辈。自古已然，于今为烈。难道不是的吗？"

毛泽东在各代表团团长会议上意犹未尽地说[77]334：

　　"搞一本近 300 年来的各种科学技术发明家的小传，写明年龄、出身、简历等，看看是不是都是没有学问的人……一个人能够发明什么，学问不一定很多，年龄也不一定大，只要方向是对的，二三十岁敢于幻想。人的学问多了就不行了……是不是贫贱者最聪明，尊贵者最愚蠢，以此来剥夺那些翘尾巴的高级知识分子的资本，要少一些奴隶性，多一点主人翁的自尊心，鼓励工人、农民、老干部、小知识分子的自信心，自己起来创造。"

　　显然，毛泽东将安东机器厂列入到他对什么人善于创造的实例之中。在这番讲话的第二天，一机部部长赵尔陆就提交了一份《关于机械、电气技术史上主要发明家的材料》，其中搜集了 41 位发明家的小传。毛泽东讲话提纲中列出的"一机部的材料"正是这份小传。稍后，国务院科学规划委员会办公室在会议期间迅速编印完成了《400 个科学技术创造发明家的小传资料（初稿）》（图2-2），大会遵照毛泽东的要求将这份材料印发给了与会代表。可以看出，编写这些材料的目的就是要即时地为毛泽东发问的"难道不是的吗？"提供更加充分的史实依据。后一份材料中"编者的话"更直接点明了这份材料的内容和主要观点：

> "在这四百人中，中国的有七十人，外国的有三百三十人，其中我们把那些社会地位较低、年纪较轻、学问较少、条件较差，在开始时总是被人看不起，甚至受打击，受折磨，受刑戮的人算作一类，占总数的百分之五十八……我们相信它对于破除科学界的迷信，将会有所帮助。"

图 2-2 《400个科学技术创造发明家的小传资料（初稿）》

科学技术史就这样被拿来为政治运动做了一次脚注。透过毛泽东的讲话、批示，以及与之呼应且迅速出炉的一些资料，可以体会到会议气氛对代表们的影响。

二、沈鸿致毛泽东的信

时任煤炭工业部副部长的沈鸿作为正式代表参加了中共八大二次会议。在大会闭幕的前一天，即5月22日，他致信毛泽东（图2-3），陈述工业中一些迷信的事例，并借此机会直接向最高领导人建议在上海建造一台万吨水压机。

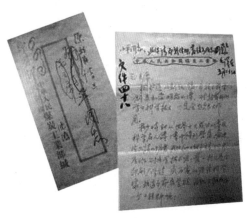

图 2-3 沈鸿致毛泽东的信

"毛主席:

拥护您的创议,编一本技术科学创造和发明者小传,对鼓舞我们学习科学技术,一定会起很大作用。

我少年时就从"世界十大成功人物传"及"科学名人传"① 两书中得到启发。爱迪生只读几个月书,我比他已经多读了四年,为什么不能学技术呢?发拉台是个印刷厂学徒,成为电的理论科学家②,我这个布店学徒,为什么不能成为一个工程师呢?

对技术科学,现在确实存在着不少迷信。当 1956 年第三机械部布置生产双轮双铧犁及锅驼机时,就有人说,锅驼机有危险是炸弹,我们为了证实此事,运了六台大小不同的锅驼机到北京来连续开动十天十晚,结果一个炸弹也没有发生。其实锅驼机,是锅炉上面驼一个蒸汽机,而火车头是蒸汽机上面驼个锅,所以火车头也可叫做"机驼锅",从来也没有人说坐火车就坐在炸弹上!一切锅炉都有爆炸可能,这应该靠技术来掌握他,不然家家户户的烧水锅,同样也会炸死人。说锅驼机是炸弹的同志们,不从实践中去解决问题,而用迷信来吓人。幸经我们试验,不然今天还要加一个恢复锅驼机名誉。

机械工业中,一说到大型,精密,复杂这三个名词,就可以把很多人吓住,而没有想,人家那(哪)儿来的,为什么我们不行。

再讲一个水压机事,这事大概您很关心。国民党在 1947 年从日本拆来了四台1000屯—2500 屯水压机③,为了大型,复杂,平衡,合理等等的迷信,迄今只有一台装起来了,而自己许多大锻件还要依靠进口。

十五年赶上美国,万吨级的水压机我国应有若干台,分布在主要工业区。机器的来路有二:一条是进口,还有一条自己也造。上海应有一台,我和柯庆施同志谈过。如果上海愿造,我也可以参加。这事,我自 1954 年参观苏联乌拉尔重机厂回来后,就经常在思索,我看我们可以做得成,费他一年或一年半的时间,做一台万吨级的水压

---

① 原文中"科学名人传"不加引号,此处为本书作者所加。

② 发拉台,即法拉第(Michael Faraday,1791—1867),英国实验物理学家、化学家,在电磁学领域做出划时代的贡献。

③ 当时常有人将"吨"或"噸"字简写为"屯"字。

机，做得不好一些也能用十年，这对于我自锻大件，有很大帮助。您看如何？此致

敬礼

沈鸿 22/5 58年"

这封信用的是"中华人民共和国煤炭工业部"的信纸，共4页。全文740余字，用钢笔书写，内容一气呵成。可能是时间较紧，文中虽有几处文字增改涂抹的痕迹，略显得不够工整，但也没有再重新誊写，因而成文多少显得有些仓促。

毛泽东当天就收到了此信，圈阅后直接在第一页上做了一行简短的眉批：

"小平同志：此件请即刻付印，发给各同志大会阅。

毛泽东

五月二十二日"

其中，批示中的"大会"二字是毛泽东写完先前的意见后又添加进去的。显然，毛泽东希望代表们能够在第二天闭会之前就看到此信的内容，并及时向参会的所有代表传达出他对此事的倾向性。遵照批示意见，时任中共中央总书记、国务院副总理的邓小平立即做了处理。于是，这封信被冠名为《沈鸿同志关于"技术科学创造和发明者小传"的说明》，并且作为第四十八号大会文件，发给了各位代表。

沈鸿致毛泽东的这封信，在中国工业史上留下了浓墨重彩的一笔。鉴于其重要意义，有必要对信中的部分内容稍做解释。

信中提及的《世界十大成功人物传》的书名有误，应为《世界十大成功人传》。此书为20世纪30年代商务印书馆出版发行的"中华职业教育社职业教育丛书"中的一本小册子，由刘麟生编译，选有欧美工商业和科学界的10位名人。《科学名人传》由中国科学社出版，传主都是西方近代著名的科学技术家。如图2-4所示。这

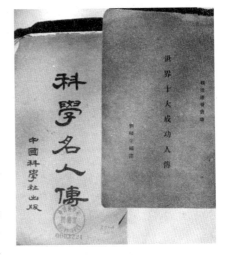

图2-4 《科学名人传》与
《世界十大成功人传》

两本书都有爱迪生和法拉第的小传，沈鸿印象很深。

沈鸿所说的双轮双铧犁和锅驼机均是名噪一时的农用机械。双轮双铧犁是一种畜力耕地农具，有2个轮子和2个犁头，在适宜的土壤条件下，比一般犁耕得深、效率高。锅驼机则是推向农村使用的一种动力机器，可用煤炭、木柴等做燃料，作为排水灌溉、粮食加工、发电与取暖的动力源。1955年前后，毛泽东等领导人都对双轮双铧犁和锅驼机等农机具的推广使用有专门的指示，从而使得它们的应用超出了一般意义上的技术推广。其中对双轮双铧犁的推广毛泽东特别重视，多次做出具体指示。在1956年1月中央政治局通过的《一九五六年到一九六七年全国农业发展纲要（草案）》中，计划"从1956年开始，在3年至5年内推广双轮双铧犁600万部"[81]。但由于这两种农机具的缺点也很明显：双轮双铧犁在水田和山地等条件下往往中看不中用；而锅驼机则有笨重、效率低、操作不便的缺点，因此在推广中许多农民的抵触情绪较大。《纲要（草案）》的预订产量严重超出了实际需求和原材料的供应能力，经过几次修订，周恩来等最后删除了这个过高的数字。在1956年的中共八大会议报告上，周恩来认为对双轮双铧犁和锅驼机"曾经过高地估计"[82]。沈鸿在1955—1956年间，在三机部任部长助理时，曾抓过双轮双铧犁和锅驼机的推广工作，对一些问题有切身的体会。

沈鸿对水压机本身的认识源于自己在苏联的切身感受，但由于当时他并不在机械制造行业的主管部门工作，因此他在会议间隙写的这封信中，关于当时全国水压机的保有量和生产情况等，与实际数据略有出入。可是，更严重的问题在于，沈鸿本人此前从未领导或参与研制过水压机，而且这件事本属于机械制造行业内的实际工作，一位煤炭部的领导却要来插手。沈鸿难道一点都不担心向毛泽东直言此事有些冒失吗？而毛泽东为何又看中这封多少有点出格的信？种种看似不合常情之举的原因究竟是什么呢？

三、致信与决策的原因

在中共八大二次会议上，沈鸿上书毛泽东建议自行制造万吨水压机，并不仅仅是一时的冲动；毛泽东很快批准此事，也不纯属偶然。这件事情的背后有着不同寻常的时代背景和历史由来。

沈鸿致信的原因可能有以下几种：

第一，沈鸿受到毛泽东大会讲话的鼓舞，对某些内容有切身感受。

代表们大多受到毛泽东讲话的极大鼓舞和激励[83]，这当然与毛泽东的个人魅力和威望有关。就沈鸿的个人经历而言，他正是一个毛泽东所说的"学问低"而自学成才的人。沈鸿只上过4年多的小学。在上海当学徒时，他学了许多科学和文化知识，对机械技术的兴趣甚浓，后来还开了一家小五金工厂。1937年9月，上海战事吃紧，大批工商界人员和物资内迁，沈鸿也带着10部机器和7名徒工内迁。到武汉后，当局根本不给他的小厂派生产任务，可谓是"没有人理睬和帮助"[84][85]。第二年，沈鸿一行人辗转到陕北，在苏区从事军工生产。在延安期间，他曾写文章论述科学技术知识应与工人群众的创造性相结合，"我的意见认为首先要相信群众的创造力，要打破'唯有读书高'的观点"[86]。这个观点虽不能算是沈鸿的发明，但是他毕竟在十几年前曾说过这样的话，而毛泽东在中共八大二次会议上的发言自然会让沈鸿感到亲切。

沈鸿年少时喜读励志书，对《世界十大成功人传》尤其喜爱。在大会上，毛泽东旁征博引，列举大量古今中外的名人为例，必然会引起沈鸿的共鸣，这一点在信中反映得很清楚。而毛泽东号召打破迷信，"学问少的人可以打倒学问多的人"，沈鸿正是这种学问少、条件差、自学成才，曾被人看不起的小知识分子。不难想象，毛泽东的讲话给了沈鸿巨大的鼓舞。

第二，沈鸿关心和了解国家工业建设中的问题，希望解决大锻件自给。

沈鸿一生的几个重要阶段都与中国制造业的发展有很大关系。早年，沈鸿在上海即投身于民族工业。他创办的"利用五金厂"制造弹子锁，并同美国Yele（耶鲁）锁厂的产品展开竞争；后来还尝试制造汽车零件[11]82。抗日战争时期，沈鸿在延安领导制造了许多军械及其他军民物资，自力更生造装备；解放战争和建国之后，沈鸿一直在工业部门任职。在苏联办理援华设备的分交工作时，他就不甘心于当时大型铸锻件等重要工业品及工业技术的发展主要依靠苏联的状况。毛泽东所讲的工业"没有苏联就不能活，此论不通"，沈鸿深有感触。

此外，沈鸿了解重机行业和大型锻件生产面临的困境和问题。从大会前的国内工业形势来看，重机行业的发展面临很大的压力，最主要的压力来自冶金行业。1958年的元旦社论宣布"15年赶超英国"的计划，2月2日《人民日报》社论提出"全面大跃进"的口号，将1958年的钢产量计划增为624万吨。钢铁"大跃进"正式开始后,"钢铁"和"机械"成为当时引领工业发展的两大"元帅"。这种形势必然会影响到与这两个行业紧密联系的重机制造业的发展,因为要生产更多、更好的钢材,就要有更多、更大的锻压设备和轧制设备等重型机器。沈鸿这些懂工业的人很自然地会关注重机行业的发展。沈鸿在信中对水压机和大锻件生产状况的把握比较到位,所反映的情况确属实际存在的问题,盼望能够引起毛泽东等决策层领导的注意。

第三,沈鸿在苏联亲眼见到万吨水压机,印象十分深刻。

1954年,时任国家计划委员会(以下简称"国家计委")机械计划局副局长的沈鸿在苏联办理"156项工程"的设备分交工作时,参观了苏联最大的重机厂——位于斯维尔德洛夫斯克的乌拉尔重机厂。沈鸿亲眼看到了德国造的万吨水压机,并观看了锻造生产的全过程。沈鸿当时深有感慨[9]36[87]:

> "一会儿黄瓜变西红柿,一会儿西红柿又变黄瓜。我搞了这么多年的工业,从来没有看到过这么大的设备。将来我们中国要自己制造一台万吨水压机。"

所谓的"黄瓜"和"西红柿"是指水压机对钢锭镦粗和拔长的两个工艺过程。大型水压机给人的第一印象经常是难以名状的震撼。一个与之极为类似的例子是发生在美国伯利恒钢铁公司工作多年的约翰·乌姆劳夫(John C. Umlauf)身上,他回忆当初在锻压车间见到水压机工作时的感觉"简直就像是有人在挤压一只香蕉"[88]。两个不同国籍和文化背景的人,不约而同地用相近的表达方式分别描述了苏联和美国的两个庞然大物。若不是亲眼所见,很难想象出大型水压机壮观的工作场景。

据袁宝华、林宗棠等人回忆,沈鸿曾把万吨水压机的工作过程形象地讲述给其他人,并且一直盼望国内能够早日拥有同样的大机器[89]。在信中,沈鸿急切地向毛泽东建议建造万吨水压机应该是受到"敢想敢说敢做"鼓励之后真情的自然流露。

第四,沈鸿在延安时期曾给毛泽东写信,受到肯定并得到毛泽东的接见。

党内普通的领导干部直接给毛泽东主席写信反映情况,还是需要一定的勇气。不过早在延安时期,沈鸿就曾给毛泽东写过一次信,并受到了称赞。那是在1940年,沈鸿到延安约两年,他在军委总后勤部军工局所辖的陕甘宁边区机器厂（又称"茶坊兵工厂"）当工程师。沈鸿热心技术工作，精力主要在军工厂的生产上。作为一名非党人士，他常被要求参加各种政治活动，感觉影响了自己的正常工作。于是，他和工厂的化学总工程师钱志道一起联名给毛泽东写了一封信，反映工厂政治活动过多的情况，"建议毛泽东设法改变这种局面。使生产回到正轨上来"[90]。沈鸿的这封信起到了作用，毛泽东很快就回信称赞他们"反映情况及时，建议很正确"，并指示有关部门解决。中央军委为此专门发文要求对于党外的专才，"不强迫他们做政治学习，不强迫过政治生活"[91]。

可能是沈鸿给毛泽东留下了一个很不错的印象，他在1942年受到了毛泽东的约见和宴请，并被介绍给在场的高岗和彭真。当天，毛泽东请沈鸿为《〈抗日时期的经济问题和财政问题〉讲话（初稿）》提建议。二人还做了一番有意思的对话，毛泽东对自学成才的沈鸿的赏识从中可见一斑：

> "毛泽东问我是从哪里学到制造机器的。我说：'我没有上过专科学校，我原是布店学徒，因为喜欢，先做锁，后胡乱做一些机器，说不上好，能用就是了。'毛泽东听罢大笑起来：'啊呀，你同我一样，我也没有进过军校，人家来打我嘛，逼得我只好从打仗中学打仗。'"

沈鸿第一次给毛泽东写信就产生了不错的影响。在中共八大二次会议上，毛泽东的讲话也许触动了沈鸿对当年的美好回忆，这可能是促使他再一次给毛泽东写信的一个重要原因。

第五，沈鸿从事机器制造多年，自信有较高的工程组织能力和技术才华。

沈鸿在上海已是小有成就的老板和技师。不论是在上海还是在陕北苏区，他的7名徒工自始至终都跟着他。抗战八年期间，沈鸿曾任机器厂总工程师，在简陋的条件下组织研制过百十种军械和机器设备，这其中不仅有枪炮及配套的小机床，还有酒精蒸馏塔、炼铁炉、鼓风炉、机场压路机、印钞机与银元生产线、农具、铸字机、采油的抽油杆等百余种机器设备。

军工局局长李强曾向别人称赞沈鸿是不可多得的人才："他是自学成才，他在机械制造方面有天赋，是发明天才。"[92]陕甘宁边区中央局统战部部长贾拓夫认为，"沈鸿和他的机器，是起了重要作用的，因为他的机器是'母机'，造出了许多机器"。这些话概括了当时中央军委及边区政府领导人对沈鸿的评价，当年身临其境的人也都承认这一点[93]。在延安时，沈鸿的技术才能和勤奋钻研就已经出了名，朱德、彭德怀、贺龙、聂荣臻都知道他的名字。1944 年沈鸿两获特等劳动模范的荣誉。在陕甘宁边区劳动模范大会上，沈鸿得到毛泽东亲笔为他题写的"无限忠诚"的奖状[11]84。

解放战争和建国初期，沈鸿曾在多个工业部门担任领导，先后任晋察冀边区兵工局华北企业部工程师（1946）、中央财经委员会重工业处处长（1949）、中央工业考察团副团长（1949）、国家计划委员会第一机械局副局长（1953）、第三机械工业部部长助理（1955）、电机制造工业部副部长（1956）、煤炭工业部副部长（1957）。在延安的特殊的经历、不俗的成就和良好的口碑，使得沈鸿对自行研制机器设备充满信心。

第六，沈鸿对上海有信心，并事先与上海市领导有沟通。

上海工业基础好，钢铁工业和重机制造业的规模与水平在当时仅次于东北。而且，沈鸿与上海也颇有渊源。他早年在上海当学徒、办工厂，熟悉上海工商业的实力。1956 年，他以上海党员代表的身份参加中共八大和八大二次会议[8]298。在上书毛泽东之前，他已与上海市委第一书记柯庆施谈及建造万吨水压机之事，希望上海能有一台万吨水压机，并表示"如果上海愿造，我也可以参加"。从沈鸿信中的内容来看，柯庆施等人对沈鸿造水压机的提议并没有反对。沈鸿力陈水压机建成后的积极意义，信末以"您看如何"一问，期待毛泽东对此事直接表态支持。

第七，沈鸿缺乏研制精密重型机器设备的经验，对困难估计不足。

在 1958 年前，沈鸿还没有制造过重型锻压设备，也未直接领导过重机行业。从信中可以看出，他虽然注意到了当时中国水压机制造的一些情况，但是对于重机行业所面临的具体的技术困难，以及主管部门下一步的发展规划可能并不了解。

沈鸿想到了制造万吨水压机会有难度，但并不惧怕。可是，万吨水压机不仅是"大型、精密、复杂"的机器，要想物尽其用还需要相应的大型工厂与一系列的配套设备和人员。这些问题似乎已超出他在上海和延安从事一线工作时的经验。因此，他向毛泽东提出"费他一年或一年半的时间，做一台万吨级的水压机"，不能不说有些过于乐观。

不过，考虑到毛泽东在大会上批判"反冒进"时的那些无比自信的讲话，沈鸿此次上书，可能正合毛泽东的口味。

第八，沈鸿的身份特殊，不能通过一般渠道实现制造万吨水压机的愿望。

在中共八大二次会议期间，沈鸿的身份是上海的党代表，正式职务是煤炭工业部副部长。按当时正常的职权划分，全国水压机的发展规划本属于重机行业的职责，具体而言，应该是由一机部第三局及其下属企业和机械行业科研院所考虑的事情。

前述已有介绍，一机部对万吨水压机的装备已有筹划。沈鸿的提议与一机部的规划主要有三方面不同：在时间规划上，一机部打算在"三五"计划期间再研制6000吨以上的水压机，而沈鸿却提出马上研制万吨水压机；在选址上，一机部根据现有重机行业的装备情况及发展前景，计划在"二五"和"三五"计划期间，为一重厂和二重厂增装万吨水压机；而沈鸿则提出两年左右在上海装备万吨水压机；在制造方式上，一机部根据当时的技术能力和生产任务等因素，希望先从苏联或捷克进口万吨水压机，以后再过渡到自行研制，沈鸿则反对"进口"，提议"自己造"。在信中，沈鸿将现有水压机的发展思路归结为"大型、复杂、平衡、合理"①，视为迷信因素来批判。

由于思路不同，加之沈鸿的工作与制造水压机之间又没有直接的业务交叉，所以他的这些想法几乎不可能通过一机部来实现。况且，与水压机有关的工作已经有具体的业务主管部门、专门的生产厂和专业的技术队伍来做，因此在某种程度上来说，沈鸿算是一个"外行"。

可是，毛泽东在大会上关于"外行"与"内行"的讲话，几乎彻底颠覆了固有的划分。沈鸿参与建造水压机的愿望，虽然不符合他作为煤炭部副部长的职责，但是他寄望于最高领袖的肯定和赏识。的确，从当时的决策情形来看，只要获得了毛泽东的批准，那无疑会为沈鸿解脱身份的"束缚"。

第九，沈鸿注意到毛泽东对工农业部分问题的不满，表态拥护。

1956年的中共八大会议之后，周恩来等人坚持的既反保守、又反冒进的经济建设方针很不合毛泽东之意。1958年，毛泽东将双轮双铧犁作为批评"反冒进"的一个火力点。毛泽东在1月上旬的杭州会议期间，视察了浙江双轮双铧犁的推广情况，并亲自扶犁耕田[94]。接着，他到长沙建议湖南省要大量生产并推广双轮双铧犁[95]。有了这样的依据，在当月的第十四

---

① 所谓"平衡"，源于毛泽东在《工作方法六十条（草案）》中的相关论述。《人民日报》发表《打破旧的平衡，建立新的平衡》的社论，反对消极平衡（《人民日报》1958年2月28日）。毛泽东在中共八大二次会议上批评了一部分人不同意片面强调速度、要注意综合平衡的意见。为此，周恩来、陈云等在会上做检讨，承认政府在指导国民经济的工作中，曾经错误地采取了机械的静止平衡的方法。

次最高国务会议上，毛泽东谈道：

> "双轮双铧犁在南方名誉不太好，在湖北等四省还好……双轮双铧犁能用，我要为他恢复名誉而奋斗。什么合作化不行，四十条不行，双轮双铧犁也抹黑了，这跟斯大林一样倒霉。"

在1月的南宁会议上，毛泽东说[77]70：

> "双轮双铧犁，浙江发动全省讨论，浙江、安徽、两湖都能用……要为双轮双铧犁恢复名誉，重新启用。"

然而事实是，仅1955年，制造这两种机械就多消耗了20万吨库存的钢铁，而当时全国库存钢材仅70万吨，盲目推广双轮双铧犁造成了巨大的浪费[96]。沈鸿在三机部任职期间，主张把双轮双铧犁推广到江南，结果生产了20万台，造成2800万元的积压损失。1957年，沈鸿为此事专门做了检讨，调煤炭部后，他就不再负责此事。推广双轮双铧犁和锅驼机，实为沈鸿一件铭记终生的憾事[11]66。他在信中所说的"还要加一个恢复锅驼机名誉"模仿的正是毛泽东"要为双轮双铧犁恢复名誉"的说法。以此看来，沈鸿向领导人提出要参与制造水压机，不排除他想表达在机器制造的老本行再立新功的心愿。

此外，中共八大二次会议上还分发了《关于李始美治白蚂蚁的情形》等材料。李始美也是一个"卑贱者最聪明"的典型。他虽只念到初一，但却被誉为研究出了"超过国际水平"的白蚁防治方法[97]。在中共八大二次会议期间，《人民日报》等媒体对李始美、青年农民科学家王保京和曹文韬的事迹做了长篇报道并配发了大幅照片。《人民日报》为此还刊发了《科学并不神秘》的社论①。这些会议材料和新闻报道对沈鸿等人多少也有些激励的作用。

因此，在中共八大二次会议上，沈鸿下决心给毛泽东写信的动机是多方面的。相应地，毛泽东批准造万吨水压机的提议也并不很简单，主要因素大致有以下几种：

第一，毛泽东反复强调解放思想和破除迷信，沈鸿的提议无异于一次

---

① 相关文章：《人民日报》社论. 科学并不神秘. 《人民日报》，1958年5月22日。《人民日报》讯. 鼓舞劳动人民打掉自卑感 振奋大无畏的创造精神！《人民日报》，1958年5月22日。农民的劳动创造丰富了农业科学——王保京被聘为科学研究员. 《人民日报》，1958年5月22日。李始美. 我怎样研究和防治白蚁. 《文汇报》，1958年5月24日、揭示白蚁世界的秘密. 《文汇报》，1958年5月23日。朱弘夏. 正确的科学道路. 《文汇报》，1958年5月24日。

思想和行动上的呼应。

至少从 1958 年初起，毛泽东就在不同场合多次提出解放思想和破除迷信。1958 年 3 月 22 日，在成都会议上，毛泽东讲话提纲的内容与中共八大二次会议的部分内容非常相近，部分言辞甚至更为偏激[80]108。

> "怕教授，不是藐视他们，而是具有无穷恐惧，马克思主义者恐惧资产阶级教授。
>
> 新学派、新教派的，都是学问不足的青年人，他们一眼看去就抓起新东西，同老古懂（董）战斗，博学家老古董总是压迫〔他〕们，而他们总是能战而胜之，难道不是吗？
>
> 没有学问的问题，向书呆子投降。
>
> 对于资产阶级教授们的学问，应以狗屁视之，等于乌有，鄙视，藐视，蔑视，等于对英美西方世界的力量和学问应当鄙视藐视蔑视一样。"

毛泽东对"破除迷信、解放思想"的思考已有一段时间了，他反复不断地讲这个问题，而党内有些人与他的认识并不一致，他调用了中外大量事例来证明他是对的。毛泽东谙熟历史掌故，举了很多古人为例。但是，正如他称赞"厚今薄古"一样，从他的话语中明显地感觉到，他希望眼下能出现更多的"敢想敢说敢做"之人。在他这一阶段批阅的文件中，可以明显感觉到，他对凡是能够支持他观点的事例，总是给予毫不吝惜的赞扬，双轮双铧犁、安东机器厂、李始美等等莫不如此。

沈鸿的出现很可能给毛泽东带来了一份这样的惊喜，更何况沈鸿在信中充分表达出了对毛泽东近期讲话的拥护。毛泽东当然希望沈鸿制造万吨水压机能够成为"卑贱者最聪明，高贵者最愚蠢"的又一个明证。

第二，毛泽东对苏联的态度已经有所转变，自造水压机的想法值得支持。

1958 年，毛泽东对于苏联及苏联专家的批评态度已经比较明显。在中共八大二次会议期间，毛泽东看到中宣部编印的《苏联专家对"多快好省"路线的看法》一文。该文批评对"苏联专家照搬照抄"的现象，认为"许多问题还得中国同志自己来解决"，以"便于发挥本身的独立思考精神"。毛泽东同样要求将该文作为大会文件印发给与会代表。

关于制造万吨水压机来解决大锻件的问题，沈鸿在信中明确建议"自己造"，反对依赖进口。这一提议正合毛泽东反对"没有苏联就不能活"的态度。

第三，中共八大二次会议前，毛泽东多次称赞过上海的形势，而沈鸿和柯庆施对在上海建造水压机的态度也令毛泽东满意。

在"一五"计划期间，考虑到战备等因素，上海重工业的发展比较有限。但是，上海的工商业对全国影响很大，毛泽东对上海一直很关注。1956 年，毛泽东在《论十大关系》中重新考虑了沿海和内地发展的平衡，提出"利用和发展沿海工业"①[98]。上海等沿海地区在"二五"计划开始后获得了大发展的机遇。

上海在"大跃进"的初期，毛泽东对柯庆施的工作及上海的形势都比较满意。1958 年 1 月 16 日，毛泽东在南宁会议上对柯庆施大加褒奖[80]17：

> "柯庆施这篇报告②，请大家看一看。上海有一百万工人，工业产值占全国的五分之一，又是资产阶级集中的地方，历史最久，阶级斗争最尖锐，这样的地方才能产生这样一篇文章。"

毛泽东认为，此时的柯庆施比有些人更能按照他的想法办事。在 3 月 24 日，毛泽东再次称赞上海"共产主义精神高涨"。中共八大二次会议上，毛泽东在大会的讲话中 3 次提到这位"柯老"。柯庆施受到的赏识可见一斑。

毛泽东收到沈鸿的信后，就拿着这封信，去问柯庆施：上海能不能干，愿不愿干？柯庆施回答："上海愿意干，没有条件可以创造条件干，一定要把它造出来。"得到了这样的肯定回答之后，毛泽东"非常高兴"，让沈鸿去上海"帮助柯庆施同志办这件事"[10]。因此，毛泽东批准上海建造万吨水压机，其中既有对上海工业"大跃进"发展的肯定，也包含着对柯庆施和沈鸿二人的鼓励。

第四，毛泽东强调"技术革命"和"试验新产品"，希望工业"大跃进"，上海的万吨水压机符合这样的要求。

在 1958 年 1 月召开的南宁会议上，毛泽东提出，"从 1958 起，在继续完成思想、政治革命的同时，着重点应放在技术革命方面"。"从今年起，着重抓工业"，"工业方面是抓先进典型、试用新技术、试制新产品"。南宁会议后，中央根据毛泽东起草的内容，出台了《工作方法六十条》。其

---

① 毛泽东在《论十大关系》中提出，"好好地利用和发展沿海的工业老底子，可以使我们更有力量来发挥和支持内地工业。如果采取消极态度，就会妨碍内地工业的迅速发展。""沿海也可以建立一些新的厂矿，有些也可以是大型的"。
② 指中共上海市委第一书记柯庆施，一九五七年十二月二十五日在中共上海市第一届代表大会第二次会议上的报告。

中，对于技术革命和试验田都有专门的规定[80]51：

"现在要来一个技术革命，以便在十五年或者更多一点的时间内赶上和超过英国……从今年起，要在继续完成政治战线上和思想战线上的社会主义革命的同时，把党的工作的着重点放到技术革命上去。这个问题必须引起全党注意。

要把政治和技术结合起来，农业方面是搞试验田，工业方面是抓先进典型、试用新技术、试制新产品。

……若干年后，中国由农业国变成工业国，那时候将完成一个飞跃，然后再继续量变的过程。"

沈鸿抓住万吨水压机在工业生产中的作用，希望一举将中国装备水压机的最大吨位从 2500 吨提高到万吨。由此体现出的"质变"和"飞跃"，在工业方面是具有典型性的新产品，这很可能是打动毛泽东的一个重要因素。

第五，毛泽东对沈鸿个人的信任和期望。

前已述及，在延安期间，毛泽东与沈鸿已有交往，也赏识沈鸿的技术才能和实干精神。对沈鸿的能力与人品的信任，经受了抗日战争、解放战争，以及后来工业建设等不同阶段的考验，也始终符合他当年给沈鸿"无限忠诚"的题词。在毛泽东大力反对"反冒进"，提倡"解放思想、破除迷信"之时，非常需要一个像他在大会上称赞的华罗庚一样，依靠自学，做出重大创造发明的人。沈鸿的自告奋勇无疑会令毛泽东眼前一亮。而毛泽东"请即刻付印"的批示，多少也流露出了几分急切的心情。

此外，还有一个细节能反映出毛泽东对沈鸿写信的赞许。当时，一些人对沈鸿信末的"您看如何？"一句颇有微词，觉得"不习惯对毛主席用这种平等一员的口气"[99]104。但是，毛泽东却未失这个雅量。这多少也说明他对沈鸿本人和他所反映情况的认可。

在党的大会上直接得到毛泽东批准，此类"通天"的工程并不多见。无论从哪方面来说，制造万吨水压机将注定是一件极不寻常的事情。从当时国家决策的情形来看，毛泽东的直接支持无疑是万吨水压机得以立项的最重要的因素。致信毛泽东一事直接促成了上海研制万吨水压机的决策，沈鸿在其中发挥了不可替代的作用。正是借此机遇，沈鸿在苏联访问时就萌生的建造万吨水压机的愿望得以付诸实施。

中共八大二次会议是一次极其特殊的会议，它为"大跃进"正式吹响了号角，中国的局面也随之一变。这次会议之后，发生了许多重要的事情。相比之下，万吨水压机并不是什么重量级的话题，但是对沈鸿等人来说，却足以改变他们一生的道路。

<h2 style="text-align:center">第三节　水压机风</h2>

沈鸿在中共八大二次会议的上书在行业内外引起了很大反响。会后，一机部大大提前了重机行业研制万吨级水压机的规划。在"大跃进"的狂潮中，全国多数省市平地刮起一股"水压机风"。

一、一机部对水压机发展规划的调整

在中共八大二次会议上，毛泽东肯定了沈鸿对发展大型水压机的提议。在信中，机械工业因存在所谓"迷信"的问题，受到了沈鸿直言不讳的批评。作为全国机械生产的主管部门，一机部从内至外都感受到了极大的压力。一机部领导、主管局领导和重机厂的负责人，迅速进行了紧张的商讨和调研，希望尽快拿出新的发展举措。1958年6月7日，中共八大二次会议闭幕仅半个月，一机部部长赵尔陆就提交了《关于重型机械制造问题向主席和中央的报告》（以下简称《报告》），力图借此扭转此前对水压机"保守"的规划。节录如下：

"主席并中央：

重型机械是目前生产建设大跃进中的关键，各方面都很注意，现在将其中主要问题，报告如次：

——

在汹涌澎湃的大跃进中，全国人民向我们重型机械工业提出了重大而光荣的任务：不到五年就要赶上英国。

重型机械工业主要是为冶金、电力、矿山、化工、石油等重工业服务的。这几个重工业部门是工业的基础。他们在大跃进中提出了豪迈的口号：要在五年内赶上英国水平。这个速度是史无前例的。重型机械的安排周期特别长，他们为了实现这一速度，都要求提前一年半载供应设备，因此重型机械工业的发展，已成为这些部门实现规划的

关键。第二个五年计划内需要重型设备的数量很大，许多设备需要的数量比第一个五年计划大几十倍，甚至上百倍，这样大的数量，要像第一个五年计划那样，大部分依靠国外供应是不可能的。处于这种形式下，重型机械工业势必要力争上游，迎头赶上，在不到五年的时间内，赶上英国。根据我们最近规划及今年生产情形来看，迎头赶上是完全有把握的。

二

重型机械里的大零件，从三四十吨到一二百吨，这样大的零件，有的必须锻造才能使它的内部组织十分紧密。因此，就需要大水压机。为了供应大水压机的钢锭，就需要平炉、电炉。为了运送这样大的零件，就必须有很大的吊车。厂房要高，要钢铁结构。由于设备大，技术上也难掌握。

随之而来的，必须有大的金属切削机床……像这些大设备，就是在先进的工业国家中，每个国家也不过每种只有几台，最多十几台。

一般概念认为重就是粗，其实是一错觉。重型机械不只是重，而且也要求精密和自动化……在制造技术上，带有很大综合性，往往在许多方面，表现为机械工业的技术尖端。

由于有这些特点，建设重型机械工业的投资大，建设时间长，所要的大型设备难于订货。比建设一般机械工业都要费劲……这个难关闯过了，机械工业要独立制造和建立完整体系的要求，也就基本上完成了。

三

……到一九六〇年我们就可以试造成功可年轧三百万吨钢坯的一一五〇大型初轧机，和六千吨乃至一万二千吨的水压机。

制造重型机械虽然需要大设备、大厂房，没有这些条件，制造上有些困难。但是，只要我们不被这些困难所吓倒，没有大设备也一样可以做出大产品……大水压机不够，用三千吨水压机干六千吨的活，六千吨水压机干一万二千吨的活。

我们有充分信心在重型机械上五年超过英国，与苏联比美，并为第三个五年计划大大超过美国准备条件。

赵尔陆

一九五八年六月七日"

如果联系中共八大二次会议上沈鸿上书中提到的自制万吨水压机等问题，那么赵尔陆的这份报告可以算作是一份迟交的"答卷"。在《报告》中，赵尔陆代表一机部着重汇报了三方面的问题：重机行业在"大跃进"形势下的压力、重机行业的特点和难点、超英赶美的计划。从字面上看，一机部对前两个问题的把握比较准确，没有过于夸大其实。经过"一五"计划，中国的重工业只不过刚刚有些起色，距离工业化国家的实力相差悬殊。然而，在"大跃进"中几大重工业部门对设备的要求，已经远远超出中国装备制造业的承受能力。作为机器工业的当家人，赵尔陆对这一点不会不知道。在现实的压力之下，他也很清楚，建造大型水压机等重型机器需要一系列的配套设施，而且技术要求高，发展的难度的确很大。这些问题也正是主管部门制定计划的难处。

但是，在"大跃进"的狂潮中，"敢想敢说敢做"要远比分析困难重要得多。作为一份迟到的决心书，《报告》自然要表明一机部超英赶美的决心。决心归决心。但实际上，富拉尔基重机厂尚在建设之中，1150初轧机的生产线也远未建成；沈重厂在苏联专家的帮助下，正在努力掌握设计制造2500吨水压机的相关技术；捷克援建的6000吨水压机还没开始制造，12000吨水压机更是连影都没有。《报告》中对水压机设备的使用无异于饮鸩止渴。今天看来，那些所谓要"打破陈旧的技术规范"的豪言壮语，是多么地令人心惊。

《报告》的正文之后，还附上了一份《关于自由锻造水压机的生产分布和分配的报告》。在这份关于水压机的专门报告中，一机部特别强调了水压机对大锻件生产，乃至对整个工业生产的重要性。《报告》指出，因水压机数量过少而导致的大锻件不能自给是"机械工业中一个最薄弱的部分"。针对于此，一机部给出了一份在"二五"计划期间水压机生产布局的方案。此方案对水压机在全国的分布做了一个由点到面的规划，主张一方面在全国建立12个锻造基地，装备大型水压机；另一方面其他各省都安装小型水压机，大小结合，形成一个全国锻造体系。

"我们建议：在全国逐步建立十二个锻造基地。根据工业发展的需要和水压机供应的最大可能，有的先装一万二千吨及其以下一系列的自由锻造水压机，包括一万二千吨、六千吨、三千吨、一千吨的各一台。有的先装六千吨及其以下一系列的自由锻造水压机，包括六千吨、三千吨、一千吨的各一台。有的先装三千吨及其以下一系列的自由锻造水压机,包括三千吨、一千吨的各一台。凡锻造基地邻近区域所需要的大锻件,都由它解决。各省各设置一台一千吨的水压机,生产中小型锻件,基本上为本省服务。这样,全国各区都有锻造基地,各省都有中小锻造力量,每一区域基本上可以自给,既可以减少全国范围内的协作,又可以大大促进机械工业的发展与提高。"

按照这一规划,在 1963 年左右,全国将拥有1000吨级以上的锻造水压机约 60 台,其中有 6 台万吨级,6 台6000吨级,15—20 台3000吨级和30—40 台1000吨级。这一体系建成后,按一机部的估计,全国总锻造能力将达到 100 万吨,"约等于美国现在的水平"。

在具体布局方面,一机部建议的 12 个锻造基地是:东北 2 个,放在富拉尔基重机厂和沈重厂;华北 2 个,放在太重厂和包头大炮厂;华中 1 个,放在将建于武汉附近的重机厂;西南 2 个,放在四川德阳重机厂和云南省内;西北 2 个,放在将建于甘肃张掖的重机厂和陕西省内;华东 2 个,放在将建于安徽马鞍山或江西的重机厂和上海附近;华南 1 个,放在广东省内。

在水压机的生产和分配方面,这份报告建议采取国内生产和进口相结合的方式。其中,国内生产 30 台1000吨水压机。计划除 12 个锻造基地所在省份和西藏不另安装之外,其余省皆配置 1 台;并且视发展需要,将来可增设3000吨水压机。生产 13 台 2500—3000吨水压机,与锻造基地相配套。生产 4 台6000吨水压机,同时进口 1 台,再加上富拉尔基重机厂已从捷克订购的 1 台,分别安置在富拉尔基、太原、武汉、德阳、张掖、马鞍山(或江西)。

关于万吨级水压机,报告计划在全国装备 3 台。其中的 2 台12000吨由国内生产,再进口 1 台同吨位的。报告给出了 2 个万吨水压机的分配方案。第一方案中,3 台放在富拉尔基重机厂(即一重厂)、德阳重机厂(即二重厂)和武汉重机厂;在第二方案中,富拉尔基重机厂被太重厂或包头大炮厂所取代。后一方案的形成,与是否扩建一重厂的水压机车间有关。当时,一重厂的水压机车间正按照原设计施工,若增装万吨水压机,则新建一个更大的水压机车间显得更加合理。一机部在报告中认为,如果按照地区分布来考虑,在太原或包头安装万吨级水压机更加合理(表2-2)。

表 2-2　一机部报中央第二个五年计划内生产和进口水压机的分配意见

省市 （锻造基地）	12000吨		6000吨		3000吨		2000吨		1000吨	
	已有	新增	已有	新增	已有	新增	已有	新增	已有	新增
东北地区 （富拉尔基）	1	1			2				2	
黑龙江										
沈阳					2	1				
吉林										1
华北区 （太原）	1		1		2				1	
河北										1
内蒙						1				1
北京										1
山西										
华东区 （江西或马鞍山）			1		1					1
上海					1		1			
浙江										1
江苏										1
安徽										1
福建										1
山东										1
江西										1
华中区 （武汉附近）	1		1		1					1
湖北										
湖南										1
河南										1
华南区 （广东）						1				1
广东										
广西										1

（续表）

省　市 （锻造基地）	12000吨		6000吨		3000吨		2000吨		1000吨	
	已有	新增	已有	新增	已有	新增	已有	新增	已有	新增
西南区 （德阳）		1		1		1				1
四川										
云南						1				1
贵州										1
西藏										
西北区 （张掖）				1		1				1
甘肃										
陕西						1				1
宁夏										1
青海										1
新疆										1
总计	3	1	5	4	11	1			4	24

与此报告对比，1956 年 7 月，一机部也曾在"向党中央、毛主席的报告"中汇报重机工业的发展情况。不过，在 1956 年的报告中，一机部强调希望能够加强技术发展规划，特别是技术力量的配备、使用和培养，并未突出"二五"计划期间水压机等重型锻压设备的发展[60]。但是，1958 年的这份报告则显著地反映出在"大跃进"时期，一机部对重机技术发展的思路变化。

总的来看，在中共八大二次会议之后，一机部急切地要发展水压机，此种情形与之前制定的计划已不可同日而语。这份报告的水压机分配和生产方案，建议在全国形成一个由点到面、"遍地开花"的格局。报告考虑到了材料供应和加工能力的因素，强调锻造基地必须与重型机器厂或钢厂放在一起，当然有一定的合理性。但是，将这 12 个锻造基地的布局比照 6 个行政大区来划分，在一定程度上脱离了当时国内工业的布局和发展实情。

另外，按照这个方案，上海当时既没有大型钢铁厂，也没有大型的重型机器厂，是否要在上海建造锻造基地还是一个未决的事情。即使在上海建造基地，安装的水压机也最多是6000吨级，而不是万吨级的。可见，在一机部对全国通盘的主张之中，暗含着否定在上海建造万吨水压机的建议。不过，毛泽东和中央的决策部门都没有再改变对沈鸿在上海建造万吨水压机的支持。

二、"水压机风"的形成及影响

所谓"水压机风"是指在从"大跃进"开始后，在全国各地兴起的大力发展水压机的风潮。这股风潮不仅在很大程度上左右了全国水压机和重型机器的生产，而且对中国重工业的发展与布局也产生了不小的影响。

中共八大二次会议后，水压机受到从中央到地方的普遍重视。沈鸿致毛泽东的信使得"水压机"这样一个不为常人所知的机器名称，几乎在一夜之间成为与"大跃进"紧密联系的一个"新"词汇，令业内外人士为之侧目。在一机部提交的《报告》中，水压机等重型机器更是成为全国钢铁生产和重工业发展的关键。这些因素影响了中央和地方的工业决策。在国家计委1958年8月28日正式发布的《中共中央关于一九五九年计划和第二个五年计划问题的决定》中，明确将拥有万吨水压机等机器设备作为"完成社会主义工业化，在工业上做到独立自主的"重要指标。随后，各省（市）也纷纷将制造水压机作为一项"大跃进"指标，"水压机风"由此形成。

当时有能力制造水压机的工厂是沈重厂和太重厂，而实力最强的沈重厂特别受到各级领导的关注。沈重厂1958年正在试制当时全国吨位最大的2500吨锻造水压机。这台水压机从1956年12月开始设计，但并没有马上制造。1958年初，在一机部第三局对水压机生产任务的制定中，沈重厂没有生产2000吨以上水压机的计划。中共八大二次会议后，沈重厂决定于当年国庆前将2500吨水压机制造完成，为国庆献礼。在制造期间，国家副主席朱德、董必武亲临沈重厂，观看了该厂锻压车间2000吨水压机操作，称其为"国宝"。1958年8月底，2500吨水压机连加工带装配，在1个月内完成，它成为沈重厂放的一颗"卫星"（图2-5）。

紧接着，是年9月，国务院副总理兼国家计委主任李富春、全国人大常委会预算委员会主任委员刘澜涛、全国人大常委会提案审查委员会主任委员李雪峰在一机部部长赵尔陆等陪同下也到沈重厂视察相关工作。11月，赵尔陆再次到沈重厂检查，同行的还有负责全国水压机生产的刘鼎副部长。2500吨水压机试制成功被视为沈重厂和一机部的一项重大成果。

1959 年 10 月 1 日"十年大庆"时，沈重厂的彩车载着水压机模型通过天安门主席台，接受国家领导人和中外嘉宾的检阅（图 2-5）。次年 7 月，这台 2500 吨水压机在上海重机厂投产，刘少奇亲自到工厂视察[100]1522[101]。

（1）水压机建成

（2）1959 年水压机模型在
天安门接受检阅

图 2-5 沈重厂制造成功 2500 吨水压机

除了领导的重视，行业内召开的全国水压机锻造会议更是推波助澜。1958—1960 年，一机部共组织了 3 次大型的全国水压机锻造会议。1958 年 9 月 15—23 日，在北京召开了第一次全国水压机锻造会议，由一机部副部长汪道涵主持，国家经委主任薄一波参加并讲话。会议基本是贯彻中共八大二次会议后一机部快速发展水压机的思路，为全国各地发展水压机鼓劲[102]：

"迅速地高速度地增产水压机，（包括自由式及专用）要使明年年末水压机台数为现有全国水压机台数 8—9 倍……尽量使新制造的水压机能够提前安装，提前生产。"

国家经委主任薄一波在会上的讲话将水压机的地位上升到影响整个工业建设的高度。他说，"没有水压机工业就像（得了）软骨病"，对于研制和生产水压机，他几乎重复了毛泽东在中共八大二次会议上的讲话："不要迷信大科学家，伟大的科学发明大都出自青年人。"

1959 年 4 月 25 日—5 月 6 日，在上海召开了"全国水压机建设与生产准备会议"，邀请各水压机建设单位及有关省市代表讨论解决各水压机基建及生产准备的问题。沈重厂、一重厂和太重厂 3 家业内领先的工厂介绍了水压机安装与试生产经验。会议组织了 1 次苏联专家报告和 4 次业余技术讲座，还印发了有关水压机及炼钢车间、煤气站的建设与生产资料。

由于各地方党委均把水压机建设列为重点，造成设备材料与施工力量相对紧张，会议决定采取"缩短战线、集中力量、保证重点的方针"，在全国优先安排 17 台水压机的建设进度。会议建议，水压机车间结构可不采用钢结构，而改为钢筋混凝土结构，但是要保证质量。鉴于专业技术人员的匮乏，会议还安排了水压机生产人员的培训。

1960 年 2 月 15—16 日，在太原召开了全国水压机锻造现场会议。由于许多地区都安装了水压机，但是在生产环节普遍存在较多问题，因此这次会议主要是交流水压机锻造生产经验。

总之，这 3 次水压机会议的主题分别针对不同时段的水压机发展在规划、建设和生产等环节遇到的问题，对全国水压机的研制和生产影响较大。

"水压机风"最显著的现象是水压机数量和吨位的大幅提高。"大跃进"期间，一机部大幅调整研制水压机的规划。1958 年 12 月，一机部三局连续出台 2 个主导全国水压机生产的文件，分别是《关于 1959 年全国 1000 吨以上自由锻造水压机生产和分配方案（草案）》和《1959 年装备水压机企业的建设进度、主要成套设备供应情况与生产任务规划》。在这两份文件中，水压机的发展规划较年初变化很大。2 家生产水压机的骨干厂——太重厂和沈重厂的生产任务大幅增加。沈重厂和一重厂还共同承担了 12500 吨水压机的制造任务，并将预供应的时间定在 1959 年第 2 季度。原定在德阳重机厂二期工程安装的捷克造 12000 吨水压机也受到影响。按照中捷双方签订的合同，这台万吨水压机 1960 年开始供货，1962 年第 1 季度交齐，原本是该厂二期工程的重点。然而 1959 年，一机部要求"12000 吨水压机只要到了货，势必随一期工程接踵而上"。这些计划反映出"大跃进"时期一机部发展水压机的急迫心态。虽然这些规划最终并未全部得以实现，但是借助这种迅猛的势头，水压机在吨位和保有量上均有惊人的提升，如图 2-6 所示。

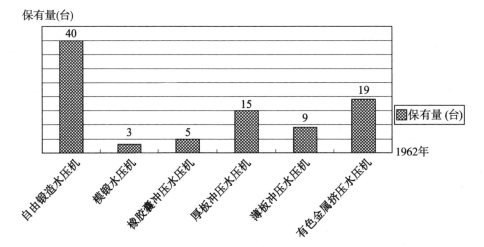

图 2-6　1962 年全国各种水压机保有量统计图

　　在一机部大力规划万吨水压机发展的同时，许多地方不顾实际，纷纷要求建立拥有 2500 吨和 1000 吨以上水压机的铸锻中心，或地区性的重型机器厂。例如，1958 年 6 月北京市委在向中央的报告中，要求"北京应当摆一个重型机械厂（即具有 1.2 万吨水压机的重型机械厂）"[103]。仅 1958 年全国筹建或计划建设的重机厂就有 100 多个，其中，列入国家主要建设项目的有 33 个，遍及全国除西藏外的所有省市自治区。

　　"水压机风"一直持续到 20 世纪 70 年代，由此在各地催生出了一批自由锻造水压机和铸锻件加工厂。这些厂纷纷上马水压机项目，比较典型的有北京铸锻中心厂（北京重型机器厂）的 1250 吨、2500 吨、6000 吨水压机；天津铸锻中心厂（天津重型机器厂）的 1250 吨、2500 吨和 6000 吨水压机；洛阳矿山机器厂的 1250 吨、3000 吨和 8000 吨水压机；武汉铸锻中心（武汉重工铸锻有限公司）的 1250 吨、2500 吨水压机；陕西铸锻件中心（陕西重型机器厂）的 1250 吨和 2500 吨水压机；合肥铸锻中心（合肥重型机器厂）的 1250 吨水压机；广州重型机器厂的 2500 吨水压机等等。不仅是机械行业，冶金、军工、船舶、石化、电力、铁路等部门也纷纷为水压机的建造立项[54]。

　　这种"一窝蜂"式的发展方式客观上促进了 20 世纪 60—70 年代重型

机械行业规模的迅速发展，形成了一批特大型生产企业，它们后来成为中国重型机械行业制造和大型铸锻件生产的主力。在技术方面，在 60 年代初，由于苏联技术援助的中断，迫使中国重型机械的技术发展转入到以自行研制为主的新阶段，逼迫进行了机械制造工艺和大型铸锻件生产工艺的研究，也培养和锻炼了一批重型机器设计和制造的专业人才。

然而，由"水压机风"带来的弊端也很多，教训深刻。

首先，由于只重数量，水压机的质量问题严重。仅 1958 年大型锻压设备就增长了 690％[51]。畸形的发展造成一些后患，以质量问题最为突出。譬如，1958 年 8 月在沈重厂试制成功的 2500 吨锻造水压机，自 1959 年 7 月在上海投入生产后，经常发生"水锤"现象。在材料方面，一机部三局为应对出现的普遍生产小水压机的情况，推广所谓的"开源节流"措施，以保证各省市遍地开花地制造小型水压机。例如，建议修改水压机的设计结构，采用代用材料；扩大以铸代锻，采用高强度低合金钢代替锻件等。施工方面，一机部提出应"摸索掌握'三边'并举规律，加快基本建设速度"和"立体交叉"快速施工[104]。由此造成的质量问题往往成为投产以后质量事故和安全事故的隐患。究其原因，设计缺陷、采用代用材料和"快速"施工等因素难辞其咎。

其次，锻造水压机数量过多，品种单一。国内制造的自由锻造水压机不少，但各种模锻、挤压、冲压以及各种专用水压机的制造则很少或未制造过。而且，除自由锻造水压机有大型的外，其余全是小型的，如图 2-6 所示。这种局面不但有碍于铸锻件行业的发展，而且对全国其他行业的发展也不利。

第三，水压机的成套设施问题严重和生产原料供应紧张，影响正常生产。在绝大多数的中小型重机厂，由于只重视水压机、锻锤等主要设备的安装，而忽视了各种非标准设备、配套设备、冶金附具等的齐备、安装和准备，或者注意水压机车间的建设，而省俭了热处理、粗加工车间的建设。"当时好些大厂都想搞水压机，但精密的 300 吨高压泵却无人管。好几台 3000 吨水压机开不了机"[105]418。结果是，那些匆匆建好的水压机常常不能按正常配给工作。配套工作搞不好，机器无法正常运转。为此，中央专门责成陈云抓设备成套工作。1959 年 1 月，一机部副部长刘鼎专门谈了水压机建设中存在的问题。但是，在"大跃进"及以后的若干年中，这个问题始终未能得到很好解决，以至于这批水压机多数一直没有完成生产配套，甚至没有实现专业化生产。

在最大的重机厂——一重厂，铸锭除数量不足外，成品率也只有一半左右。截至 1960 年，由于 26 个热处理炉未能及时交货，经过试验的土加热炉也告失败，再加上缺乏足够的吊车，造成已安装就位的6000吨、3000吨、1200吨水压机都不能充分发挥作用。捷克援建该厂的6000吨水压机虽已装好，但是"由于吊车、热处理没有预先安排，现在只好生几个大炉子来薰它"[105]426。

截至 1962 年 1 月，重机行业共装备1000吨以上水压机 18 台，前后工序基本配齐的只有 6 台，分别是：一重厂6000吨、3000吨和1250吨各一台，太重厂3000吨、2500 吨和1000吨各一台。其他 12 台水压机相应工序配套不全，或只有炼钢而无粗加工和热处理，这都导致大量的水压机不能正常投入生产。此外，由于水压机的数量过多，导致铸钢和钢水的供应成为影响生产的薄弱环节，实际生产能力仅达到设计能力的三分之一左右[52]。

"大跃进"之初，最高领袖亲自批准自制万吨水压机，由此带起的"水压机风"在 20 世纪 60 年代末才逐渐归于平静。它所反映出的问题实际上是整个工业在"大跃进"中想快又快不起来的难堪处境。毛泽东的秘书李锐曾向毛泽东反映重机行业发展的困境，然而"毛正在'大跃进'的兴头之上，根本听不进去，未予理睬"[105]86。

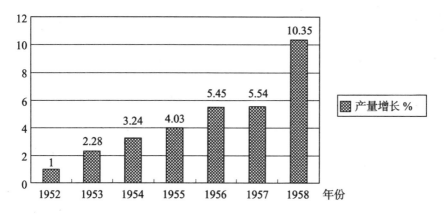

（1）重型机械行业产量增长趋势（1952—1958）

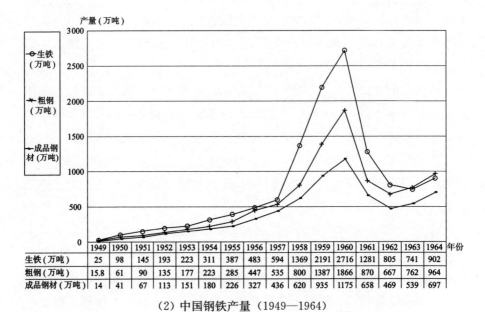

	1949	1950	1951	1952	1953	1954	1955	1956	1957	1958	1959	1960	1961	1962	1963	1964
生铁（万吨）	25	98	145	193	223	311	387	483	594	1369	2191	2716	1281	805	741	902
粗钢（万吨）	15.8	61	90	135	177	223	285	447	535	800	1387	1866	870	667	762	964
成品钢材（万吨）	14	41	67	113	151	180	226	327	436	620	935	1175	658	469	539	697

（2）中国钢铁产量（1949—1964）

图 2-7 "大跃进"前后重机行业产量增长趋势及钢铁产量

第三章　白手绘蓝图

中共八大二次会议上，毛泽东直接表态支持沈鸿的建议。会后，中央经济小组决定，派沈鸿到上海主持万吨水压机的工作[11]35，中央向上海下拨专项经费，由沈鸿负责具体工作，上海给予配合和支持。虽然项目本身已经"通天"，但是，"白手绘蓝图"，制造这台大机器采取什么技术路线？如何组建设计队伍？摆在沈鸿面前的依然是一条险途。

第一节　总设计师和他的团队

沈鸿写给毛泽东的信在大会上已尽人皆知。造万吨水压机一事，可以被视为是他向毛主席的公开承诺。此事在全国已经造成一定的影响，这其中自然也包含着一定的政治风险。另一方面，经济方面的风险也不可回避。研制万吨水压机需要不小的资金投入，能成则好，如果失败，必然会给国家造成损失。因此，对沈鸿个人来说，开弓没有回头箭，这台水压机不但要做成，而且要做好，几乎没有退路。

一、总设计师

煤炭部副部长的身份多少令沈鸿有几分尴尬。名不正而言不顺，"挖煤的要制造万吨水压机"，这是当时不少人的反应[106]。对此，沈鸿常说："毛主席、党中央批准了我的建议，并责成我来主持上海这一台的制造工作。"[107]沈鸿有了"尚方宝剑",可以少受这些约束了。他和上海市领导协商决定,万吨水压机列为上海市的重点项目,由上海市统一协调和管理,上海经委、计委和工委等多个部门负责解决规划、经费、调度和生产等问题。为了方便工作,沈鸿自任万吨水压机的总设计师[11]36。"自任"对沈鸿来说并不是头一回,早在20世纪30年代,他在上海开办"利用五金厂"时就曾"自任工程师"[108]。此次自己要作总设计师,名义上他只是一名技术主管,实际上是整个工程的总负责人。总设计师的身份不但可以避开一些管理上的不便,而且可以使他将精力更多地投入到技术工作之中。沈鸿显然懂得,能否利用好中央的支持这一有利因素,协调好自己与上海市、一机部和煤炭部三者之间的关系,直接关系到整个工程最终能否顺利实施。

身份可以变通,但技术难题该如何解决呢?沈鸿第一次设计制造水压机,此前对水压机的了解也非常有限。至于到底该建造一台怎样的水压机,其技术指标、技术路线、主要材料、制造工艺与设备等情况,沈鸿一开始并不十分清楚。甚至,这样一台大机器将来做好后放在哪里?需要如何配套?对车间和工厂的要求是怎样的?……这其中的许多问题他也是到后来才逐渐搞清楚的。

这些技术问题有的可以通过沈鸿的努力来解决,而有些困难则不在于他个人技术能力的高低。譬如,上海市乃至整个国家的钢铁业与重机制造业仍比较落后,材料和加工设备的选用难免受到限制,制造重型机器势必会捉襟见肘。从上海当时的技术条件来衡量,制造万吨水压机困难很大。上海虽有不少中小型钢铁厂,但是都没有生产大型铸锻件的设备和厂房,生产的最大铸件只有十几吨,质量再大就很难保证了。大型水压机的横梁少则几十吨,多则数百吨;小型汽锤根本无法锻制大水压机近百吨的立柱;大型机床也很少。国外的重型水压机之所以都出自大型钢铁厂或大型机器制造厂,以及一机部之所以更青睐沈重厂和一重厂,都是这个道理。

更为迫切的是,总设计师升帐之初,手下还没有一兵一卒。国内水压机的专业技术力量非常有限,而且几乎都在一机部所辖的研究所和工厂,上海缺乏这方面的专才。如何挑选出合适的人才?水压机不可能几个月就做成,如何组建一支适应长期需要的技术队伍?对于这支缺少磨合的团队,怎样进行合理的分工与有效的管理?上海从没有建造过水压机,哪一家工厂适合承担制造任务?相关的问题接踵而至,又个个都事关全局的成败，因此必须在一开始就有明确的打算。沈鸿身上的压力可想而知。

中共八大二次会议结束后，沈鸿迅速将工作重心转移到建造万吨水压机上。他一边收集与水压机相关的各类信息，为接下来的设计制造和工程管理做准备；一边了解上海市工业现状，为试制、安装万吨水压机选址。在他的力促之下，新建的上海重型机器厂（下文简称为"上重厂"）将增设万吨水压机车间，安装万吨水压机。

上重厂的前身是位于上海市榆林区（现杨浦区）江浦路的上海矿山机器厂（前身是大鑫机器厂，1950 年 7 月，原大鑫钢铁厂、建兴机器厂、中和机器厂合并，改称为大鑫机器厂，1953 年改名为上海矿山机器厂）。"大跃进"开始后，上海市为改善原有的工业布局和城市规划，提高华东地区的重工业生产能力，决定正式建设闵行工业区。规划中的上重厂将作为华东地区大型铸锻件的生产中心，在闵行区开建新厂。1958 年 7 月，上海市计委批准了上重厂的设计任务书，决定增设万吨水压机车间，安装国产万吨水压机，生产规模为年生产能力 6 万吨。

同年 8 月，国家计委批准上重厂的设计任务书。不过，鉴于国内尚未安装过万吨水压机，计委批复上重厂的万吨水压机初定设计按6000吨考虑[109]。由此可见，在国家工业和经济的主管部门内部，当时仍存在对上海建造万吨水压机是否可行的疑虑。好在有了中央和地方领导的肯定和支持，沈鸿打算放手一搏了。

1958 年秋，沈鸿赴上海，着手选定试制工厂和组建设计班子。上海市领导对制造万吨水压机也极为重视。市委第一书记柯庆施表示[10]40：

　　"要完成毛主席亲手交下来的这个艰巨任务。

　　这是一个光荣的政治任务，它不只是一个技术问题……上海人民一定全力支持，要工厂有工厂，要人有人，要材料有材料。

　　上海一定要造出万吨水压机！……上海搞'万吨'，各方面力量都要全力支持！"

在挑选工厂和设计人员的问题上，柯庆施曾亲自向部分工厂的负责人说明万吨水压机的意义和重要性，希望上海工业界积极响应和支持。很快就有几家工厂对这项任务表示了兴趣，不过最终的决定权在沈鸿手中。经过一番实地考察和比较，沈鸿选定了江南造船厂为万吨水压机的试制单位，设计人员也以该厂推荐的技术人员为主。

一般来说，重型机器厂来承担研制水压机的任务比较合适，而沈鸿却选择了一家专业的造船厂，这有些不合常理。但是，他的选择也不是没有道理。

上重厂当时刚在几个小厂的基础上组建起来，技术力量远不能与沈重厂或一重厂相比，难以担此重任。上海市其他的中小型工厂的设计力量也都较弱，产品设计主要由上海机电产品设计公司负责。设计公司虽有较强的技术力量，但在水压机的试制阶段需要大型工厂的参与，协调与管理并不方便。相比之下，大型工厂拥有相对独立的技术力量，实力也较强，设计和制造可以结合得更好，管理也更便利，有利于研究工作的开展和工程的实施。

江南造船厂是国内老牌的大型企业，其前身是晚清洋务运动时期开设的江南制造总局①，曾制造了大量的枪炮弹药、军民舰船及其他机器设备，技术实力不俗。沈鸿早年在上海时对这家著名的工厂有不少的了解。此番他很看重江南造船厂的设计能力。该厂当时设有设计科室，技术人员较多，并且拥有动力、机械、电气、材料、加工等多门类的专业力量，综合实力较强，能够提供相关专业的设计人员。此外，江南造船厂的铸锻车间、机械车间、船体车间等都拥有种类比较齐全的机器设备，大体能够满足制造水压机的需要。江南造船厂有较强的机器设计和制造能力，例如，1958 年下水的 8930 吨"和平 28"号海轮、30 吨电弧炼钢炉、40 吨高架式起重机和大型柴油机等设备。因此，仅从机械设备的设计和制造能力来讲，江南造船厂在当时的上海企业中居于前列。

江南造船厂还拥有一支工种齐全、经验丰富的技术工人队伍。这些技术工人多数从学徒时起就在该厂工作，在修船和造船中练就出过硬的手艺。特别是在机械加工、焊接和起重等行当中，不乏能工巧匠。沈鸿曾说："我选定江南造船厂，这里老工人多，技术力量雄厚。"[110] 高水平的技术工人将有助于万吨水压机的制造，这位技工出身的总设计师，有多年从事工业生产的经验，自然非常认可江南造船厂的这个优势。

江南造船厂不怕万吨水压机，这也是沈鸿看好这家造船厂的一个重要原因。江南造船厂接触过不少万吨级的"大家伙"：1920—1921 年为美国制造的"官府"号等 4 艘万吨运输舰；1957 年修理了苏联"西比利采夫"号万吨捕蟹船；"大跃进"时期，江南造船厂正在着手进行两项"万吨"

① 1905 年，江南制造总局实施船坞分离，分作机器制造局（后改为上海兵工厂）和江南船坞。

任务——自行制造"东风"号万吨远洋轮和准备承接苏联15600吨"伊里奇"号大型客轮的大修任务。工厂劲头十足，没有被水压机这个新的"万吨"吓住。厂长张心宜和总工程师王荣瑸等厂领导也非常支持建造万吨水压机，愿意无条件地提供所需的设备和技术人员，全力配合沈鸿的工作。沈鸿在与他们的接触中，感到非常满意。

后来的事实表明，选择江南造船厂反映出沈鸿独具的慧眼和胆识，对成功建造上海万吨水压机意义重大。有意思的是，这台大机器的技术路线、技术特色的形成，与造船技术大有关系，这一点恐怕也出乎了沈鸿的预计。

外围工作有了眉目之后，沈鸿便全身心地投入到水压机总体方案筹划之中。到底该制造一台怎样的机器？是追求先进，还是实用优先？是公称压力越大越好，还是缩减技术指标，以便早日完成越快越好？本来，这些问题在"大跃进"中都有现成的答案，无需多想，可是沈鸿的经验和阅历却使他比别人多了几分谨慎。作为开创了一番事业的实业家，他曾在竞争激烈的上海工商界跌打摸爬；作为赢得了荣誉的工程师，他也曾在战火纷飞中的兵工厂里埋头苦干；作为新中国工业部门的第一代领导者，他又在蓬勃发展的工业化事业中尽心尽责。这次搞万吨水压机，虽然从来没有人明确要求"只许成功，不许失败"，但是他知道，他此前获得的成功和肯定都是建立在讲求实效的基础之上的。

从上海万吨水压机筹备开始，沈鸿除了表现出极大的热情和信心之外，他还显现出了实干和务实的风格。在技术上，他关注实际工程问题，细致认真、毫不含糊。他与其他技术人员讨论技术细节，甚至还直接承担了水压机的基础设计等任务。作为总设计师，他看重大局、立足眼前、着眼长远。

为了保证质量，沈鸿在项目实施中非常慎重，他不但没有要求赶进度，反而一再要求避免用突击的方式，甚至不主张"逢一献礼"的赶工状态。尽管沈鸿在给毛泽东的信中说要"费他一年或一年半的时间"做成水压机，但是沈鸿并不想应付交差。他越来越觉得做出一台性能良好的、实用的机器更为重要。在万吨水压机的制造阶段，他给上海市的有关领导写信，特意强调"要保证产品质量"和"讲求实效"[8]3：

"这台机器尽管我们口头上说用它三年五载都可以，甚至于做失败了也可以，实际上这台机器至少也要用上50年或者到100年，可以用这样长时间的机器，而在制造时采取突击方式要在短短三五个月内制成，就难免要草率从事，就难免要影响到它的使用寿命……从长远利益上看，并不合算……我是个总设计师，当始终其事，把这台机器做好。"（《要保证产品质量（给钱敏①同志的信)》)

"……草率将事，必致影响质量，投资这样多，费力这样大，得到一台有名无实的大水压机，倒不及给予最低限度的充分时间，多三五个月，而得到一台比较能够合用的大水压机更为合算……从一个总设计师的地位来讲，终不希望国家支出二台机器的费用，得到一台机器的实效。"（《做机器要讲求实效（给陈丕显②同志的信)》)

对于沈鸿而言，必须确保万吨水压机能够做成。否则，一开始就过于追求技术性能，将会进一步增大经济投入，也会增大工程实施的难度。水压机可锻钢锭的重量，是确定水压机总体方案和衡量水压机性能的重要指标。当时的普遍情绪是"能大尽量大，能好尽量好"，而沈鸿冷静地做了需求分析，提出[8]3：

"我是主张重点打优质钢，如电机轴、轧辊之类，而大则有限制，不能照书本所说的大到300吨，或如某些专家所说200吨以上，我的意见是150吨钢锭已够大了。这样对铸钢车间、锻压车间的炉子、吊车等投资和建设进度都有好处。所以我的意见以150吨为限……从全国来看，上海没有把这个水压机建成既好又大的必要。"（《要保证产品质量（给钱敏同志的信)》)

应该说，沈鸿的考虑和建议是必要的和及时的，他任总设计师也是非常称职的。针对实际中出现的问题，善于琢磨问题和总结经验的沈鸿，逐渐摸索出了一些切实可行的技术原则和管理方法。这位在险滩之中摆渡的总设计师越来越胸有成竹。

二、技术团队

确定江南造船厂为试制单位后，沈鸿立即组建设计班子。从1958年下半年开始设计，至1962年6月万吨水压机试车成功，沈鸿等人先后成立了设计组、工作大队、安装大队。根据任务需要，参加人员少则数人，多则达到200人左右。

---

① 钱敏，时任上海市工业委员会主任。
② 陈丕显，时任上海市委书记。

　　林宗棠是唯一一位由沈鸿亲自点将出马的专职人员。林宗棠曾就读于国立西南联合大学，1949 年从清华大学机械系毕业后就去了东北工业部，志愿到东北参加工业建设。在随后的 2 年里，初出茅庐的林宗棠在苏联技术的影响下，参与发起高速金属切削和几项技术革新活动，此间他还翻译了苏联的《高速切削法及硬金刀具》等技术资料[111]。1952 年，清华大学的蒋南翔校长在东北考察时，在沈阳街头看到了林宗棠的大幅照片和"向劳动模范学习"的标语。蒋南翔感慨道："清华要多培养一些像林宗棠这样的学生。"[112]

　　1952 年，在东北工业建设中崭露头角的林宗棠调国家计委任副处长。第二年，沈鸿也调任国家计委第一机械计划局任副局长，俩人遂成为了同事。1954 年，沈鸿在莫斯科办理完"156 项"的设备分交工作后，向同事们多次谈起苏联的万吨水压机。林宗棠后来回忆当时的情景："沈老讲苏联万吨水压机故事，绘声绘色，激动人心，我开玩笑说：'什么时间我们建造自己的万吨水压机，您可别忘了我呀！'1958 年，沈老突然打电话给我：'宗棠，毛主席决定我国自己搞万吨水压机，我们一起干吧！'"林宗棠立刻就答应了下来。对此，沈鸿的评价是："他也是一个制造大水压机的积极分子。"[8]268

　　毛泽东在中共八大二次会议上表态支持上海制造水压机后，薄一波亲自问沈鸿需要什么，沈鸿回答说："我就要林宗棠。"[113]的确，沈鸿赏识这个与他一样干劲十足的小伙子，林宗棠的大局观念、组织才能和敬业精神也让他非常放心。林宗棠到上海后，这位 32 岁的青年人就担任了副总设计师，成为沈鸿的爱将。后来，他的组织关系也调到了上海，下定了决心要搞万吨水压机。

　　如果说林宗棠成为团队中的骨干是因为先前已与沈鸿结缘的话，徐希文成为其中的一员则比较偶然。与林宗棠的专业背景一样，徐希文是机械科班出身。因家境不错，徐希文从小便得到了良好的受教育的机会。读高中时，这位勤勉好学的徐家长子被父亲从太原送到了北京有名的教会学校——育英中学①。1950 年，徐希文"连中三元"——同时考取了清华大

_____

① 北京育英中学，由美国基督教公理会始创于清同治三年（1864）。1952 年由政府接管转为公办，改名为北京市第二十五中学，校址仍在北京市东城区灯市口大街。

学、大连工学院和华北大学工学院①。最终，这位怀有海洋梦想的山西人决定去大连学造船。在大连工学院，让他感觉变化很大的是，高中的老师多是美国人，到了大学却有很多苏联教师。然而正是得益于此，徐希文又多学会了一门外语——俄语，因此从大学时起，阅读英文和俄文的技术资料对他来说都已驾轻就熟。

大学毕业后，徐希文被分配到江南造船厂设计科，主要从事船舶动力机械的设计工作。由于徐希文专业基础好，又爱钻研，很快就成了业务骨干。当1955年苏联专家在上海交通大学开第一批研究生班的时候，厂里选送了他去进修。在江南造船厂，徐希文参加了大修苏联万吨轮"西比利采夫"号等重要任务。大学毕业2年后，年方25岁的他已担当轮机股副股长，颇受重用。要不是领导把他推荐给沈鸿研制万吨水压机，徐希文是一心要搞造船的。"不过，听说要搞万吨水压机，还是感到很光荣"，徐希文多年后谈及此事对此并不后悔。

江南造船厂的副总工程师邵炳钧也是从一开始就参加了万吨水压机的设计工作。邵丙钧的年龄比林宗棠和徐希文略大，1944年，从同济大学机械系毕业后曾留校任教一段时间，后到海军上海工厂任工程师。1949年，上海工厂并入江南造船所（江南造船厂前身）②，他也随着到了江南造船所。20世纪50年代中期，刚三十出头的邵丙钧已在机床、加工工艺、高强度合金钢材焊接等方面积累了丰富的经验，先后担任工艺科科长、厂副总工程师。在万吨水压机设计组成立初期，他参与了部分工作。后来因为"03"型潜艇和"东风"号万吨远洋轮等重点任务的需要，邵丙钧返回到原工作岗位。

设计组的技术人员主要来自于江南造船厂，除徐希文和邵丙钧两人之外，后来参与万吨水压机设计的还有孙锦荣、戴同钧、金竹青、宋大有、陈端阳、杨炳炎、黄绳甫、徐承谷、叶俊德、江宝根等技术人员。上海机电设计院也选派了胡森昌、丁忠尧、陆忠源、夏荣元等人参加进来。其

---

① 华北大学成立于1948年，当时合并了华北联合大学和北方大学。同年10月，在北方大学工学院和晋察冀边区工业学校合并的基础上又成立了华北大学工学院，作为华北大学的一所独立学院。1951年华北大学工学院更名为北京工业学院，1988年更名为北京理工大学。
② 解放初期，江南造船所数次变更隶属关系。1952年底，华东海军司令部命令江南造船所划归中央人民政府第一机械工业部船舶工业局领导。1953年，一机部确定江南造船所改名为"江南造船厂"。

中，胡森昌还是设计组最早的成员之一。这些设计人员的专业和个人经历都不太一样，他们中既有宋大有、叶俊德等1949年前后毕业的大学生，也有丁忠尧、陆忠源、夏荣元等毕业不久的中专毕业生。年轻、热情、敢干、勤奋是他们的共同特点。

在这个充满朝气的团队中，真正的核心成员是沈鸿、林宗棠和徐希文三人。三人的性格各有特点，能力也各有侧重。在这个团队中，沈鸿绝对是中心人物。他胸怀全局，视野开阔；既敢于承担责任，有胆识和魄力，也注重发挥集体力量，知人善用；既重视实际，能身先士卒，也善于规划和总结，有极强的驾驭能力。林宗棠和徐希文是两员福将。林宗棠胆大心细，能吃苦，乐于听取不同意见，也善于鼓舞士气，技术与管理都在行；徐希文则心无旁骛，肯钻研，长于分析与计算，勇挑重担，谦虚平和。林宗棠、徐希文之间默契的配合也深得沈鸿的赞许。沈鸿视他们为自己建造万吨水压机事业的左膀右臂。

在技术与管理上，三人既相互倚重，职责也很明晰。总设计师沈鸿抓技术的全面工作，把握大方向，同时负责总体设计、水压机基础设计和安装工艺的设计。副总设计师林宗棠兼任设计组组长，协助沈鸿抓全面工作；当沈鸿不在上海时，日常工作由林宗棠负责；同时，林宗棠还负责总体设计、下横梁的设计、加工工艺、水压机的测试和试验等具体的技术任务。徐希文在设计组中任副组长，承担具体的设计任务也最多，主要负责总体设计、上横梁和活动横梁设计、液压阀的设计、超重运输车辆设计、水压机的测试和试验等。作为三个梯次的技术负责人，他们对技术问题层层把关——所有图纸上的"校对"基本上都是徐希文，"审核"是林宗棠，而最后在"批准"栏中签字的是沈鸿。而且，在所有参加过水压机的调研、设计、制造和安装等各项工作的人员中，从头干到尾也正是沈鸿、林宗棠、徐希文三位。

设计组中的其他人也都有明确的分工。孙锦荣是学机械的，主要负责立柱的设计；宋大有、戴同钧和金竹青都是搞焊接的，戴同钧负责焊接工艺设计，宋大有、金竹青还负责焊接试验；陈端阳主攻热处理；叶俊德、黄绳甫和徐承谷都是搞船舶电气的，主要负责水压机电气设备及控制的设计；丁忠尧、江宝根参与设计主阀和液压系统；杨炳炎、陆忠源和夏荣元等主要设计辅助部件；胡森昌参与立柱试验和部分总体设计；设计组中的几位女技术人员主要负责绘图和一些辅助性工作。孙锦荣等技术人员并没有像林宗棠和徐希文一样全程参与万吨水压机的设计制造,他们根据具体任务的需要,所承担的工作一旦结束,就返回各自原来的岗位。

在制造与安装阶段,技术队伍的组成仍然保持了这种灵活的特点。设计完成进入到制造与安装的阶段后,江南造船厂成立了万吨水压机工作大队、安装大队。工作大队主要以江南造船厂生产一线的人员为主力,机械加工、焊接、热处理、起重运输等多工种加入,技术方面仍由林宗棠和徐希文负责。工作大队的人员也不固定,主要取决于任务的需要,最多时曾有近200人。

实际上,这台大机器从筹划到正式投产,前前后后与之相关的人远不止上述这些技术人员。建造万吨水压机是一项工程活动,一些从事支撑性、辅助性或非技术工作的人员同样必不可少——他们在项目管理、生产调度、协作生产、物资供应、人力资源、财务管理、资料管理,以及文书与宣传等环节发挥着不可替代的作用。另外,由于整套万吨水压机的技术体系庞杂,除了江南造船厂承担万吨水压机主机及主要零部件的研制之外,全国共有上百家工厂、科研院所、高等院校,以及中央与地方的一些单位和部门,为万吨水压机的研制和生产提供所需的各种原材料、元器件、辅机与其他配套设备,甚至还包括专用厂房的勘探、设计与施工等等,涉及的人员恐怕数以千计。当然,在整个过程中,尤其在万吨水压机技术特征的塑造、工程的有效实施等方面,沈鸿及其技术团队无疑是最为关键的因素。

第二节 从头学起与从小做起

万吨水压机设计组刚刚成立时,技术人员有5个人:沈鸿、林宗棠、徐希文、邵丙钧和胡森昌。在这个草创的小团队中,没有谁称得上是专家。总设计师曾在苏联接触过万吨水压机,更准确地说,他也只是亲眼目睹而已,而其他几位此前甚至连一台小型水压机也没有见过[11]37。大家的心态都一样,不懂水压机,那就从头学起。

一、从头学起

一上来就啃书本不是最好的办法，沈鸿认为，既然国内已有工厂装备和制造过水压机，大家应该先去看看，有了感性认识再说，而且顺便还可以搜集一些资料回来用。

1958年秋，由沈鸿带队，设计组北上调研。当时装备有水压机并已形成生产能力的是三家龙头工厂：沈重厂、富拉尔基重机厂（一重厂）和太重厂。这三家也很自然地成为他们调研的重点。

沈重厂的技术实力最强，而且正在制造国产最大吨位——2500吨水压机。调研的第一站就选在沈重厂。在那里，沈鸿一行见到了已经过改装的日本制造的2500吨蒸汽—液压式增压器水压机。这台机器尽管已显得有些过时，但是使用和维护的经验对他们来说仍然非常有用。在沈重厂，最大的收获在于得到了许多水压机的技术资料。这其中，既有日本水压机的图纸，还有苏联6000吨、10000吨水压机的总图与部分零件图。沈重厂有一支当时国内最优秀的水压机设计队伍，设计科科长王铮安和水压机设计室主任徐敦堪称国内真正的水压机专家[①]，他们不但跟随苏联专家学到了一些较新的设计方法，而且还有实际的设计经验。沈鸿率队调研时，王铮安等人对上海同行提出的需要，总是尽可能地满足。

考察的第二站选在一重厂。该厂是在建的国内最大的重型机器厂，1台3000吨水压机已安装完成，而当时国内最大的6000吨水压机也正在安装。这2台水压机由捷克制造，图纸和资料都比较齐全。现场考察6000吨水压机无疑是上海设计组此行最大的收获。这台水压机在加工能力、结构和安装等许多方面接近于万吨水压机。在国内还没有万吨水压机的情况下，这台6000吨水压机自然成为最重要的考察对象。

沈鸿等人都承认一重厂的调研"给了很多启发"[114]。首先在大的技术问题上有收获，主要是对水压机的整体结构、安装过程、加工能力、主要产品、辅助设施、厂房建设与车间安排等方面的了解更加清晰、更加细致。其次，沈鸿等人通过对所考察的各水压机进行比较和分析，发现了6000吨水压机在具体技术细节方面存在的问题。例如，6000吨水压机的润滑系统不完善，加油时铁屑也随之流入工作台上的加油孔中，而且工人的

---

① 王铮安（后任沈重厂总工程师）和徐敦后来参与了组织和研制12500吨自由锻造水压机和"九大设备"中的12500吨有色金属卧式挤压水压机。

劳动强度大；水压机压力转换结构不够灵活；水压机基础的地下室照明、清洁和楼梯等设计不合理，地下维修不便。在考察中发现的问题多数在后来的设计中加以改进。沈鸿一行的这些收获离不开一重厂设计科赵德生主任①和水压机车间的技术人员的支持和帮助。

告别东北，沈鸿一行赶赴太原。太重厂也已安装了 1 台苏联 3000 吨水压机，在苏联专家的帮助下，该厂对水压机的操作使用还摸索出了经验。上海设计组在太重厂不仅得到了水压机的图纸和资料，而且该厂水压机车间的工作人员还几乎毫无保留地告诉他们使用中的问题。"介绍得非常详细，各个环节，甚至小的方面将来设计注意点什么事情，都说的很详细"。多年后，参加过此次调研的徐希文回忆起此事，仍然印象非常深刻。

沈鸿带着大家又回到了上海。此番考察前后不到 1 个月，但是收获颇丰。仅各兄弟单位慷慨馈赠的各种图纸和资料，堆在一起就有近 2 米高。除此之外，设计组还自己动手积累了不少一手资料。在考察中，他们尽量不放过每一个细节，重要的地方都要照相和测绘，有不明白的地方，就向操作、维修的技术人员和工人询问。通过现场考察和直接交流，大家都接触到了水压机，也都耳闻目睹了在使用或安装过程中的操作情形，获得了宝贵的经验。沈鸿等人都对调研的结果很满意。

> "我们组织了一个七八人的班子，跑遍了全国各个中小型锻造水压机车间，认真地观察和了解设备的结构原理和动作性能，和操作工人、检修工人开座谈会，虚心地向他们请教：这台机器好不好用，操作方便不方便，有什么问题没有，应当怎样改进，等等。通过这样一两个月的考察实习，这些过去根本没有碰过水压机的人，开始对水压机有了一些感性知识。"

回到上海后，资料的搜集并没有停滞，有的资料是在后来边干边找，集腋成裘。沈鸿强调资料工作，因为他认为这样可以少走弯路。设计组在此方面进展顺利其实还受惠于当时的一个有利因素，那就是兄弟单位的同行之间很少有相互防范、各留一手的念头。

设计组所得的资料比较丰富，其中既有国内工厂和设计单位学习摸索的内容，也有直接来自苏联和捷克的结果；除了工厂中使用的图纸，还汇

---

① 赵德生等后来参与了组织和研制 12500 吨自由锻造水压机和"九大设备"中的 30000 吨模锻水压机。

齐了当时所能见到的国内外专业期刊和公开出版物。表 3-1 汇集了技术人员在设计过程中常用的一些参考资料。

表 3-1　万吨水压机设计组搜集的部分参考资料

序号	资料	年份
1	Б. В. Розанов，《Гидравлические прессы》，Машгиз	1959
2	Ernst Müller，《Hydraulische Schmiedepressen und Kraftwasseranlagen》，Springer-Verlag Berlin	1952
3	米海耶夫，《水压机设备》，机械工业出版社	1957
4	斯托罗热夫等，《苏联机器制造百科全书》第八卷第十一章，《水压机》，机械工业出版社	1955
5	Т. Я. Недоповз，Т. К. Броник，Исследование манжетных уплотнений，《Расчет иконструирование кузнечно-прессовых машин》，книга 2，Машгиз	1960
6	Б. А. Морозов，В. П. Артюхов，《Новая резьба тяжелонагруженных крупных соединений》，Вестник Машиностроения，No6	1961
7	В. А. 米海耶夫，《高液压密封装置的新结构》，机械工业出版社	1958
8	Т. М. 巴斯特，《飞机液压传动与附件》，国防工业出版社	1964
9	鲁茨等著，《冶金工厂设备简明润滑手册》，重工业出版社	1956
10	徐康友，《滚压加工》，机械工业出版社	1960
11	R. M. L. Elkan and J. T. Lewis，Modern Forging Presses and Their Control，"Journal of the Iron and Steel Institute"，No2	1956
12	М. Ф. Бокштейи，Н. А. Забугина，《Исследование напряжений в рупногабари-тныхпрессах с применением моделей из пластмасс》，Вестник Машиностроения，No1	1959
13	А. И. Зимина，《Гидравлические прессы（Исследование Н элементы расчета）》，Машгиз	1953
14	M. D. Stone，《Large Hydraulic forging Presses》，Transactions of the ASME July，Vol. 70，No5	1948
15	J. A. Sanderson and J. G，Frish，《A review of the Application and Design of Heavy Forging Presses》，Journal of the Iron and Steel Institute，Vol. 161，	1949

（续表）

序号	资料	年份
16	Х. А. Винокурский，《Расчег коллон гидравлических прессов》，Машгиз	1950
17	Л. Д. Гольман，《Современные конструкций гидравлических прессов》，Труд-резервиэдат	1957
18	В. А. Михеев，В. М，Ям，Б. И. Поляков，《Модернизация гидроп-рессового оборудования》，Машгиз	1961
19	各种图纸	
20	其他国内外公开出版物	

在所有搜集到的资料中，翻译成中文的《苏联机器制造百科全书（第八卷）》（表中资料［4］）、联邦德国水压机专家密勒著的《水压机与高压水设备》（表中资料［2］）、俄文版《液压机》（表中资料［13］）和各类水压机的总图和零件图对设计人员的影响不容忽视。

《苏联机器制造百科全书》（МАЩИНОСТРОЕНИЕ ЭНЩИКДОПЕДИЧЕСКИЙ СПРАВОЧНИК）由1944年苏联部长会议决定组织全国力量编写，目的是为战后经济建设做准备。1949年这套工具书正式出版，沈鸿在20世纪50年代初访问苏联期间，了解到相关情况。回国后，他便积极推动翻译出版。1956年《苏联机器制造百科全书》在国内出版后，一机部副部长汪道涵呈送一套给了毛泽东[115]。全书共15卷，专门介绍水压机等重型机器的设计制造内容在第八卷。该卷主要内容包括电力驱动、锻造生产机器、焊接设备、锻压设备、拔丝机、轧钢机机器辅助设备等六大部分。每部分又分为若干章节，其中关于水压机的内容是第十一章，包括三部分内容：锻压生产用水压机、特种工艺生产用水压机和水压装置水压机。这些内容不仅包括水压机的原理、类型、结构、主要部件的计算、蓄力器的构造与控制、增压器、分配阀、管道、高压泵等关于水压机设计的最主要的内容，甚至还包括水压机的试验和"运行须知"等辅助设计的内容。全书中还有大量的图表、计算公式和数据。第八卷基本上可看做是一本水压机的设计手册，对沈鸿等人的帮助可想而知。

密勒所著的《水压机与高压水设备》是一本比较权威的专著，主要是解决水压机对高压设备及压力元件的设计问题，在蓄势器的构造、增压器、高压泵、高压阀与管道等方面较之《苏联机器制造百科全书（第八卷）》更为详尽。

苏联米海耶夫（В. А. Михеев）所著《水压机设备——计算、设计和使用》（Гидравлические прессовые установки）1951 年在苏联出版，2 年后又出了增订的第二版。1957 年，国内机械工业出版社出版了中译本。这本书内容主要是水压机及其零件的结构与计算，操纵系统和使用特点，以及增压器、蓄势器和动力装置等辅助设备的计算与使用。作者还专章阐述了多种类型的水压机在中心载荷和偏心载荷下的受力分布，分析了水压机本体结构类型的选择，这些问题正是水压机设计的关键问题。

米海耶夫的另一部著作《高液压密封装置的新结构》（Новые конструкпии уплотнителей для высокнх гидравлиуеских давлений）和巴斯特（Т. М. Башта）的《飞机液压传动与附件》［САМОЛЕТНЫЕ ГИДРА-ВЛИЧЕСКИЕ ПРИВОДЫ И АГРЕГАТЫ（Конструкции и расчет）Государственное Изцательство оборонной промышленности］主要介绍了高压液压元件、密封件的工作原理及运动学和动力学计算的主要方法数据。（为叙述方便，下文中如使用表中资料，则以序号作为简称。例如，《苏联机器制造百科全书》第八卷第十一章简称为"资料［4］"）

从表 3-1 中还可以看出，技术人员参考了大量的俄文资料。究其原因，一方面是当时俄文资料容易获得，且在国内居于比较正统的地位；在技术方面，各种外文资料相比，若论问题讲述详细，具有参考价值的，要属德国和苏联的资料，而英国和美国的资料多回避技术细节，所以很多关键问题写得较为笼统。

这些搜集到的资料基本能够解决水压机的结构和主要部件设计的问题。沈鸿尤其对前两部书钟爱有加[107]：

"人家说，你这个小个子怎么做成水压机？我说我也不知道怎么做成的，就是很简单地读了几本书。我记得苏联大百科全书里有一篇是讲水压机的，我是读完了。还有一本德文本俄文翻译的，我也是读了。基本上是这两本书，水压机就做出来了，要是没有书的话，我是怎么也做不出来的。"（《庆祝机械工业出版社成立三十周年纪念会上的讲话》）

总之，搜集资料结合现场考察的方式，的确使设计人员少走了许多弯路，较快地跨越了对水压机缺乏系统了解这一障碍，解决了设计组在设计初期面临的主要问题。

虽说这种设计方式本身不稀奇，但是沈鸿却有意识地强化其作用。在设计入手的阶段，他的团队最大限度地获取了可能得到的信息，并且多是当时国内最新的资料，有些在国外也不算落伍。占有资料的同时，他们还非常注重消化吸收已有的技术成果。在此意义上可以说，上海万吨水压机的设计并不神秘，它是建立在借鉴和参考其他水压机设计思路的基础之上。尽管他们每个人都是从头学起，但是设计却并非全部从零开始，起点也不算低。设计组的工作方式也表明，他们的设计将不会是简单的技术拼凑，而且通过融会贯通去寻找最适用的技术路线。林宗棠后来对此有过一番精彩的评述[106]：

> "经过前期大量的准备工作，沈鸿同志把各国水压机的各种不同结构反复地进行分析对比，去粗取精，博采众长，为我所用。万吨水压机的第一张草图设计出来了，沈鸿同志是个美食家，他幽默地把这种设计方法叫做'炒什锦'。"

沈鸿认准了这条路。由他带头，大家一边分类整理资料，一边开始准备初步的设计方案。资料完成分类和整理后，设计人员开始消化其中的内容。如果遇到相同或有共性的部分，就把它们放在一起进行比较，分析各自的优缺点。

在设计初期，设计组的办公室设在外滩附近的汉弥登大楼801房间。这个办公地点是上海市委特批的，目的是为了照顾来沪工作的沈副部长。然而，沈鸿却把整个设计组都安置到了这间套房内，一来这里有良好的环境适合大家工作，二来他也感觉很方便，因为他本人就住在那里。几个月后，设计组绘制出了上海万吨水压机的第一份总图。

二、从小做起

从考察到绘出第一份总图，沈鸿非但没有踌躇满志，正相反，他越是深入其中，对面临的困境就越清醒。为什么非要自己设计呢？在设计组刚成立不久，就有人主张让他们依葫芦画瓢，直接把国外的设计照搬过来就可以了。据林宗棠说[116]：

> "还是找一套外国图纸来一个'抄计'的好，这样又省事又保险，出了问题也是原图不好，怪不到自己头上。这是设计工作中的本本主义……这种方法不知耽误了多少事，害了多少人。这本来是对洋人、洋书、洋框框的迷信，但是我们过去却以为这是寻求知识的最高明的

方法，谁不这样干，谁就是'土包子'。"

其实，沈鸿他们决定自行设计上海万吨水压机，不是非要争作"土包子"，而是实情所迫。首先，上海的工业基础决定了这台大机器不能完全用已有的常规方法制造出来，这也是沈鸿最初没有料想到的。北上调研之后，大家心里对技术上存在的困难认识得更加清楚。上海的重工业基础逊于东北，沈重厂和一重厂的设备和技术能力即便比不上国外的同类工厂，但是就制造水压机的条件而言却明显优于江南造船厂。也就是说，在沈重厂或者一重厂可行的方法，到了江南造船厂就不一定行得通。其次，所获资料和感性认识毕竟有限，用来帮助设计人员完成水压机的初步原理设计还可以，许多关键的技术细节与具体的工程实施却都无法照搬照抄。再者，从一机部第三局和一重厂请来的2位苏联水压机专家斯拉宾基索那夫和塔拉索夫都不看好他们的技术方案，基本上否定了上海建造万吨水压机的可能性，设计组被逼上梁山。沈鸿对泼来冷水的洋专家颇有微词，在后来论及此事时，他说道：

"在设计制造过程中，来了几个外国专家，他们看了我们的办法直摇头。说根本不行，甚至要打保单。我们说先不要打保单，如果有人打保单说行怎么办？他们说世界上哪有这样干的？我们说，世界上没有的事太多了，为什么就不能干？他们不晓得世界上第一个大机器，都是用小机器干出来的。从这件事我更感到自力更生的重要性，得自己会干。这些人是机械唯物论者。"[117]

"古怪的事天下多得很，古怪的人天下也多得很，我们何必深究？我们的立场是国际主义，好来好走，有益的就接受，无益的就不听，不受专家权威的束缚。这是中央批准的事情，不是随便什么人可以反对掉的。"[8]5

沈鸿等人把上述问题总结成"三个没有"（没有重型设备、没有技术专家、没有经验）、"四大皆空"（四大即大锻件、大铸件、大机床和大设计师）或者"五大皆空"（五大即大锻件、大铸件、大机床、大厂房和大专家）。在沈鸿看来，上海的条件决定了万吨水压机的设计根本不可能一蹴而就。为了确保所设计的水压机适用与可靠，设计组决定先做小吨位的，等有了足够的试验数据和实际经验，再做大的。结果，这一来二去，前后共做了2套模型机和2套试验机。

　　制作第一套模型是沈鸿交给林宗棠的任务，林宗棠称之为"糊了一个纸水压机"。设计人员就着纸模型提建议，很容易讲清楚问题，同时也便于修改。考虑到后期制造的可行性，设计组还邀请江南造船厂的技术工人，一起改进结构和工艺的设计。老焊接工唐应斌等技工就是这样第一次参与到水压机研制之中，而沈鸿、林宗棠等设计人员也非常尊重他们提出的意见。

　　第二套模型是木制的，它在结构和尺寸上更准确，表达的内容也更丰富。最终确定的木模型不仅有水压机主机，还包括操纵台、水泵站、高压容器与部分厂房，如图 3-1 所示。不仅如此，设计人员还"用纸片、木板、竹竿、铁皮、胶泥、沙土和有机玻璃等材料做成各种构件模型"[118]。经过了这一步，大家对于水压机及相关系统的布局、结构已经基本上心中有数了。

图 3-1　12000 吨水压机木模型车间图

　　在模型的基础上，第一套试验机从 1958 年 10 月开始筹建。试验水压机事关万吨水压机的制造，也是设计组的第一个实际产品，大家对它分外期待。10 月 30 日，上海市方面会同沈鸿召开会议，全市的工业主管部门和十几家大型工厂的领导出席，会议要求全市各工业口对试验水压机机任务给予支援。由于这台水压机是一套真正的水压机机组，作为万吨水压机的副产品，它的出现也相当于为江南造船厂增装了 1 台新的锻压设备。厂里对制造这台水压机非常重视，由厂长陶力直接主管，总工程师邵丙钧负责进度安排。在向上海市计委的请示中，江南造船厂打算将1200吨水压机定为该厂的"卫星"工程，并准备在国庆十周年时放出这颗卫星[119]。

> "1200 T（吨）水压机如共同试制完成，不但是本市重型机器制造（的）一颗卫星，可加强上海地区锻压能力，解决本厂明年建造5000 T（吨）货轮、万吨远洋轮及冶炼设备锻压需要，并且为12000 T（吨）水压机制造的试制准备工作。"

上海市和一机部第九局批准了江南造船厂关于1200吨试验机的计划。1959 年 2 月 14 日，水压机工作大队成立，副厂长曾德三任队长，唐应斌、陆海根任副队长，一机部第九局程望副局长①亲自为开工典礼剪了彩。作为江南造船厂的上级主管部门，第九局要求该厂抓紧完成[120]：

> "我局1200吨水压机的试制与万吨水压机制造有极大关系。能尽早完成1200吨试验机可以更快促进万吨水压机的制造，59 年国庆献礼也有了保证，反之，将会影响完成12000吨水压机的进度。希你厂采取措施加强协作单位联系尽早完成1200吨的试验机，并希将情况及时报局。"

试验机的主机确定为 1 台1200吨水压机，公称压力相当于最后方案的十分之一，如图 3-2 所示。之所以选定这个级别，一则考虑到不能太大，要保证能够做得出来；再则做出的机器必须是能够使用的，具有一定的实用价值，因此也不应太小。

试验机的制造比较顺利。次年底，1200吨水压机被安装在新建的江南造船厂水压机车间。设计组将这台

图 3-2　1200吨试验机（1959）

水压机的建造视作一次真实的演练，分段焊接立柱、组合式横梁、多工作缸等几个主要的设计方案均通过了验证。通过这台试验机，设计人员掌握了设计、制造、安装与使用水压机的许多关键技术环节，也从中发现了 40

---

① 一机部九局，即第一机械工业部船舶工业局，主管全国造船工业，江南造船厂是其下属的骨干企业。程望（1916—1991），同济大学机械造船系肄业，早年参加新四军，解放后长期在中国船舶制造业担任领导职务。

多处的设计缺陷。在江南造船厂 2 年多的使用中，这台水压机工作正常。"大跃进"后，它被拆迁到了武汉 471 厂①。

取得1200吨试验机的成功后，1959 年底万吨水压机的设计终于正式开始。按照物理学和机械工程学的原理，万吨水压机的设计绝不等同于对试验机的等比例放大，即便是相同的部件，其材料、结构、使用情况等也会有很大的差别。由于万吨水压机的使用环境更苛刻，设计要求也更复杂、更严格。因此，对于在试验机上验证可行的设计，设计人员仍需谨慎对待。

更改万吨水压机横梁的结构，就是其中一项充满挑战性的设计方案。在1200吨试验机的设计中，横梁为"组合式"的结构。开始制造万吨水压机的时候，设计人员仍然延续了这种设计方案。然而，经过进一步的计算和分析，设计人员打算弃用"组合式"，而改用"整体焊接式"的结构。为稳妥起见，设计组又专门设计了一台 120 吨试验水压机，其横梁用新结构制成。试验的结果十分理想，最终万吨水压机的横梁大胆采用了"整体焊接式"的新设计。

按照这样的排序，上海万吨水压机可被看做是设计组完成的第五台水压机。回想起来，经验的不足，一手数据的缺乏，从一开始就是令人困扰的难题。沈鸿和设计人员显示出了足够的耐心和慎重，而模型和试验的方法帮助他们克服了困难。

善于利用模型辅助设计确实是一种不错的方法，发挥了不小的作用。由于都是第一次设计水压机，设计人员对一些关键的结构和细节还不能完全把握；负责制造工艺的焊工、机加工工人也从未生产过水压机，模型可以形象地帮助技术人员与工人分析设计中可能存在的问题。在不可能用上计算机的年代，用纸模型和木模型虽然略显粗糙，却好在既能因陋就简，同样也直观方便。

因为国内此前从未制造过大型水压机，而且有的设计思路还需要有所验证，所以试验就成为获取第一手数据和经验的重要方法。先从小水压机做起，不能说是谨小慎微，在沈鸿等人看来："这样设计的方法，可以做到在制造万吨水压机的过程中少犯错误并争取一次成功。"[121]万吨水压机做成之后，沈鸿认为先做试验机是值得的，他说[8]44：

---

① 武汉重工铸锻厂，现武汉重工铸锻有限责任公司。

"我们每一次试验都为下一次设计提供了数据。这样不断实践中，改正了不少错误，从而提高了质量，使这台机器达到了较先进的水平。"

这2台试验机都是真的水压机，通过从设计到使用的完整过程，未来万吨水压机在结构、材料和部分元器件的设计上就有了相对充分的依据，同时试验机也可检验加工工艺及设备的实际能力，并为最后制造、安装万吨水压机积累经验。沈鸿要求，万吨水压机的设计和制造应密切注意试验机的运转情况，以便随时进行改进；对于关键的零部件，必须先经过试验，只有实测得到的数据符合设计要求，才可安装使用。

用模型和做试验这2种方法说起来都不新鲜，但是贵在坚持。沈鸿和他的团队却一步一个脚印，没有玩花架子。他们这一路走来，虽谈不上有多少惊涛骇浪，但也并不轻松。最起码模型和试验要一板一眼地做，计算和绘图也要随之被反复地修改调整。在这个过程中，更多的是积累，而不是"跃进"式的跳跃。

从模型，到1200吨和120吨试验机，最终到万吨水压机，其严谨务实的思路和运作，反映了沈鸿丰富的工程实践经验。在激情有余而理性不足的"大跃进"狂潮年代，这种作为也反衬出当事者过人的胆识和理智。有了这样的一番历练，原来的外行，也都成长为了真正的水压机专家。沈鸿带领着这样一行人，由远及近，由小及大，逐步摸索，逐渐积累，梦寐以求的万吨水压机在他们的头脑中越来越清晰了。

第三节　"炒什锦"与"小笼包子"

上海万吨水压机本体参考了国内外的设计思路，最终的方案考虑到了实际需求、制造能力、厂房条件和材料供应等因素，许多设计颇具创意，但也留有美中不足之处。

一、本体结构的选择

水压机一般由本体、动力系统与液压控制系统三大部分组成。大型水压机的设计内容包括水压机本体、动力系统、液压控制系统、润滑系统、电气控制系统等，而且还需与厂房及加热炉、热处理炉、运输吊车、锻造吊车等大量辅助设备的设计结合在一起。

本体即水压机主机，一般包括机架、液压缸、运动及导向装置以及其他辅助装置。立柱、横梁和工作缸是构成水压机本体的最基本的几个大件。虽然这些大家伙的尺寸有几米甚至十几米，重量可达上百吨，但是关键部位的精度要求却很高。例如，十几米高立柱的几何偏心须控制在 0.05 毫米之内[7]234，相当于一根头发丝的直径。除对尺寸、重量和精度有极高的要求之外，还要再加上足够的强度和刚度①，因为这些部件要承受高温和巨大的压力。几乎所有的工厂面对这样大型而且精密的零部件，都不能等闲视之。因此，本体通常都被视为水压机设计的主题。在缺乏重机设备的上海，要想完成这样的任务，其难度可想而知。正因如此，上海万吨水压机的本体，也将是最能体现设计水平和技术特色的部分。

确定本体的结构是一台水压机全部设计的重要基础。一般地，根据使用的需求，水压机大致可分为立式和卧式两类，自由锻造水压机多采用立式，而卧式则多用于金属挤压水压机。机架的组成方式有梁柱组合型、框架型、单机架型等多种，其中又以梁柱组合式，特别是立式三横梁四立柱的结构形式最为常见，如图 3-3 所示。

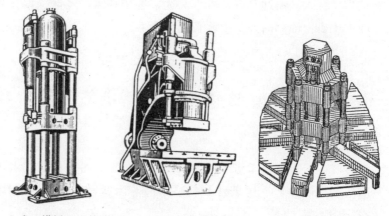

(1) 立式三横梁四立柱型　　(2) 立式单机架型　　(3) 立式多柱型

---

① 强度是指材料抵抗破坏的能力，而刚度则是指结构抵抗变形的能力。简单地说，强度和刚度分别是用来衡量"不损坏"和"少变形"的两项指标。

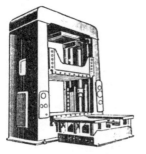
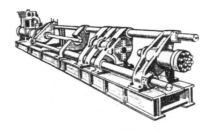

（4）立式框架型　　　　　　　　　　（5）卧式

图 3-3　常见的水压机本体结构

沈鸿要制造的水压机是万吨级锻造水压机，这一点在整个设计过程中没有被改变过。从当时国外已装备的大型锻造水压机的结构设计来看，几乎都采用立式三横梁四立柱型式。沈鸿在苏联乌拉尔重机厂所见到的万吨水压机与后来在富拉尔基重机厂考察所见的6000吨水压机均采用此结构，当时中国已装备的水压机也多普遍如此。除实物之外，在多数参考资料中，设计分析与计算数据也多以立式三横梁四立柱结构为例。因此，对上海的设计人员而言，采用这种结构型式进行设计不仅具有技术上的合理性，还可以充分利用搜集到的资料和考察结果，从而在一定程度上降低设计难度。

采用同样结构型式的机架，并不意味立柱、横梁和工作缸的设计就可以照搬。上海的工业基础、制造条件与国外还有很大差距。国外一般将大型水压机的立柱整根锻造，横梁为大型铸件的组合结构，工作缸也是整体锻造或铸造而成。然而上海的大型铸锻件的生产还是空白，这也成为困扰万吨水压机设计最大的难题。设计人员根据理论计算并结合试验，初定了以代用材料和焊接为主的技术方案。经反复斟酌，沈鸿赞同了这样的技术路线[122]：

　　　"由于上海目前缺少重型铸锻和加工能力，这台水压机的制造不能按照世界通常的方法，而必须具有自己独特的结构。"

在初步设计完成后，沈鸿专门组织召开了一次"上海制12000吨锻造水压机技术方案审查会议"，评估各主要系统的设计方案。国家建委、计委、经委、技委、一机部和上海市各相关部门都派人参加。会议同意了"水压机设计室"的设计方案。上海万吨水压机的结构型式，如图 3-4 所示，主要设计参数，如表 3-2 所示。

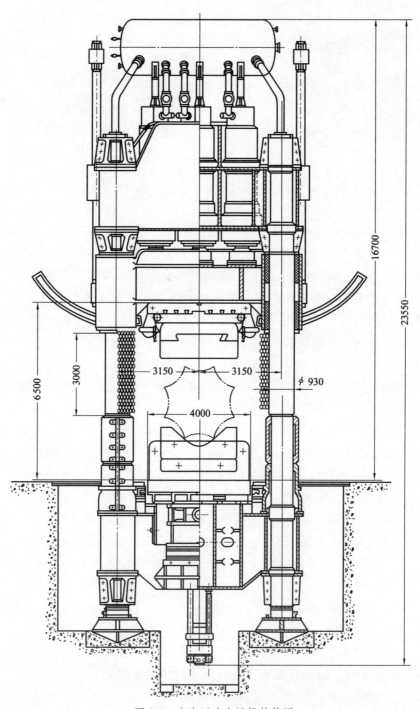

图 3-4　上海万吨水压机结构图

表 3-2　上海12000吨水压机主要参数表

1	水压机类型	自由锻造水压机
2	公称压力	三级：4000/8000/12000吨
3	本体结构	立式，四立柱，三横梁，六工作缸
4	高压水	纯水式（添加乳化剂），高压蓄势水泵站
5	可锻钢锭重量	普通钢和低合金钢（$\sigma^b \approx 50$公斤/毫米^2），约150吨左右，最大250吨 中合金钢（$\sigma^b \approx 80$公斤/毫米^2，合金元素3%—5.5%左右）约80吨，最大120吨 高合金钢（$\sigma^b \approx 100$公斤/毫米^2），约30吨左右
6	年生产锻件能力	30000—50000吨
7	工作液体压力	350公斤/厘米^2
8	立柱	4柱式，滑动部分 ϕ930/400毫米
9	工作缸	6缸，柱塞 ϕ880毫米，行程3000毫米
10	提升缸	4个，每个215吨，共860吨，柱塞 ϕ280毫米，行程3000毫米
11	平衡缸	2个，每个165吨，共330吨，柱塞 ϕ245毫米，行程3000毫米
12	工具提升机构	2个，提升重量5吨
13	立柱中心距	6300×3200毫米，上梁宽3590毫米
14	工作台面至动梁间距	6500毫米
15	活动横梁最大行程	3000毫米
16	工作台	3块，共4000×12000毫米
17	工作台移送缸	2个，左右各一个，每个300吨，柱塞 ϕ320毫米，行程4000毫米
18	工作台移送距离	左右各可移动6000毫米（2000毫米＋4000毫米）
19	工作台制动缸	2个
20	顶出器	1个，300吨，行程1500毫米，顶出台面800毫米

（续表）

21	最大允许锻造偏心距	12000吨时约 250 毫米，8000吨时约 400 毫米，4000吨时约 700 毫米
22	空心筒体锻造	用8000吨压力时，心轴支架中心最大间距9000毫米
23	工作速度	锻压速度约 100 毫米/秒；空程下降及提升速度约 250 毫米/秒 工作台移送及顶出速度约 200 毫米/秒
24	锻压次数	12000吨时约 5—6 次/分，每次压程 275 毫米，提升 400 毫米
25	快锻次数	4000吨时约 20 次/分，每次压程 50 毫米，提升 100 毫米
26	主机轮廓尺寸	总高度 23650 毫米（地上 16.7 米，地下 6.95 米） 总长度 33600 毫米 宽度 8585 毫米
27	主机总重量	2213 吨

注：表中 5、6 项为设计指标，实际情况与此略有出入。

二、车间的"下马"风波

材料供应和制造能力的局限增加了万吨水压机的设计难度，如果说设计人员对此早有思想准备的话，那么厂房的设计所导致的重大影响恐怕是始料未及的。

万吨水压机需要有与之配套的车间，否则即便造出了这台大机器，也将无法安装和使用。此前上重厂已有 1 个水压机车间，装有 2500 吨和1250 吨水压机各一台，因此后建的万吨水压机车间被命名为"第二水压机车间"，规模比前一个车间大得多。大型水压机车间的要求相当苛刻，而且不可避免地还需满足厂房高、面积大、跨度大、负荷重、温度高、起重作业频繁及配套设施多等条件，工程难度相当大，且需投入大量的资金。厂房一旦设计不当，或者延误了工期，势必会影响整个万吨水压机项目的完成。

沈鸿非常关注水压机车间的建设，原因之一是要尽力吸取建造江南造船厂水压机车间时发生的教训。在建造1200吨试验水压机配套厂房时，勘探、设计和施工等各项工作都比较草率，建成不久就发现沉陷、梁体震动等严重问题。"江南造船厂水压机车间专题小组"将问题定性为"重大质量事故"[123]。

> "各单位听说放卫星，且又由市作了重点安排，积极性很高，但时间要求太急，设计来不及；当时上海锻压中心厂正在建造一个同样是1200吨水压机的车间，套用设计正合适。因此，决定除了减去汽锤部分外，套用上海锻压中心厂厂房设计图纸，没有地址资料问题，即决定由建设、设计、施工、勘探等单位到现场根据麻花钻钻探情况，来作为设计的依据，且为了开工越早越好，要求设计单位在三天之内将图纸发出。

> ……江南造船厂水压机车间的设计方案没有经过任何部门的审批，既没有经过上级机关，也没经过建设与设计单位的党委，违反了没有勘测不能设计的原则。"

江南造船厂水压机车间建设中出现的问题在"大跃进"期间非常普遍，这也说明在设计中盲目照搬照抄所带来的危害。在建造万吨水压机车间时，沈鸿、上海市和上重厂都不敢大意。上海市委制定了一个四人领导小组，由市建委主任、工委主任、建工局局长和机电一局局长共同组成。市建委专门组建了一个工程指挥部，上重厂党委书记、上海市建五公司副经理分别任正、副指挥。勘察、设计与建设的任务由国家建筑工程部①综合勘察院上海工作站、上海规划勘测设计院、一机部华东勘测公司、一机部第二设计院、上海市政工程设计院、上海民用设计院、市建五公司、华东钢铁建筑厂、上海工业设备安装公司等多家单位联合承担。为了确保厂房建设与水压机建设衔接配套，沈鸿希望厂房按时、按要求交工，同时也不想耗资太费。经过与几家单位的讨论和协商，沈鸿同意降低厂房高度和采用钢混结构等措施，以加快施工进度，并节约费用。

降低厂房高度在当时看来实属"多快好省"之举。"大跃进"时期，各种基建工程遍地开花。在资源非常有限的条件下，厂房的设计与施工普遍追求"简易快速，加快建设"。于是，一些备受小工厂或小车间青睐的

---

① 中华人民共和国建筑工程部于1952年成立，1958年2月与中华人民共和国城市建设部、国家建设委员会的部分机构合并，1965年又分为新的建筑工程部和建筑材料工业部。

所谓"土办法"大行其道，并且很快就被推广运用到许多大型工程上。例如，1958 年，一机部设计院的设计人员，专程赶赴重庆参加"土洋结合工厂设计现场会议"，参观学习简化结构和用替代材料建厂房的方法，"受到了很大的启发"[100]1414。

> "工厂的基建工作快速上马最重要的措施，就是大力简化与改变厂房的建筑结构；建筑工程大量使用代用材料以缓和建筑材料供应紧张的局面。应该从以下两方面着手：（一）改变与简化建筑结构……一些实际经验证明建筑标准低一点，对于完成生产任务并没有什么不良影响。改变与简化厂房建筑结构有很多途径。（二）钢筋砼结构代替钢结构，砖柱代替钢筋砼结构……厂房的高度可以适当降低。"

接着，在 1959 年召开的全国水压机与锻造会议上，一机部明确要求"车间结构凡可用混凝土结构一律不用钢结构，以节约大型钢材"[124]。由于材料的省俭，降低车间高度的作法也得到大力宣扬。

万吨水压车间厂房的钢结构件按原设计需 4000 多吨，材料供应紧张，很可能影响工程进度。设计院将厂房的设计方案变更为，除水压机附近的柱子仍用钢柱外，其余改成混凝土大柱子上加小钢柱，这样可节约钢材 1800 多吨。沈鸿接受了这样的建议，厂房按钢结构结合钢混结构建造，高度定为 35.6 米，行车轨道则从 24 米高被调整到 20 米高，降低了 4 米之多。

厂房和行车高度的降低，必然要导致水压机的高度随之降低。相应的，4 根立柱与 3 个横梁的高度也要缩小。其实沈鸿从开始就没有打算让这台水压机以大来取胜，只是这样一来，几个大件及部分零部件的结构要重新设计了。不过，在当时看来，这样的变更毫无疑问是利大于弊的。

厂房结构的用材并不完全是钢筋混凝土，在西侧未来安装万吨水压机的部分用了更加坚固的钢结构。这样的处理相当于好钢用在了刀刃上，也算是"两弊相衡取其轻"的策略。厂房地基的处理则没有采取这种折中的方案，而是完全以安全可靠为首要的标准。1959 年初，建工部特邀苏联专家到水压机车间现场指导地基与基础处理。专家提出，可以在试验基础上尝试砂桩预压方案。所谓砂桩，是一种在软弱基础上形成加固地基的方法，具有施工快、成本低的特点。随后，整个勘察和试验持续了近一年半的时间，的确未发现砂桩地基被破坏的迹象。然而，考虑到水压机车间柱荷过重，为稳妥起见，最后还是放弃了砂桩，而采用更有保障的钢混预制桩作基础[125]。

（1）水泥大柱吊装

（2）1961年厂房外观

图 3-5　上重厂第二水压机车间

水压机车间建造期间，一场不大不小的"下马"风波惊动了高层。

万吨水压机的基建摊子铺得很大，在水压机车间建造的同时，与之配套的铸钢车间、煤气发生站、变电站、热力、动力及重轨铁路等配套工程也同步进行。万吨水压机厂房钢结构部分，所需钢材4430.8吨，一度缺货达3个多月；一金工车间通往水压机车间之间的2.5公里铁路所需的400根重轨和3600根枕木也尚无着落；其他工程材料，以及图纸和施工"都存在缺少的问题"。上重厂供应科长郭世乾曾从北京向厂里发电称："关于万吨水压机车间厂房所需大型钢材问题，现正在北京申订，但上海市物资局驻北京代表许同曾科长说，万吨今年是否上马尚不明确，更对万吨是重点亦不明确。"[126]于是，上重厂报请上海市有关领导予以支持，也寄望于沈鸿能够争取到国家经委的支持，将万吨水压机的基建列为专案解决。

然而，1960年8月中央开始部署调整发展思路，以扭转"大跃进"盲目发展对国民经济带来的严重危害。全国很多基建项目随之"下马"停工，甚至与"两弹"相关的一些工程项目也在其列。国家经委已经决定水压机车间先"下马"，待机再建，上海方面当时已无能为力。此时，整个研制工作的工作量已完成近70%左右，已花费的研制经费有1400万元，如果车间项目下马，这台大机器只能半途而废了。

当年 10 月初，沈鸿肝病初愈，听闻水压机车间面临下马，万分焦急。他一面写信稳定上海方面的情绪；一面找有关部门和领导反映情况。沈鸿先找薄一波，没见到人。于是，他又和林宗棠去找国家经委副主任孙志远①。因事关重大，孙建议沈、林直接给总理写信说明情况。沈鸿、林宗棠马上就写了一份关于万吨水压机进展情况的报告，连同设计图纸一并上报给周恩来。周恩来收到汇报，先派了一名负责同志到现场勘查，得知情况属实后，不但立即让国家经委收回项目下马令，还追拨了 800 万元工程款。水压机车间终于保住了，也挽救了这台几近夭折的大机器。

多年后沈鸿回忆起此事，曾感慨道[8]268：

> "可以说，如果没有周总理的关心，说不定这台水压机的铸件现在还是一堆废铁搁在那里呢。在国民经济极端紧张的时候，要批 800 万块钱，可不简单啊，决心不好下啊！"

水压机车间的合理规划与顺利建造为万吨水压机的设计制造减轻了顾虑。在随后的设计中，设计人员必须要在工艺需求、制造能力、厂房条件和材料供应等诸多因素中，寻找到一条解决路径。这对他们将是一场严峻的挑战。

三、立柱的设计

水压机的立柱是整个水压机最重要的部件之一。立柱不但要连接 3 个横梁，构成本体的封闭框架；同时，还要兼具活动横梁的导向功能。上海万吨水压机立柱的设计在吸收、借鉴其他水压机的同时，也形成了自身"短粗"的特点。为解决制造困难，设计时选择了"拼焊"的工艺路线。

孙锦云是立柱的主要设计者。立柱设计的难度之一，就是要使其能够承受大而复杂多变的载荷。锻件处于机架的中心线上是一种理想位置，但在实际工作中，由于工件的形状与位置、横梁的变形、局部受热，以及立柱本身的结构与内部组织的不均匀性等因素，通常都会产生一定的偏心载荷，并导致立柱受力复杂、变形复杂。再者，立柱的结构比较复杂，螺纹

---

① 孙志远（1911—1966），1956 年 10 月任国家经委副主任、党组副书记，后兼物资管理总局局长。1961 年 1 月任国防工业委员会党组第二书记，国防工业办公室副主任，第三机械工业部部长兼党组书记。

与凸肩会增加应力集中造成的危害①。因此，在设计立柱时，计算立柱强度，避免应力集中是关键。

关于解决偏心载荷和立柱的导向功能，国外的设计一般有 3 种方案。方案一，完全用立柱导向，立柱也相应地要承担全部偏心载荷；方案二，在三缸式水压机的设计中，除立柱外，中间工作缸也承担部分偏心载荷和导向作用；方案三，在上横梁增加专用导向器，并承载主要偏心载荷。后两种方案都能够改善立柱的受力状态，但是，方案二对中间缸的密封设计要求较高，方案三的设计更加复杂，整机的体积过于庞大，造价也会有所增加。三者相比，方案一对立柱强度的要求高，但是结构简单，只要设计合理，可靠性就能够得到保证，国外的一些重型水压机经常采用此方案的道理也在于此。以上方案在国外文献中不难找到，特别是资料［13］和［15］中都有比较详细的对比分析。上海水压机立柱的设计者孙锦云等人注意到了上述文献，他们的分析及图例均是从中直接摘录来的。

重型水压机的立柱结构多为近似中空圆柱体，上海万吨水压机也是如此。大立柱的毛坯中心往往存在锻造或铸造的缺陷，空心结构则可以去除这样的隐患，而且便于仪器进入检查。中心孔通常还被用作低压管道，以节省空间。对于上海万吨水压机来说，空心结构还利于焊接和热处理。

立柱的结构是比较了 5 种常用立柱类型后确定下来的，如图 3-6 所示。其思路源于资料［1］[127]和资料［17］[128]，如图 3-7 所示。

上海万吨水压机的立柱选用了图 3-7（2）中（d）图的锥套式结构，因为设计人员认为，该结构最大的优点在于可以消除下部的应力集中[7]42。之所以如此看重这一因素，源于设计组在前期考察时了解到的一则情况。一重厂水压机车间苏联造1250吨水压机因设计缺陷，应力集中导致立柱特别容易断裂。上海万吨水压机所用材料的性能不高，所以设计人员特别注意减少和消除应力集中因素的存在。图（2）中（e）、（f）2 种结构虽然也可以消除应力集中，但是结构复杂，设计和安装都比较麻烦。

---

① 等截面构件受力时，应力是均匀分布的。当构件截面发生变化时，应力也不再是均匀分布，局部会出现应力集中的现象。如果应力集中过大，构件局部将产生疲劳裂纹或者断裂，影响构件的性能。一般，构件上的孔、凸肩、沟槽、螺纹等结构，或者材料内部或焊缝有气孔、夹渣、裂纹、"焊不透"等缺陷，都可能应力集中。为避免应力集中造成构件破坏，可采取消除尖角、改善构件外形、局部加强孔边以及提高材料表面光洁度和强度等措施。

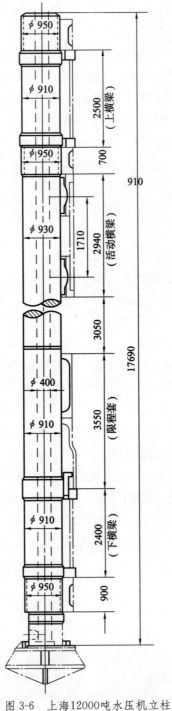

图 3-6　上海12000吨水压机立柱

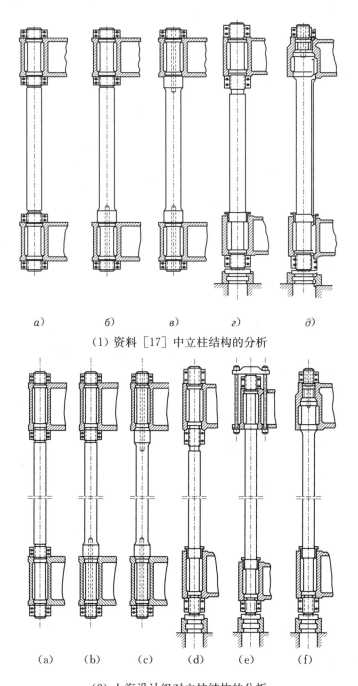

a)   *б)*   *в)*   *г)*   *д)*

（1）资料［17］中立柱结构的分析

（a）   （b）   （c）   （d）   （e）   （f）

（2）上海设计组对立柱结构的分析

图 3-7 参考资料与上海设计组对立柱结构分析的比较

国外设计资料为确定立柱的尺寸提供了依据与参照。按照资料［4］的推荐，"极大型水压机（10000—20000 吨）的机柱，内孔直径达 300—700 公厘"，设计人员对比资料［1］、［4］和［16］时发现，国外设计的中心尺寸与外径之比（内外径比）在 20％—30％之间，而且中心孔径一般不超过 250 毫米，如表 3-3 所示（表中［上海］系指上海12000吨水压机）。

表 3-3　几台锻造水压机的立柱数据

水压机的公称压力（吨）	立柱直径（毫米）	最小外径（毫米）	中心孔径（毫米）	中心孔与外径之比率	选用材料	拉伸应力（千克/厘米²）	合成应力（千克/厘米²）
［上海］12000	930	910	400	0.43	铸钢 20MnV	610	1430 ［1］
［美］12600	865	—	—	—	—	570	
［捷］12000	905	900	250	0.28	锻钢	455	—
［德］10000	810	810	150	0.19	碳钢（$\sigma_b \geqslant 50$）	528	
［捷］6000	705	700	175	0.25	碳钢（$\sigma_b = 50\text{—}60$）	420	—
［苏］6000	680	680	175	0.26	碳钢 40	446	1630 ［4］
［捷］3000	500	—	—	—		约 420 以上	
［苏］3000	520	510	180	0.35	碳钢 40	530	2100 ［16］

但是，设计人员做了大胆尝试，将上海水压机内外径比增加到了43％，远超出其他的水压机。如此考虑，主要是针对上海的材料供给情况。因为，消耗相同重量的材料，这样做就可以获得更大的外径和更高的强度，利于材料的选择和使用。

在强度计算时，设计人员至少参考了 7 种模型与方法。经过比较，最后用罗扎诺夫（Розанов）在文献［1］中的计算方法[7]45。这种方法虽然计算起来相对繁杂，但是考虑的因素比较全面，更接近实际的工作状况。经过验算，立柱内外径分别被确定为内径 400 毫米和外径 930 毫米，与其他同级水压机的立柱相比，明显要粗壮一些。

立柱的纵向尺寸受到了厂房高度的降低所带来的影响。资料［4］列出了四柱式锻造水压机的若干设计参数，将上海万吨水压机的相关参数与之并列对照，如表 3-4 所示。对比可知，上海万吨水压机的横向尺寸，如立柱中心距大致符合资料［4］的推荐；而纵向尺寸基本上是比照10000吨水压机的参数来设计的，显得略微低矮一些。

表3-4　上海水压机与推荐资料的部分参数比照

	公称压力 （吨）	最大行程 （毫米）	工作台面至动梁间距 （毫米）	立柱中心距 （毫米）
资料［4］	6000	2600	5000	5000×2600
	8000	2800	6000	5500×2800
	10000	3000	6500	6000×3200
	15000	3200	7000	6600×3500
［上海］	12000	3000	6500	6300×3200

　　立柱的尺寸设计对水压机的整体以及横梁的设计影响很大。立柱的长度除去活动横梁的工作行程、工作台与上下砧的高度及工件的预留空间外，其上下横梁相应部位的设计高度值分别只有2.4米与2.5米，应力集中现象比较明显。

　　受当时条件的限制，立柱的动载荷及疲劳强度的计算都没有进行。不过，主要的设计方案在1200吨试验机上都得到了验证。

　　上海万吨水压机的立柱长17.69米，重约80吨。用什么方法能造出这样的4根"擎天柱"呢？这一问题必须在设计时予以考虑。

　　大致说来，立柱的选材及其工艺路线有4种，依据对大型锻造和铸造设备加工能力的要求，由高到低依次为，第一，选用中碳钢或中碳合金钢的大型钢锭（约200吨左右），用大型水压机整体锻造为立柱毛坯；第二，用中碳钢或中碳合金钢直接铸造，不经过锻造；第三，采用中碳或低碳合金钢，用锻—焊工艺（下文统称"锻焊"），先将立柱分为若干部分分别锻造（约20—40吨），再焊接为整根立柱毛坯；第四，采用低碳钢，用铸—焊工艺（下文统称"铸焊"），分段铸造后再焊接为立柱毛坯。

　　相比之下，方案一的材料性能最好，工艺路线简单，国外大型水压机的设计一般首选此方案。但是，这个方法需用约200吨重的钢锭在万吨水压机上锻制，上海根本没有选用此方案的可能性。若靠进口，则要特别定制，更不用说在运输上的困难。再说，这也不合沈鸿誓言自造万吨水压机的承诺。

　　方案二只是在理论上可行。虽说浇筑大型铸件是中国传统技术的强项，可是立柱毕竟不同于古代的钟鼎。立柱各部分都有严格的力学要求，而大型铸件固有的铸造缺陷将成为致命伤，后果不堪设想。

　　因此，对设计人员来说，实际上只有"化大为小"的方案三与方案四可供选择。相较而言，方案三的材料可靠，捷克采用此法制造了一重厂6000吨水压机的立柱。设计人员受到启发，曾考虑上海万吨水压机也用此方案[7]39。用焊接法拼接制造大立柱，主要的难点在于合理划分大立柱，使各部分既利于焊接操作，又能保证整体的机械性能。设计人员最初打算顺着立柱的纵向进行划分和拼接，将锻成扇形断面

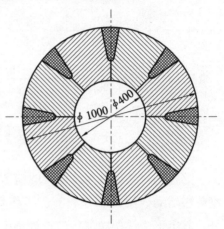

图 3-8　"组筷式"焊接工艺
　　　　　示意图

的长条钢，焊接成一个空心圆柱，焊接工艺为常用的电弧焊，如图 3-8 所示。这种所谓"组筷式"划分方法据说源于沈鸿受到手中的一把筷子的启发[11]38。此法虽是奇思妙想，但在工程上并不取巧，其最大问题在于不利于焊接操作，焊接质量也难于保证。另外，锻造长条钢需要东北的厂家协作，成本高、周期长。除非还有更好的思路，否则方案三将是一条凶险之路。

　　一次偶然的机会，使得方案四进入了设计人员的视野。在用锻焊法遇到困难后，设计组并未完全放弃，经多方打听，找到了来华的民主德国冶金专家孔歇尔（von Wolfgang Küntscher und Hanns）。1958—1959 年，孔歇尔作为冶金部钢铁研究院顾问，正在上海锅炉厂指导高压容器使用代用材料生产的问题。1958 年，侯德榜①在试制合成氨装置时，曾向孔歇尔请教用铸钢制造高压容器的问题。水压机设计组此时遇到了与侯德榜相似的

_____

① 侯德榜（1890—1974），字致本，名启荣，"侯氏制碱法"的创始人。1958 年任化学工业部副部长。

问题，也同样得到了贵人相助。据沈鸿回忆[114]：

> "有一个德国人说，铸钢和锻钢没有本质上的区别，如果铸钢质量好就不比锻钢差；如果锻钢的质量不好，还不如铸钢。水压机柱子可以分段拼焊起来，这是德国人孔歇尔的意见。"

孔歇尔在材料和工艺两方面为万吨水压机设计组指点迷津。基于对氮肥高压反应筒材料的熟悉，孔歇尔建议采用 20MnV 铸钢作水压机立柱的材料。他还根据德国在二战时期用铸钢代替锻钢制造大炮身管的经验，推荐沈鸿等人用"分段拼焊"的方法制造整根立柱。

设计人员在初步采纳了孔歇尔的意见后，一机部副部长刘鼎等人在技术方面又给予了更加具体的帮助。1959 年，在上海召开全国焊接会议期间，刘鼎向沈鸿介绍了哈尔滨坦克厂用拼焊工艺制造炮塔的经验，随后还从工厂派人去上海进行指导。

鉴于立柱的设计对万吨水压机的影响重大，设计组决定用1200吨试验机来验证。试验的立柱每根被划分为 4 段，逐段焊接成一整根。为了取得对比数据，1200吨试验机的 4 根立柱又被编为两组，分别用不同的工艺制造。一组用锻焊法，另一组用铸焊法，每组各有一根用手工电弧焊接，另一根则用刚掌握的电渣焊接。实验证明，选用 20MnV 铸钢为材料是可行的，并且铸焊法比锻焊法对设备的要求低，成本也低。于是，用铸焊"以小拼大"的方法脱颖而出。沈鸿风趣地称这种逐段拼焊的立柱是"小笼包子"式的。

四、横梁的设计

3 个横梁是指上横梁、活动横梁和下横梁。它们的尺寸和重量很大，这又构成了三道难关。在吸收借鉴的基础上，设计组独具匠心地采用"整体焊接式"的横梁结构，以意想不到的方式取得了横梁设计的突破。

下横梁是整个水压机本体的底座，也是 3 个横梁中体积最大的 1 个，长度可达 10 米左右。下横梁不仅要承受水压机的全部压力，一般还附设移动式工作台和顶出器等装置，其内部结构多变，应力变化情况复杂，设计难度较大。上海万吨水压机下横梁的设计主要出自副总设计师林宗棠之手。

　　根据国外经验，横梁多为中空的箱型结构，内部按照一定的规律排布大小不等的筋板，以提高刚度，减少应力集中。上海万吨水压机吸纳了国外资料中的有关设计规范。在选择梁体结构时，设计人员注意到，德国克罗伊泽（Kreuser）公司建造的10000吨水压机（图 3-9）和捷克列宁工厂的12000吨水压机（图 3-10）采用的都是两端悬伸的设计，而另一家德国施罗曼（Schloemann）公司设计的15000吨水压机下横梁则采用了变断面结构。后一种结构不仅要精确计算断面系数的改变，还要考虑中性层上下应力的变化，对选材的要求也更高，设计难度较大。相比较而言，前者相对简单，且有利于下横梁两侧移动式工作台的设计，参考资料也比较丰富。因此，上海万吨水压机采用了简单的、常见的两端悬伸的箱型结构，如图3-11 所示。

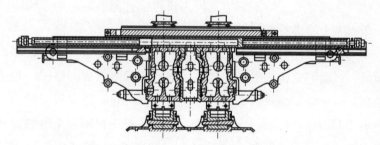

图 3-9　德国克罗伊泽公司建造的10000吨水压机的下横梁

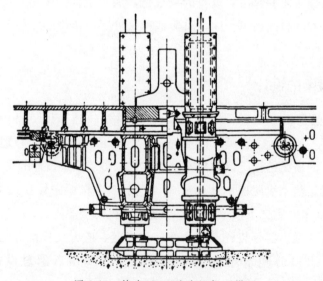

图 3-10　捷克12000吨水压机下横梁

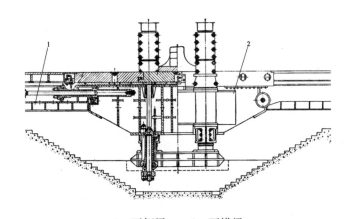

1—下侧梁　　2—下横梁

图 3-11　上海万吨水压机的下横梁和下侧梁

　　贯穿横梁上下的 4 个直孔分别对应 4 根立柱，这 4 个孔称之为柱套。为了确保横梁有足够的强度和刚度，柱套和横梁的高度都不宜太小。因此，高度是下横梁尺寸设计的一处关键。苏联的斯托罗热夫等在资料［4］中建议，下横梁的高度应是机柱（立柱）直径的 2.5—3.5 倍[129]，重型水压机因受力大，这个比值有时达到 4 倍左右。根据这台水压机 930 毫米的立柱直径，下横梁柱套的高度应在 2.3—3.7 米。但是，由于这台水压机的整体高度受限，下横梁柱套的设计高度仅 2.4 米，远远低于其他万吨级水压机柱套的高度，如表 3-5 所示。

表 3-5　几台万吨级锻造水压机下横梁主要尺寸比较

制造厂家	公称压力（吨）	梁体长度 L（毫米）	台面宽度 B（毫米）	立柱直径 d（毫米）	梁体高度 H（毫米）	柱套高度 h（毫米）	h/d	H/h
上海江南造船厂	12000	10000	4000	930	3200	2400	3.45	1.33
捷克列宁工厂	12000	10000	4000	900	3400	3000	3.85	1.13
德国液压机制造公司	15000	10000	4000	850	3500	3500	4.12	1.00

（续表）

制造厂家	公称压力（吨）	梁体长度 L（毫米）	台面宽度 B（毫米）	立柱直径 d（毫米）	梁体高度 H（毫米）	柱套高度 h（毫米）	h/d	H/h
德国施洛曼公司	15000	—	4000	—	3400	3250	—	1.05
美国联合工程公司	12600	—	—	860	3250	3250	3.78	1.00
德国液压机制造公司	10000	10000	4000	810	3200	3200	3.95	1.00

为了适当增大下横梁的高度，梁体被设计成"不等高"形，中段高度达到了 3.2 米。即便如此，与其他同吨级水压机相比，下横梁的高度仍不算突出。强度和刚度的计算表明，"不等高"的设计虽然改善了横梁整体的力学性能，但是由于中部比两侧的柱套高出 0.8 米，导致中部到柱套之间的过渡显得过陡，在过渡区会不可避免地存在应力集中区域。此处的隐患只好留至制造环节再想办法解决。

上横梁、活动横梁与下横梁有相似之处，因各自功能不同，设计也不尽一致。徐希文是上横梁与活动横梁的主要设计者。

上横梁连接立柱上端，主要承受锻压时的全部反作用力。此外，上横梁还要安装工作缸，工作缸的大小、数量及受力位置的分布等因素在上横梁设计时，也应一并考虑。

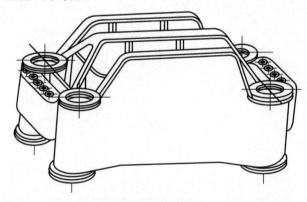

图 3-12　上横梁

上海万吨水压机上横梁的结构设计如图 3-12 所示，它参考了德国 10000 吨水压机和捷克12000吨水压机的设计，但是它们之间的差别也很大，如表 3-6 所示。

表3-6　几台万吨水压机上横梁主要尺寸比较

公称压力（吨）	工作缸数上梁总宽度	有效断面宽度（总宽—开孔，毫米）	柱套高度 h（毫米）	中段高度 H（毫米）	立柱螺纹直径 d（毫米）	h/d	H/h	壁厚		
								下底板（毫米）	上底板（毫米）	旁板（毫米）
[上海]12000	六缸（6×2000吨）3590	1000	2500	3900	950	2.63	1.56	120	120	120
[捷克]12000	三缸（中缸8000吨）4000	1600	2750	3700	约930	2.95	1.33	200	200	120
[德国]10000	三缸（3×3300吨）3000	1390	2500	3350	约840	2.97	1.34	160	240	120

在上表中，上海万吨水压机上横梁柱套的设计高度为 2.5 米，而梁体的高度为 3.9 米，二者的高度差达到 1.4 米。另两台水压机的此高度差分别为 0.95 米和 0.85 米。由此不难判断，与另两台水压机相比，上海万吨水压机的上横梁从柱套至中段出现了更为显著的应力集中的问题，设计的难度很大。

上横梁的中部过高实属不得已而为之，目的在于满足梁体强度和刚度的要求。这台水压机有 6 个工作缸，每个缸都要在上横梁内部占据一个大孔腔，再加上设计所需的其他较大的孔腔，如此多的孔腔很容易导致横梁的性能下降。其次，受所选材料的限制，横梁的上下底板过于单薄，厚度仅有 120 毫米，见表 3-6。在柱套高度、内部结构和材料机械性能都一时难以提高的情况下，增大中部的高度是改善上横梁性能的最有效的手段。

多年后，当年负责此项设计的徐希文回忆起此事，仍心有余悸：

"柱套的高度应该是 3.2 米，因为水压机和立柱的高度都降低了，就压到 2.5 米。这一搞，过渡的角度太陡了，应力太高，带来问题。最后，林宗棠和我在调试的过程中间采取了好多措施。"

徐希文所说的措施主要包括，在过渡部位加焊三角形加强筋板，堆焊增大过渡圆角，开孔平衡应力分布，对焊缝的冷作硬化以提高表面硬度等。其中，开孔法还专门在 120 吨试验机上进行了测试和试验。其结果表明，虽然过渡部位的应力集中有所缓解，但是整个横梁的刚度被降低，在新孔周围产生了新的应力集中。最后，放弃了开孔法，其他方法在试验后都得以实施。

尽管徐希文对此处的设计并不十分满意，无奈受限于当时的条件，已很难有更好的办法了。为了在将来有条件时能再做一个更好的上横梁，徐希文还特意设计了一个新的结构，上横梁的高度也由 3.9 米改成了 3.35 米。

设计者除了关注上横梁的整体性能，许多细节的设计也煞费苦心。例如，由于工作缸较多，加强筋板的形状和位置的设计非常不易，既要考虑到工作缸支承面的刚度均匀分布，又要照顾到焊接操作的简便易行。有些设计问题很难考虑周全，要到制造阶段，甚至到使用阶段其不足才能显现出来。在上横梁的制造过程中，徐希文发现 8 个螺帽的支承平台的焊缝宽度仅有 40 毫米，这个结果在设计阶段没有被考虑到。他立刻做了计算，结果表明在万吨压力下焊缝有可能开裂。他和林宗棠商量后，决定在每个平台上补加 12 个圆销。修改的设计方案经受住了后来的考验，避免了可能发生的事故。

活动横梁是水压机的几个大件中，唯一做大行程运动的部件。工作时，活动横梁在主工作缸柱塞的推动下，由下部固定的上砧座对锻件施压。由于上海万吨水压机活动横梁的运动完全靠立柱导向，所以，这台水压机活动横梁的主要受力部位是柱塞支承面和导套。相应地，活动横梁结构设计的主要对象是柱塞支承结构和导向结构。

上海万吨水压机活动横梁的筋板布置不尽合理，这与一次设计变更有关。活动横梁最初的设计比照了 12 缸的 1200 吨试验水压机，设置筋板也是按 12 个柱塞支承面区域来设计的。活动横梁的毛坯做好之后，万吨水压机工作缸的数量由 12 个改为 6 个。如果重做一个 100 多吨的毛坯，将会造成很大的经济损失。权衡之后，设计人员打算就在原有的毛坯上做些修改，但是筋板的布置已经无法彻底改变。这就导致了部分筋板不在柱塞支承面受力的中心，横梁的强度和刚度都受到削弱。此外，由于该水压机的活动横梁要连接 6 个柱塞，横梁的大开孔较多，这也是降低活动横梁性能的一个因素。活动横梁如图 3-13 所示。

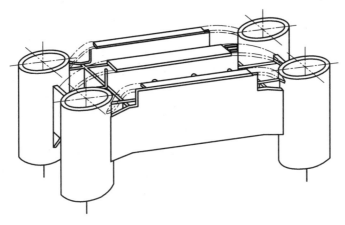

图 3-13　活动横梁

导向结构的设计主要有导套尺寸设计与导套轴承设计 2 项内容。活动横梁的导套与上、下横梁的柱套存在相似的问题，如表 3-7 所示，相比而言，活动横梁过渡区域应力集中的情况及引起的刚度问题并不突出。

表 3-7　几台万吨水压机活动横梁主要尺寸比较

公称压力（吨）	工作缸数	导向方式	立柱直径 d（毫米）	柱套高度 h（毫米）	梁体高度 H（毫米）	H/d	h/d
［上海］12000	六缸，等直径	立柱导向	930	2500	2000	2.15	2.8
［捷克］12000	三缸，中缸大	立柱及中缸导向	900	2500	2500	2.78	2.78
［德国］15000	三缸，等直径	立柱导向	850	4200	3400	4.0	4.9
［美国］12600	二缸，等直径	设有单独导向尾杆	860	1700	1700	2.0	2.0
［德国］10000	三缸，等直径	立柱导向	810	2800	2500	3.1	3.45

导套轴承的设计也很关键。这部分的设计主要依据相关设计资料和 1200 吨试验机的试验数据。

工具提升机构（图 3-14）是沈鸿在参考了捷克水压机的相关设计的基础上提出来的。它是活动横梁的附属装置，可用来挂剁刀等生产辅助工具。此装置后来被使用更方便的地面液压剁刀机所取代。不过，它的设计

制造一台大机器
——20世纪50—60年代中国万吨水压机的创新之路

者当初不会想到，水压机侧面的这两个比较显眼的部件，曾经是这台大机器外观的一个显著标志。

在上海万吨水压机的设计中，3个横梁的独特结构与选材颇具新意。

重型水压机横梁一般都以铸钢为材料，每个横梁的重量都在100—200吨以上，下横梁有时甚至达到300吨以上。这样超大的构件，很难使用整体浇铸的方法来制造。国外一般都设计为"铸钢组合式"结构，先分块铸造，再用大螺栓实现机械组合。例如，德国10000吨水压机的下横梁就分作5块组合而成。

上海万吨水压机的3个横梁最初考虑的也是这种方案。参照资料［3］等[24]38，设计人员将下横梁设计为7块铸钢件，用螺栓连接后，总重将达到惊人的540吨。当时百吨左右铸钢的生产能力在上海还属于"技术瓶颈"，即使外地协作生产，在运输、安装和后期加工等也会面临棘手问题，因此这一方案被迫放弃。

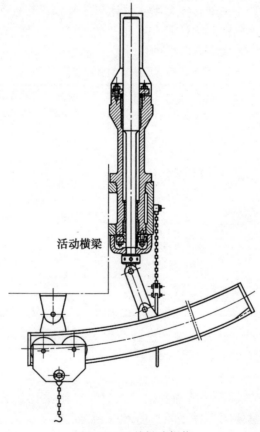

活动横梁

图 3-14　工具提升机构

122

由于立柱使用了拼焊结构，设计人员遂打算用"板焊组合式"结构来设计横梁。即先用厚钢板焊接成若干个大块，再用螺栓进行组合连接。为了得到第一手的设计数据，设计人员用此结构设计了1200吨试验机的 3 个横梁。经过有针对性的试验和 2 年多实际生产的考验，此结构一度被确定下来作为万吨水压机横梁的首选方案。

但是，设计人员最终还是采用了第三个方案——"整体焊接式"结构。按照这一方法，若干大小不同的钢板将被直接焊接为横梁整体，而不再分块组合。由于制造工艺大大简化，还能省去紧固螺栓等连接件，节约原材料，减轻横梁的自重。此方案一经提出，就被一致称好。这无疑将是一次重大的设计变更，一旦成功实施，3 个横梁和水压机本体都将为之改变，其结果甚至影响整个水压机的工程进度、性能和造价。可是，新结构能否用在万吨水压机上，当时谁也没有绝对的把握。

为了验证"整体焊接式"的横梁，设计人员索性设计了 1 台用此结构做横梁的 120 吨试验水压机。试验时，压力多次加倍，一度超载至 400 吨，而横梁安然无恙。试验结果非常理想。同时，设计人员也注意到了新结构带给焊接、热处理和机加工等后序的制造环节的压力。综合评价，鉴于新结构的优点，再考虑到江南造船厂焊接技术工人的技术优势，简易热处理炉以及"以小干大"的机械加工方法的可行性，最终，上海万吨水压机采用了"整体焊接式"结构横梁的设计方案。

"整体焊接式"结构的设计思路的提出与江南造船厂的生产特点也有一定联系。近代以来，焊接成为制造舰船的一种重要手段，而船厂一般都拥有一批技术水平较高的焊接专业人员。1947 年，江南造船厂曾采用全部焊接的方式制造了排水量为 3255 吨的"伯先"号钢质海轮[130]；1956 年，该厂也曾按苏联标准成功制造了艇身为全焊结构的"03"型鱼雷潜艇；1958 年，建成全焊结构的 8930 吨"和平 28"号海轮。受到造船的启发，江南造船厂的技术人员和技术工人在横梁设计时萌生了全焊的想法。

关于整体焊接结构的横梁，设计者总结了它的特点[7]15：

"优点是：(1) 重量轻，下横梁加工后净重量 260 吨，仅为组合式结构（540 吨）的一半左右；(2) 机械加工和钳工转配量大大减少，省掉了各组合面和紧固件的加工和装配；(3) 安装方便，用两台行车吊下即可；(4) 质量容易检查，每块钢板和每条焊缝都可经过超声波检查，这一点在铸钢结构中很难做到；(5) 外形整齐美观。

但是整焊结构也带来了不少问题，最主要的是：（1）要有一个特大热处理炉，把整个横梁放进去进行高温退火。搞一个简易燃煤热处理炉，约需 20—30 万元；（2）铁路长途运输有困难，短途运输还可以设法解决；（3）机械加工不能用现成车床，只能采用'蚂蚁啃骨头'的方法。"

可见，设计人员对此还是有比较全面的认识。关于新结构造成的一些极难克服的问题，设计者也并未讳言，"在拥有大型铸造设备和具有一定铸钢技术水平的条件下，采用铸焊或铸造结构就较为有利"[7]30。

时过境迁，"整体焊接式"的方法再也没有用于制造大型水压机。然而，当年的设计者正是靠这把利器，彻底突破了小设备制造大机器的藩篱，闯出了一条新路。

五、工作缸的设计

工作缸是一种高压容器，分为柱塞式、活塞式和差动柱塞式等形式，其中柱塞式最为常用，上海万吨水压机也选用了这种工作缸。柱塞式工作缸主要包括缸体和柱塞两大部分，柱塞在高压水的作用下推动活动横梁对锻件施压。因设备与材料等特殊原因，上海万吨水压机的工作缸具有数量多，分段拼焊等特点。

一般的重型锻造水压机采用双缸式和三缸式，即 2 个或 3 个工作缸（表 3-7）。其益处在于，各工作缸之间容易控制，整机的压力容易实现分级，比如三缸的 12000 吨可相应地分作 4000 吨、8000 吨和 12000 吨三级工作压力。设计人员曾为万吨水压机设计了 6 缸、8 缸、9 缸、12 缸和 16 缸等数种多缸式的方案。之所以如此青睐多缸结构，主要是为了在保证功能的同时，可将压力分散至多缸，利于选材与加工制造。

通常，缸内液体的工作压力越大，对缸体材料的性能要求也越高，如果材料性能偏弱，就需要设计更多的工作缸来分担压力。重型水压机工作缸的液体压强一般在 300—400 个大气压左右，缸体多以合金钢的大钢锭直接锻造而成。上海万吨水压机正好处在两难之中，一方面工作缸需用 350 个大气压，另一方面上海却不能生产出大型锻造钢管来作缸体。从设计的角度来看，这台万吨水压机的工作缸采用性能略低的材料，并选择多缸的结构，已不可避免。

究竟哪种材料合适呢？幸好，设计组找到的德国冶金专家孔歇尔也是位高压容器的专家，他曾建议国内其他厂家用 20MnV 铸钢代替锻钢成功制造了高压化工容器。一般来说，只有在 200 个大气压以下的工作缸才会考虑用铸钢制造。设计人员欲打破常规，还是先经过了试验。在1200吨试验机上，20MnV 铸钢制造的立柱和工作缸全都经受了考验，看来这种材料是能够胜任的。

从制造的角度来看，多缸结构对上海万吨水压机也是非常适合的。增加工作缸的数量后，单个缸的尺寸减少，铸造与焊接的难度降低，这也有利于提高缸体的质量。此外，多缸结构还具有横梁运行平稳、着力点均匀、冗余可靠性较强的特点。但是，工作缸的数量也不可太多。因为，多缸加大了上横梁与活动横梁、液压控制系统等部分的设计难度；而且，在同等压力下，工作缸的数量越多，高压管道的布置、设备的检修也会越麻烦。反复验算后，设计人员曾认为，设置 12 个工作缸比较合理。

12 缸方案的可行性也得到了1200吨试验机的初步验证。在这种情况下，12 缸一度成为上海万吨水压机的首选。可是，在试验水压机使用一段时间后，工作人员发现 12 缸导致活动横梁上部空间狭小，设备检修非常不便。于是，在满足功能和性能的前提下，设计人员最终选定了 6 缸的设计方案。

前已述及，在 6 缸方案确定后，原来按 12 缸方案设计的上横梁的梁体未随之改动，结果因部分筋板位置不尽合理，而导致受力不均。此处是在设计阶段中出现的纰漏。

工作缸和柱塞采用了与立柱相似的制作工艺——分段铸造和拼焊。工作缸的缸体被分成缸底、中部和凸肩三部分，柱塞则被分成两部分，然后再焊接拼成整体。这样的好处在于降低了铸造、焊接和机械加工对设备的要求，适合上海的生产条件。

至此，上海万吨水压机本体主要部件的基本设计思路和技术方案已基本形成。需要指出，本体的设计只是全部设计工作的一部分。万吨水压机是汇集了机、电、液、气多种系统于一体的复杂大型机器设备，除最具代表性的本体的设计之外，设计内容还包括水泵站及高压水泵、高压蓄势器、高压空气压缩机、高压阀与高压管道、液压控制系统、润滑系统、电气设备及控制系统等。这里，限于篇幅，不再逐一列举。

从 1959 年 10 月至 1960 年 12 月，万吨水压机的设计工作紧锣密鼓地进行了近一年多的时间。如果将此前1200吨试验机的设计和制造中的设计改进也计算在内，那么全部的设计持续了近 3 年。大量史料反映出，在整个过程中，设计人员一直在努力，一直在改进，力争每个环节都做到最优。在设计中事无巨细，大到功能的选取、材料的选用或结构的设计，小至螺纹的齿形、螺帽的高度或密封圈的形状，几乎所有的设计都建立在严谨的分析、细致的计算和大量的试验基础之上。

综合来看，上海万吨水压机的设计具有如下特点：首先，搜集到的资料及在国内的现场考察都对最终的设计结果产生了积极的影响，设计人员同时也大量地借鉴了国外水压机设计的规范、经验和方法。其次，在面对选材与制造方面的困难时，力求发挥现有材料和设备的潜力，拼焊结构、整体焊接结构等技术路线莫不如此。再次，模型和试验等手段在辅助设计方面也起到了重要的作用。最后，在设计阶段，技术人员已经比较充分地考虑了加工工艺的可行性，为万吨水压机的顺利制造奠定了基础。

总之，在特殊的技术环境与较为丰富的技术来源的影响下，上海万吨水压机的设计人员制造的这台大机器，在结构、性能和制造等方面都有独特的技术特色。特别是，在三大横梁的设计上采取了具有突破性的技术方案。正是这一创举，加上焊接立柱和焊接工作缸等设计，使得"全焊结构"成为上海万吨水压机最突出的技术特征。

第四章　洋技术与土办法

　　大型零部件的制造，事关上海万吨水压机的成败，立柱和横梁的加工更是全部制造环节中的重中之重。立柱与横梁的加工采用的主要技术手段是电渣焊接技术和"蚂蚁啃骨头"的机械加工技术。因此，不了解这两种技术的来源与实施情况，就无法对这台大机器做出完整的评价。两种技术，一个刚从国外引进，风光无限；一个借政治运动之势，平步青云。它们一土一洋，相得益彰，使得万吨水压机得以制造成功。同时，这台大机器能够顺利安装还得益于对质量和安全的一丝不苟。

第一节　老大哥的电渣焊

　　进入制造阶段后，万吨水压机与江南造船厂的联系愈加紧密，主要零部件的生产任务都已编入到厂方的生产计划之中。

一、进驻闵行

　　实际上，万吨水压机的制造自 1959 年上半年就已经开工，当时主要是围绕试验水压机进行部分零部件的试制，以及辅助设备的制造。

　　横梁与立柱的加工场地选在上重厂的闵行工地，而不是在江南造船厂。那几个零部件实在是太大了，在上重厂加工好后可以就地安装，极大地减轻了运输的负担。1959 年 3 月起，江南造船厂的约 200 名技术人员、行政人员、工人及大量机器设备陆续进驻闵行。很多人都是坐着厂里的卡车去的工地，一干就是几个月。因为闵行工地尚在建设之中，厂区内的条件较差，到了冬夏两季，更是苦不堪言。

主管江南造船厂的一机部第九局（船舶工业局）认为12000吨水压机是"国家重大尖端产品"，要求从3月份起，该厂需"按旬报送水压机生产情况，直至该产品完成"。从1960年元月起，立柱、横梁等大件的加工制造全面展开。为了协调参加万吨水压机建造的各方人员，同时也为了更好地利用江南造船厂的生产资源，万吨水压机工作大队于当年3月中旬宣告成立。根据工作内容和工种的不同，大队下设技术组、焊接中队、加工中队、船吊中队、计调组、检查组等，其中的技术组是在设计组的基础上形成的。工作大队不但汇集了江南造船厂内多个部门的精兵强将，而且还有上重厂的技术力量。因具体生产任务的变化，工作大队的成员也会有所调整，而不是一成不变。

其主要成员的构成情况如下：

"江南造船厂万吨水压机工作大队核心组

支部书记：郑崇瑞

大队长：林宗棠

副大队长：张秉庚　沈信昌　陶小其

工会主席：叶虎堂

团支部书记：孙锦荣

计调组长：周殿良

技术二科：徐希文　叶俊德

供应科：徐兴妙

协作科：徐玉明

检查科：王永才

轮机车间：袁章根　徐鸣元　严生发　陆　榕　洪国安

船体车间：袁炳海　顾林达

电器车间：谈忠克

坞吊车间：陶玉峰

运输科：葛孝光

技术组（设计组）：徐希文　陈端阳　孙锦荣　宋大有　杨炳炎

　　　　　　　　傅其钫

计调组：顾林达

检查组：乐学仪　堵晋良

焊接中队：唐应斌　何永生　袁斌海　邹荣欣　孙和根　邵祖德

　　　　　金竹青　谢文渭　邓积铎

船吊中队：魏茂利

江南厂生产科：周殿良

江南厂轮机车间：沈信昌　杭　波

重机厂试验室：周枚青

重机厂设备科：周科长①

重机厂第二水压机车间筹备组：方振才"

工作大队还设立了会议制度及三项具体要求："一、大队领导会议每月两次（江南造船厂和闵行工地各一次）；二、检查生产进度情况的核心组及调度会议每月2—3次（计调室召开之调度会议例外）；三、每月1—2次大队向厂长汇报生产情况"。此外，凡有重要问题，一般都由林宗棠等人直接向沈鸿报告。

二、老焊工出马

工作大队中的焊接中队可谓阵容强大，几乎集中了江南造船厂该专业中最优秀的工程师和技术工人。其中尤以唐应斌、宋大有和袁斌海等人最为突出。刚满40岁的唐应斌是焊接中队的负责人。他16岁到船厂作焊工，年轻时已练就了一手焊接的绝活，由于实践经验丰富，屡次在重大任务中显露身手，已被从工人提为工程师，并担任厂工艺科焊接研究室主任。万吨水压机的焊接作业由他来挑大梁，在当时是众望所归。宋大有毕业于上海交通大学焊接专业，基础扎实，爱钻研新技术，工作6年后已任焊接室副主任。另外，负责焊接技术工作的还有戴同钧和金竹青等青年骨干。袁斌海也是厂内搞焊接的老把式，对焊接装配工艺的经验老到，与唐应斌一样都是工人工程师。江南造船厂在焊接任务上如此调兵遣将不是没有道理的，因为万吨水压机的本体已确定要采用"全焊结构"的技术路线，立柱、横梁和工作缸等主要部件的毛坯能否制成，关键就看焊接技术能否过关。

---

① 具体姓名不详。

万吨水压机的几个大件的焊接的确非同一般，归纳起来大致有三大特点：

第一是难度大。焊缝普遍存在厚、长，结构复杂的情况。焊缝厚度一般在 8—30 厘米之间，个别处厚达 0.6 米；长度一般为 1.5—4 米，而下横梁盖板的有的焊缝就长达 10 米；立柱接头处是由环形断面组成，横梁因全部是由钢板拼接，空间狭窄，丁字形和十字形接头密布；而且由于都是大件（如下横梁重达 260 吨），焊接中立柱的转动和横梁的翻身都十分困难。

第二是质量要求高。立柱、横梁和工作缸是万吨水压机本体的主要部件，绝大多数的焊缝和接头都需要承受很大的力，因此要求焊缝必须全部焊透；再者因焊缝多，需控制好结构变形，例如 18 米立柱的中心偏差须控制在 20 毫米以内。

第三个是工作量大。这台水压机的本体有 4 根立柱、3 个横梁和 6 个工作缸，共 13 个大件，全部采用焊接结构。此外，整套水压机系统还包括 3 块大工作台和 16 个层板式高压蓄势器，也都采用焊接结构。以焊接长度来衡量，仅横梁和立柱的焊缝总长加起来就有1300米左右，全部工件的焊接总量占水压机全部制造工作量的 30％，这还不包括焊接后的热处理、焊接件的起重等操作[131]。

以上的三大特点也是三大难题，纵使是江南造船厂这家国内造船界的龙头企业，其焊接水平也将要面临一次严峻的挑战。就连唐应斌也感叹道："我捏了这么多年的电焊'龙头'，还没有焊过这样厚的东西，碰到过这样棘手的活。"[10]87

三、最革命性的创造

唐应斌等人的困惑反映了当时面临的技术困境。普通的电弧焊接，无论是手工焊，还是半自动焊或自动焊，大家都了如指掌。可是面对这些又厚又长的焊缝，常用的焊接手段不仅工艺难度极大，而且质量不易保证、效率低下，根本无法适应制造万吨水压机的要求。看来只有求助于新的焊接技术，否则就要彻底推翻原有的设计方案再另起炉灶。可是，哪里能找到这样的新技术呢？

就在大家一筹莫展的时候，宋大有发挥出了关注前沿技术的特长。他提出，为何不尝试使用电渣焊接的方法呢？[132]这一提议招致不少人的反对。唐应斌说自己"从不懂得什么叫做电渣焊"。显然，要用新技术，工人就要从头学习使用新设备、熟悉新工艺，花费时间不说，是否真能用好也还不得而知。不过，沈鸿却从宋大有的提议中看到了曙光。他对电渣焊这种新方法也有所耳闻，但也并不太了解，可是不试一试怎么知道行不行呢？

那么，电渣焊到底是一种什么样的新技术，怎么会想到要用它来制造万吨水压机呢？

电渣焊（也称熔渣焊）技术源于苏联[133]，是乌克兰科学院巴顿焊接研究所①于 20 世纪 40 年代末期的一项重要的发明[134]。在原理上，电渣焊接和一般的电弧焊接都属于熔焊。也就是说，都是将待焊两边的金属加热熔化，冷却后形成焊缝而将两焊件连接成为一体。但是，二者之间又存在很大的不同。电弧焊利用连接在焊机两极的焊条和工件之间产生电弧，利用局部热熔化进行焊接。电渣焊则先在焊丝与工件之间设置熔渣池，池内需不断填充固体焊剂，焊接时利用焊丝和工件之间的电阻热熔化焊剂，形成液态熔渣池，进而熔化焊丝和工件，随着焊丝不断地熔化，液态金属从下至上不断凝固从而形成焊缝，如图 4-1 所示。因此，电渣焊接可以近似看做是一个炼钢的过程。

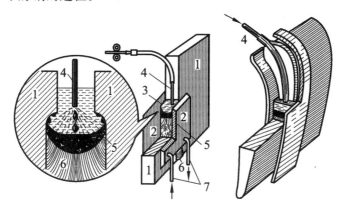

1. 焊件 2. 冷却成型板 3. 熔渣池 4. 焊丝 5. 液态金属 6. 焊缝 7. 冷却水

　　（1）电渣焊接示意图　　　　　　（2）熔化嘴电渣焊

图 4-1　电渣焊

---

① 另译为巴东电焊研究所。

电渣焊接技术具备的最大优点是可焊工件的厚度很大，而且效率也很高。此项技术的出现，使得大断面的焊接成为可能，这就为利用焊接制造大型构件提供了有利条件。此技术一经问世即被广泛看好的原因正在于此。苏联的技术人员认为，"电渣焊法在焊接厚板及重型机器制造业中是最先进和最有前途的焊接方法"，"为重型机器厂扩大生产能力和大大缩短制造主要零件的生产周期开辟了远景"[135]。

至20世纪50年代初期，电渣焊接技术无论是焊接材料，还是设备与工艺，都已发展得相当成熟。在苏联国内，该技术被视为机器制造科技领域的一次重大突破，并很快引起了苏共高层的注意。在1953年11月召开的苏共第二十次党代表大会上，苏联部长会议副主席马利歇夫在报告中指出，"电渣焊法使重机厂、化学及石油机器厂、锅炉及机床厂的设计都改观了"，会议的第2812号决议还特意提出，要推广电渣焊接技术。为此，苏联的有关部门曾召开过几次专门性质的学术及生产经验交流会议，还颁发了奖章以表彰发明电渣焊的有功人员。新克拉玛托尔斯大林机器厂等工厂在制造重型机器与大型零部件时，常以铸焊、锻焊或轧焊的结构来代替整铸、整锻结构，用电渣焊技术生产出多种发电设备、压力容器、中型与重型曲轴、大型锻压和轧钢设备等产品[136][137][138]。在此需要特别提及的是，乌拉尔重机厂曾在20世纪50年代初期制成1台"全焊结构"1000吨水压机，其横梁就是采用100毫米的厚钢板焊接而成[139]。

电渣焊接技术进入中国并不偶然。这项技术在苏联兴起之时，中苏关系正处于"蜜月"时期。在苏联的中国留学生和考察代表对它给予了关注，随后国内的技术人员也从相关的科技信息初步了解电渣焊接的原理和工艺特点。随着20世纪50年代中苏之间的工业援助与技术交流，苏联电渣焊所取得的成就吸引了来自中国工业部门和科研人员的目光。在苏联专家的帮助下，以一机部为主，全国多家工厂企业、科研院所和高等院校开始对电渣焊及其复合工艺进行了有意识地技术引进、消化与推广。这一过程大致经历了以下步骤：

第一步，到苏联进行有针对性的考察和学习。在中苏交恶之前，一机部多次派代表到苏联相关的研究所和工厂考察、学习电渣焊技术。在考察中，中方人员详细记录了电渣焊接的设备、操作工艺、生产成本，以及焊接材料的生产及设备使用情况[140][141]。同时，中国还派遣留学生和实习人员到苏联和捷克学习这项新技术[142][143]。1956年，中国重型机器制造业的当家人——一机部第三局局长钱敏在苏联考察时，电渣焊技术及其大型拼焊结构给他留下了深刻的印象。他兴奋地称赞电渣焊"是焊接技术中最革命性的创造"[144]。回国后，第三局召开全国焊接会议，提出要用焊接全部代替铆接，部分代替锻造、铸造的设想。

第二步，制定多种规划，明确发展目标和任务。1956年，一机部给中央的报告中已经提出将大型铸锻件的电渣焊接作为新技术来开展科学研究工作。这一建议被吸收进同期国务院制定的《十二年科学技术发展远景规划》中，拼焊结构也被确定为23项"国家重要科学技术任务"之一[145]：

> "用焊接结合较小锻件与铸件来代替大型铸件或锻件，这样可以不用重大锻压铸造设备，使大机件减少制造上的困难，减少内部缺陷，而且降低重量。"

1958年2月，国务院科学规划委员会将电渣焊与复合工艺作为当年的重点研究项目，要求掌握大型铸锻件的电渣焊工艺及设备。在1959年一机部制定的新技术发展规划中，大型锻压设备制造中采用的新工艺中的第一项即是电渣焊工艺。在计划经济体制下，这些全国性的规划又被分门别类地列入行业和地方的规划之中，引导生产和科研部门制定各种计划。

第三步，积极开展试验研究，做好技术引进和消化吸收。最初的研究工作都得到了来华苏联专家的帮助。一机部曾特邀巴顿焊接研究所所长及助手来华，希望得到重型产品"以小拼大"的经验。1957年，一机部第三局要求，要在苏联专家指导下尽快掌握电渣焊技术，同时也要引进设备，开展产品试制。一机部焊接研究所和哈尔滨锅炉厂是最早引进电渣焊技术的单位。焊接所不仅在材料和工艺上开展了研究，而且还自制了焊接设备，至1958年已初步掌握了这项技术。哈尔滨锅炉厂是焊接生产的骨干厂，经中方要求，苏联专家供给该厂A-372型电渣焊机，并帮助培养技术人员和操作工人。

1956—1958年间，国内主要的电渣焊研究项目有锅炉汽包、72500千瓦水轮机主轴的电渣焊研究、轧钢机机架电渣焊工艺及质量检查的研究。中国科学院金属研究所与哈尔滨锅炉厂合作，按照苏联配方仿制了苏联АН-8焊药。清华大学焊接实验室还开展了"电渣焊冶金过程"的研究。上海电焊机厂等单位仿制了若干型号的电渣焊机。例如，1958年试制出苏联的A-372-M型焊丝电渣焊机，能焊厚度达250毫米的纵缝；苏联A-460型的环缝电渣焊机，它能焊的厚度达400毫米[138]。经过几年的时间，技术引进与消化吸收已经初见成效，而且在技术力量的分布上形成了一定的地域覆盖。除上述单位之外，参与研究的单位还有上海材料研究所、哈尔滨工业大学、沈重厂、上海电器研究所、哈尔滨电机厂等单位。

第四步，推广与应用。经过了一段时间的摸索和尝试之后，各种宣传、推广和交流活动迅速开展起来。1958年召开的"全国电渣焊事业会议"号召，要形成"一个轰轰烈烈的群众运动，让电渣焊遍地开花"[146]。一机部在这一年还组织召开了"哈尔滨电渣焊会议"[147]和"北京轧钢机电渣焊现场会议"等交流会[148]，推动行业内的技术交流。此后，业内又迅速组建了5个推广队，到11个城市举办训练班，推广使用电渣焊[149]。很快，各种专业会议、现场交流会、表演会，以及巡回推广组与技术推广队等多种形式的活动令这项新技术声名鹊起，掀起了一阵热潮。

为了配合技术推广，一些专业期刊，如《焊接》、《重型机械》、《机械工人（热加工）》等杂志，以及许多工厂和研究所的内部资料，纷纷介绍和讨论电渣焊接技术与拼焊复合工艺。为满足专业技术研究人员的需要，中国科学技术情报研究所还编辑了关于电渣焊接的《专题文献索引》。积极运用这项新技术，很快就成了重机行业内的共识。

《焊接》杂志发表社论，文中写道[150]：

"采用电渣焊……不仅在技术上和经济上有无可比拟的合理性，而且在我国铸锻件生产能力不足的情况下，大量采用电渣焊来拼合大型机械的部件更有其重要的政治意义。"

一机部机械制造与工艺科学研究院的相关科研人员积极肯定电渣焊接技术及拼焊结构对于解决中国重机制造中所遇问题的意义。他们指出[138]：

"电渣焊给予重型机械制造工业指出了广阔的道路。电渣焊不仅能解决铸、锻生产能力不足的工厂制造大型设备的问题，而且即使在生产能力能制造大型铸、锻件的情况下，将它改成拼焊结构，在技术—经济效果上也是合理的。"

其实，东欧国家已经先于中国引进了苏联的电渣焊接技术。当时的一些中国留学生注意到了这一情况。在捷克的留学的郑恩贵发表文章，呼吁国内重视和运用电渣焊接技术。他在一篇文章中写道[143]：

"我国正处在'一天等于二十年'的伟大时代，在工业战线上迫切需要制造出更多的大型冶炼设备、重型机床、锻压设备、高压锅炉及其他大型动力设备等等。由于受到冶炼设备的容量和现有机器功率的限制，因而大型和特大型机件的供应成为目前发展重型机器设备的主要矛盾。为了解决这个矛盾，最好的办法就是采用复合工艺，而电渣焊是解决复合工艺最有效的办法之一。"

"大跃进"开始不久，一机部就将电渣焊接技术的推广与重型机器的试制结合起来。陈定华被任命为一机部焊接研究所电渣焊接项目的负责人，在名为《研究复合工艺和电渣焊在重要产品中的应用》的文章中，他明确指出电渣焊接技术的应用对制造超重型水压机的意义[151]。

"根据我国具体条件，研究并制定电渣焊焊条焊药的规格及生产方法，以保证大型轧钢机、大型水轮机、水压机及大型内燃机车等产品中的大型机架生产制造工作的顺利进行……有些大型机器，假如没有电渣焊，可能根本生产不出来。例如超重型水压机。"

1958年，《机械工人（热加工）》杂志编辑部刊发《向电渣焊进军》的文章，在行业内号召推广使用电渣焊接技术[152]：

"有了这种方法就可以把一根很粗很大的轴分为若干小块来制造，然后用电渣焊焊接在一起并成一根大轴。把大型铸钢件分为若干小块来做，然后焊成一个整体。或者把多少层厚钢板焊接在一起来代替大的铸锻件。这样多大多重的零件都可以做出来，不需要重型水压机和大型炼钢设备，这对于目前中小型工厂大造重型设备解决了关键问题。同时用电渣焊法来制造大型零件，比用整锻或整焊成本要低，由此看来，这真是一项多快好省自力更生解决大型铸锻件不足的好办法。"

在技术推广的促进下，电渣焊的实际应用也取得了显著的进展，一批国产大型机器的零部件用这种新方法制造出来。例如，20吨重的800轨梁轧钢机机座，5吨重的12500千瓦水轮发电机座环，毛坯直径0.45米、长5米的卷板机滚子；100毫米厚钢板材料的对接焊等等[138][153][154]。

通过以上的途径，一项先进的苏联技术，从原理到工艺，从材料到设备，从产品到人才，各主要环节都已被中国人掌握。换言之，电渣焊已经成为了中国人手中的技术。在这样的基础上，江南造船厂选用电渣焊和拼焊工艺来制造万吨水压机，当然不是毫无来由，更不是撞大运，而是顺理成章的事了。

四、初战告捷

利用电渣焊，应该可以解决万吨水压机的大件制造问题。道理虽如此，但实情却不容乐观。

焊接设备、材料和工艺等几方面都有问题。江南造船厂当时只有2台从苏联进口的电渣焊机，技术人员希望能够再添购几台，但是随着中苏关系日趋紧张，靠进口已几乎不可能。厂总工程师王荣瑸决定，先拆其中1台，进行测绘仿制，前后共仿造了7台电渣焊机[155]。接着，江南造船厂设备动力科的技术人员根据制造万吨水压机的具体需求，有针对性地改造了EAC-1000型自动焊机的机头部分，使送丝机构和夹持机构更适合横梁长缝焊接和立柱大截面环缝焊接的需要。焊接材料的选择也只能立足于国产，经过不同焊丝和焊剂的比较试验，选定了上海焊条厂的H10Mn2焊丝和"上焊-102"焊剂。

焊接工艺是最大的难点。虽然国内已有几家单位开展了电渣焊接的研究，但是已有的成功实例都是针对某个零部件，材料和工艺相对单一。然而，这台万吨水压机采用的是"全焊结构"，13个大件全部采用焊接工艺，不仅工作量大，而且材料不同、焊缝复杂、工艺差别大，如此情况即便在苏联也未见先例。更何况，焊接之后零件必须进行热处理，可是18米长的立柱和近300吨横梁的热处理将对江南造船厂形成巨大的挑战。

除了这些客观因素，缺乏经验是最主要的问题。面对这一新技术，技术人员对许多具体细节还很不熟悉，需要查阅资料和试验验证。一线工人的问题则更突出，由于此前从来没有接触过电渣焊，再加上工作量大、质量要求严，工人的操作非常辛苦，一度也产生了怀疑和抵触情绪[156]。

> "电渣焊技术关正难过的时候，将近焊好的下梁又突然发出巨响，连续裂开了十多条裂缝。从工程师到工人，从党员到群众思想相当混乱，三五成群，七嘴八舌，有的担忧说，东有裂缝，西有裂缝，裂到什么时候为止，有的焦急说，赶快想办法放在火里烧（进行热处理，消除应力），有的埋怨说'苦战几昼夜却劳而无功'，也有的群众感到有裂缝腿子软。
>
> ......

十米焊缝由手焊改为电渣焊，工人出身的工程师唐应斌同志就不赞成，他认为这是大胆的冒险行为，烧坏了整个下梁要报废，经过支部书记打通思想后才勉强同意。第一次焊接出现了严重裂缝，个别群众冷言冷语，唐应斌思想波动很大，认为丢面子，抬不起头，非常痛心，责任很大，做检讨时，群众情绪也是灰溜溜的，认为电渣焊老出毛病，真不光彩，这次失败损失很大，钞票要用卡车装，并且怀疑这种焊法是否行得通。个别同志害怕吃苦，一烧就是几十个小时，条件恶劣吃不消。支部针对这些情况，一方面找唐应斌个别谈话，一方面开大会小会反复务虚，介（解）除顾虑，鼓午（舞）士气，讲清楚这是新技术，又是边试验边生产，难免出些问题，应该接受教训，继续前进。"

令唐应斌顾虑重重的下横梁，是万吨水压机最大的部件，全重 260 吨，需由大小不等的 100 多块钢板拼成，焊缝种类很多，既有平焊缝、直焊缝，也有斜焊缝，且大量焊缝相互交叉、非常复杂。特别是下横梁的盖板下面有 4 条 10 米长的筋板，中间又有不少横隔板。这样的结构和焊缝只能用熔嘴电渣焊的方法来焊接。宋大有等人查阅国内外的资料后发现，熔嘴焊法的最长纪录是 2 米多，下横梁 10 米长的焊缝堪称世界之最。如果这 4 条10 米焊缝不能同时焊接、同时到头，整个结构的焊接应力就会过大，会产生变形，甚至崩裂。唐应斌等人遭遇的正是这一问题。

（1）焊接横梁

（2）焊接立柱

图 4-2　横梁与立柱的焊接

立柱和工作缸等铸钢件的焊接也
有相似的情况发生。4 根立柱每根分作
8—11 段，每段是直径为 0.95 米、重
约 10 吨的空心圆柱，然后用丝极电渣
焊逐段焊接在一起。每根立柱的接头
有 7—10 个，焊接后 18 米内的中心偏
差不得超过 20 毫米。分段的数量偏多
显然不利于控制焊接质量，但是对提
供铸钢件的上钢三厂来说，10 吨的重
量已经接近该厂技术能力的极限，更
大钢锭的质量则难以保证。整根立柱
的拼焊结构与焊接顺序，如图 4-4 所

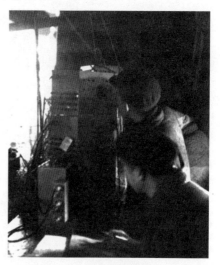

图 4-3　操作电渣焊机

示。有近两三个月的时间，"立柱屡焊屡裂，考虑不出焊接方案"。工作大
队认为，其中既有焊接技术的问题，也有铸钢件质量不佳的原因[156]。

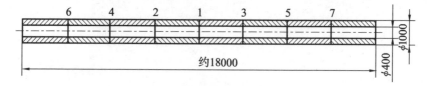

图 4-4　立柱的拼焊顺序

"铸钢件一共有103段2000多吨，电渣焊缝93条，截至目前焊好三四条焊缝，等于基本未动，假如平均每天焊一条，要焊二三个月，况且立柱焊接技术关还没有过，困难就更大，另外铸钢件还不齐，如立柱还差11段，铸钢件质量又不太好，不能达到设计要求，经过分析研究，在不大影响使用性能的原则下尽可能不报废，少报废。"

焊接横梁时，焊接工的操作既辛苦又危险。横梁的许多焊缝在梁体内部，焊接工需要进入到腔内操作。梁体内焊缝密布，分隔的空间狭小。按技术要求，焊接时上下盖板的四周都要盖严，而熔渣的温度在2000℃左右，焊接工进出不方便，在里面很受罪，也不太安全。在横梁的上下盖板上割开一些孔，可以起到改善操作环境的作用。开孔的部位很有讲究，一般梁体平面上不受压的地方可以开，而在受力较大的筋板部位就不能随意开孔，否则会降低横梁的强度，甚至形成隐患。在查验活动横梁的焊接质量时，技术组长徐希文就碰到了这样的棘手事情。

"活动横梁的受力部位的筋板上本来不应该开孔，原来的设计里面也没有开口。但当时老师傅提出来坚决要开。我听到这个消息，感到那儿不好开。因为筋板是受压区，要产生很大的应力，所以那个地方不好开。我赶快奔到工地，他们已经开了，而且很不工整。再补也不好补的，补不上。这儿不许开，我（事先）已经讲了。我看了好多资料里面，包括国外的万吨，上面开孔虽不大，但会造成裂缝。这个资料我都看过，所以我都晓得这个。"

徐希文的判断是准确的，后来水压机的使用也验证了这一点。不过从总体上看，焊接质量的控制是相当成功的。大队长林宗棠亲自抓质量管理，严格要求。总设计师沈鸿向来重视产品质量，他数次到现场查看情况。1960年7月，焊接进入攻坚阶段。沈鸿在听取了焊接中队的汇报和技术人员的分析之后，对质量控制提出了分级管理、多措并举的四项要求：

"一、焊接工艺应保证焊缝的质量，不应单纯追求缩短工艺时间，应在辅助时间与零件的周转方面抓得紧一些。但在某些焊缝中，允许不影响使用质量的缺陷存在，现把焊缝质量分级如下：

1. 高压容器和立柱——高压容器的焊缝质量直接关系到车间的安全，立柱又是水压机的最主要零件，不允许任何缺陷的存在。

2. 工作缸，下梁等——虽然工作缸与下梁也是水压机的关键零件之一，但对某些不影响强度的缺陷或在缺陷修补方法上可酌情处理。

3. 工作台类的零件受力情况较佳，且应力较低，只要焊缝不出大疵病即可，但也尽可能改善焊缝质量。

二、A-372焊丝电渣焊机可增加变阻箱以扩大电压电流的调节范围，使更合理地来调节焊接规范。

三、焊缝的超声波探伤灵敏度应稍高一些，立柱的环缝探伤时灵敏系数取4。

四、在八月二十五日前应焊好整根立柱一根，进行热处理。"

焊接质量是"全焊结构"能否成功的关键。为了攻克焊接难关，工作大队上上下下都使出了浑身解数。

技术人员与焊接工从试验入手，并在生产中总结经验，逐步掌握了电渣焊的工艺措施与焊接规范。部分的试验和试生产在制造1200吨试验机时就已经开始，随着工作的不断深入，许多问题已超出他们手头的文献所及。经过两三年的努力，一些研究成果不仅解决了万吨水压机制造中的实际问题，还尝试用于生产船舶的尾柱、舵杆与中间轴。沈鸿称赞焊接研究室有"许多创造"[8]5。其中，最具代表性的成果有长缝与丁字形角接缝的熔嘴电渣焊工艺、熔嘴的尺寸与形状的选择、双丝与三丝的电渣焊机机头、环缝焊丝电渣焊工艺、特大轧焊与铸焊零件的变形控制、熔嘴的定位与绝缘、冷却成型板及其支撑装置、环缝电渣焊的切割与收尾技术，以及电渣焊接件的正火—回火的热处理等。为了确保质量，焊接试验室在苏联超声波探伤仪专家普洛夫的帮助下，引进超声探伤技术。技术人员还自制了"江南Ⅰ型"超声波探测仪，并摸索出了一套适用的超声波探伤的使用规范，再配合理化取样检验等技术手段，确保检测结果准确可靠。

工人付出的努力是完成万吨水压机焊接任务的重要保证。焊接中队在唐应斌和袁斌海的带领下，对每条焊缝都不敢马虎。唐应斌的腰不好，有职业病，焊下横梁的时候，旧疾发作直不起身。他不服输的劲头上来后，硬是和大家一起干了近20小时，终于把10米大焊缝焊好。立柱焊接也是好事多磨。立柱的每条焊缝都是大环形截面，焊接时间一般8—10小时，而且中途不能停焊。好不容易焊完一道，检测不合格，又要割开重焊，最后直至质量完全过关。工作大队在一份阶段性的总结中记录了这一过程[156]：

"主（立）柱的焊接，过去做的试验不算，在闵行工地经过四次焊接都有裂纹，有些同志则认为主要原因不是预热，而是电流电压太大的缘故，第五次试验把电流电压放小了一些，焊后探伤用一般灵敏度没有缺陷，但用高灵敏度时则有可疑缺陷，经过解剖实验，仍有些微粒纹，第六次焊接是用各种方法加热保温，结果还是有裂纹。大家坐下来冷静分析，一致认为裂纹原因还是电流电压控制不当，当然预热保温是有好处的，第七次试验大胆地降低了电流电压，但却没有焊透，现在仍在继续进行试验研究中。"

由于当时上重厂正在建设中，大行车尚未安装，横梁的移动、翻身都成为难题。大件在焊接时需要通过吊耳在支架上翻身。江南造船厂的技术人员与起重工人魏茂利等人用简易设备解决了这个难题。他们根据在船厂大船下水的经验，用所谓"牛油滑板"的方法，先在木板上抹润滑牛油，用牵引车将大工件拖到工位上，然后再用数十个油压千斤顶配合操作，将大工件顶起，并不断增加枕木的数量，最终将下横梁等抬升至6米的高度，再用卷扬机拉动钢丝绳即可完成翻身，如图4-5所示。

（1）6米高翻身架上的下横梁　　　　　　（2）用废旧材料焊接的翻身架，
　　　　　　　　　　　　　　　　　　　　　　其转轴位于工件重心处

[图（1）中标语："吊装工人劲头大一定提前顶上翻身架"]

图4-5　"横梁翻身"

　　"横梁翻身"这个方法听起来很简单，实际运用时仍有较强的技术规范和技巧。即便看似毫不起眼的润滑牛油，也不是随意涂抹就行。技术人员事先对牛油的配料、加热温度、摩擦系数和浇注厚度等使用特性都做了严格的试验，取得了一系列的数据后才用于操作。现场的指挥和工人的操作也同样重要，如果工件抬升不平衡或发生基础沉陷，将会造成重大险情。魏茂利等人的经验发挥了重要作用[156]。

　　"过去曾顶过 70 度的 03 主机①，40 多位富有经验的老师傅费了九牛二虎之力才顶到一尺半的高度。小队长魏茂利同志非常着急，'油泵太大了，升高速度慢，辅助时间多'，后来他想出一个好办法，也就是大摆楞木油泵阵，用几十只 20 吨的小油泵顶。大队长亲自出马向重型机器厂借到 40 只 20 吨油泵。采用百余根枕木和数十只油泵（千斤顶），一只油泵一人包干，油泵一次一只顶 10 寸多高，然后再填枕木再用油泵，继续顶高，如此循环，日以继夜顶了数十次后，终于将极其笨重体积庞大之工件顺利地顶到 6 米高，平稳地放在翻身架上，都把这个难忘的场面叫做'蚂蚁顶泰山'。这样只用两根钢丝绳轻轻一拉就可以将一支（只）300 吨重的横梁很灵活、很方便、很平稳地翻身。大家把这种翻身的方法叫做'银丝转昆仑'。"

"全焊结构"的大件注定要使用"超常"的热处理手段。热处理是必不可少的一道工序，目的是改善焊接组织、消除焊接应力、提高机械性能。上海万吨水压机有 4 根立柱、3 个横梁、6 个工作缸、16 个蓄势器和 3 个工作台，在焊接后若不进炉热处理，根本无法使用。这项任务的难点在于必须要有"超常"的热处理炉。炉子首先要大，能容纳 10 米长、8 米宽、260 吨重的下横梁，也能让 18 米长的立柱整根放入。其次，炉子的性能须满足工艺要求。温度的控制尤其有讲究，升温、均温、保温、冷却等各个步骤必须按设定好的时长，有时需要缓慢升温，然后保温 10 小时；有时需要快速冷却，必须快得了；而且每个厚大的零件都应均匀受热。一个流程下来的连续作业时间少则 20—30 小时，多则上百小时。

---

① "03"，是指江南造船厂为中国海军建造的第一代常规动力潜艇，代号为"6603"。

热处理任务交由上重厂来组织实施，问题主要集中在四方面：炉子、运输、人力和燃料。

上海根本没有这样大的热处理炉，只能在厂区的露天地里临时搭建。上重厂专门组建了一个大炉子设计小组，负责大炉子工程。设计人员从多个方案中选择了简易的整体单拱式燃煤热处理炉，横梁与立柱各用一个，前者的容积大，后者则更长。大炉子由上海市建五公司和上海工业设备安装公司承建。

运送大件进出炉子需要特种运输设施，尤其是下横梁，对车辆与路基都是一场考验。从别处调来车辆的可能性极小，即便来了使用也不一定方便，成本必然也高。技术组组长徐希文向大队长林宗棠建议，索性自造简易的重载车辆，使用前按特种运输铁路的要求把路基压实即可。300吨重载平板车设计得巧妙，车体直接用横梁代替，再装上用工厂闲置的轴承和轮盘做成的轮子，就可以用了。徐希文计算后认为，虽然每个轴承都被用到了极限，但是只要车速不高，应该没问题。实际使用时，车辆边走，边对轴承冷却、润滑，效果相当不错，如图4-6所示。

图 4-6　自制重载平板车与横梁热处理炉

车辆建成之际，燃料缺乏和人手不够的问题仍迟迟未能解决。2 座临时退火炉所需的耐火砖共 1245 吨、水泥 538 吨、烟煤 500 吨，都尚无着落。人员方面，江南造船厂和上重厂虽已召集了两家大部分的热处理技术人员和司炉工约 40 余人，但还远远不够，两厂只能联合向上海市求援[157]。

"上海市工业生产委员会钱主任①：

……在尽速建造热处理炉的同时，尚需解决热处理工人60名（包括有经验的技师、技术人员等）。

江南造船厂

上海重型机器厂

1960.6.16"

钱敏将情况通知上海多家大厂，但各厂都正忙于各自的跃进任务，无暇他顾。情况反映到上海市委第一书记柯庆施那里，在他的亲自安排下，20 家工厂抽调了 30 名司炉工到上重厂支援 3 个月，所需的烟煤很快也及时运到了工地，大炉子终于点火开工。不料到了 1960 年 9 月底，热处理未能按计划完工。但是各厂纷纷要人，前期闵行工地支援的司炉工中已有 12 名返回各自单位。在关键时刻，人力资源再度紧张。江南造船厂张心宜厂长只好再次向钱敏求援。在上海市工委与建委的协调下，各厂同意将剩下的 18 人延期支援至年底。

几经周折，万吨水压机本体的各大件，基本上都按照预定的工艺要求，完成了焊后的热处理。这一耗时耗工的"大活"也出现了几次小意外，主要涉及到 3 个横梁。活动横梁和上横梁进炉后，恰逢雨季，炉温上不去，梁体个别部位的质量受到影响；处理下横梁时，出现了鼓风机与抽风机的故障，升温速度过慢，整个热处理时间达 200 小时[7]217。这也是热处理工期延误的主要原因。总的来说，相对简陋的条件对大件的热处理不是很有利，但是毕竟能够满足要求。

---

① "钱主任"即钱敏。

图 4-7　运送下横梁进炉

图 4-8　上横梁进炉

除水压机工作大队之外，还有不少关心水压机的人帮助想办法，也解决了很多问题。冶金部副部长吕东①和鞍钢的技术人员在解决横梁所需的

①　吕东，1915 年生，辽宁海城人，1948 年任东北工业部第一副部长，1952 年任重工业部副部长，1956 年，他先后任冶金工业部常务副部长、部长、党组书记。

优质厚钢板的生产和供应方面发挥了至关重要的作用。横梁的设计采用轧焊结构，这个方案需要大量优质厚钢板的供应，但是钢板的供应一度成为难题。当时，国内尚未生产过所需性能的钢板，只有鞍钢①还具备一定的条件可以尝试生产。林宗棠曾在吕东领导的东北工业部工作。关于上海万吨水压机所需钢板的解决，林宗棠回忆道[158]：

> "这种水压机的主要材料是厚钢板，而这种钢板国内没有企业能生产，进口又进口不到。没有办法，我就去找吕东同志。我把造万吨水压机的意义跟他一说，他二话没说，就马上给鞍钢的领导打电话。其实，当时鞍钢的设备是不能生产这么厚的钢板的。鞍钢的同志们想了很多办法，改进了工艺，终于在原有的设备上轧出了万吨水压机所需要的厚钢板。"

在吕东的协调下，鞍钢为上海提供了 80 毫米、100 毫米和 120 毫米 3 种规格的低碳半镇静钢板，基本解决了水压机所需钢板的供应问题。

在受到帮助的同时，江南造船厂也利用已熟练掌握的电渣焊接技术来帮助他人。1961 年应水利电力部邀请，沈鸿带领林宗棠、唐应斌、袁章根和杨义康等技术骨干，用电渣焊的方法完成了三门峡水电站 15 万千瓦水轮机转子的拼焊任务，解决了苏联专家撤走后留下的一道难题。

相比之下，有的"帮忙"则比较离谱。比如，有这样一件趣事。1960 年，全国兴起一阵"超声波运动"的闹剧，不论什么东西，似乎只要让超声波"超"一下，就会出现神奇的改变。一时之间，人人都在谈论超声波，也几乎没有一家工厂或研究所不在尝试做出新的发现。江南造船厂也传出喜讯，某人"连续苦战三昼夜，终于试制成'强功率超声波发生器'"，据说能使电渣焊后不必非要进行热处理。幸好，沈鸿和其他技术人员都没有被这东西给唬住，横梁和立柱自然也没有被"超"。吴平女士曾听丈夫谈及此事[99]101：

> "沈鸿告诉我，他在上海设计大水压机时，某书记问他：'你设计的水压机能不能也超一超，我问过你手下的人，他们说有可能，超一超可以翻成24000吨。'沈鸿说这不可能！这位书记又说：'唉，你这

---

① 鞍钢是当时中国最大且技术能力最强的钢铁企业。1953 年底，在苏联的帮助下，鞍钢的三大工程：无缝钢管厂、自动化大型轧钢厂、自动化七号炼铁高炉相继投产，毛泽东、周恩来非常重视，人民日报发表社论《我国工业建设的重大胜利》。1954 年 6 月，鞍钢自动化薄板厂投产。鞍钢改建后的顺利投产，为国防、冶金、机械制造等提供了所需的钢材、钢板和钢管，也支援了其他建设项目的顺利实施。

老沈也太保守呀！'"

如果沈鸿这些人真的保守，就不会有"全焊结构"水压机的构想，也不会有那些有惊无险的技术方案。炉火渐渐熄灭，焊接任务的完成，标志着攻克"全焊结构"已初战告捷。

第二节　蚂蚁啃骨头

机械切削加工是制造万吨水压机中重要的环节，也是所耗工时最多的工艺过程。经过前面的焊接和热处理等热加工手段得到的大件还只是毛坯，它们必须经过切削加工后，尺寸与精度才能符合设计要求，成为可供装配的零件。

一、再战再捷

与焊接过程面临的问题相似，上海万吨水压机的拼焊结构的设计也给切削加工带来了极大的困难。

首先，焊接后的零件尺寸过大，没有现成的机床设备能够满足加工的需求。焊接后的立柱长近 18 米，重 80 吨，而下横梁的最大长度有 10 米，重达 260 吨。这样的零件均超出既有机床的加工能力，普通的工装夹具、量具和辅助工具也都不再适用。

其次，质量要求高，技术难度大。其中，横梁大平面在 6 米长度内的最大不平度仅 0.4 毫米，要求机床导轨面的最大水平误差不得超过每米 0.05 毫米；横梁立柱孔的上下端面的中心距误差不得超过每米 0.10 毫米，要求加工设备的直线度不得超过每米 0.05 毫米；立柱端面与中心线严格垂直，偏心跳动小于 0.05 毫米；立柱滑动部分的表面质量接近于镜面加工的要求[①]。

以上两项条件也对技术人员和工人提出了很高的要求。技术人员必须针对设备受限、加工难度大等特殊条件，设计出合理的工艺方案。方案的制定与实施必须极其谨慎，因为加工中一旦出现差错，此前费尽辛苦制造

---

① 表面粗糙度小于 0.8 微米。

的大型毛坯就很可能要返工，甚至报废。此外，整个过程中的测量、划线、装夹、加工等各道工序的工作量大，考验工人的经验、体力和耐心等综合素质。

为了保证加工的顺利进行，万吨水压机工作大队专门设立了一支机械加工中队。机械加工中队的30多位成员主要来自江南造船厂船体车间与造机车间，是该厂的一支精锐力量。在突出工人地位的年代，技术水平较高的青年工人袁章根被任命为中队负责人，同时还聘请了江南造船厂的老技师沈信昌任技术指导。沈信昌和袁章根一老一少都是江南造船厂操作机床的技术能手。沈信昌经验丰富，精通车床刀具的磨制与使用，曾在1949年江南造船所军管后的"献宝"热潮中，一人就献出6000把车刀，荣获过1950年上海市的第一批劳动模范。袁章根13岁就开始学徒，30多岁时已经算是"老工人"了。他平常肯动脑，在机床的改装、使用等方面有许多巧办法。袁章根另一大优点就是肯下功夫，做事一丝不苟。此次看中的正是他过人的本领。

万吨水压机的机械加工一度成为江南造船厂的首要任务。重要的技术力量被抽调到水压机工地，负责横梁、立柱和工作缸等大件的加工。同时，厂内车间还承担了控制阀、活动横梁球形轴承等其他关键零部件的生产。这些任务影响到了江南造船厂万吨轮等其他重点产品的生产。在不得已的情况下，张心宜厂长请求上海市工委和建委，将原打算为福建三明重机厂制造2500吨水压机的任务交给上重厂，而万吨轮的部分零部件的生产，则转交给其他兄弟厂协助，以便全力确保万吨水压机的进度。

在江南造船厂竭力确保水压机的加工任务之时，上重厂也尽力配合。除了承担下2500吨水压机的生产任务之外，上重厂还腾出第一金工车间作为万吨水压机的加工场地，专门提供7.5吨行车、50吨行车和15米长进口车床各一部交由江南造船厂的人员使用。

特大零件的加工方案始终是焦点问题。对于立柱的加工，技术人员和工人的心里还比较有底。上重厂新进口了1台捷克的15米大车床，虽然不够立柱的长度，但是技术人员对它进行了接长改装，用一自制的3.5米长的底座安放尾顶针，可以实现车削和滚压加工，如图4-9所示。可是，这台机床毕竟不是为生产水压机而购买的，它没有加工立柱螺纹所必需的丝杠。工人只能靠齿条走刀来切削螺纹，而精度的控制则依赖于操作工的技能。另外，滚压器缺少压力调节装置，进刀量也只能凭经验近似调节。在这样的条件下，袁章根等人小心翼翼地完成了万吨水压机4根立柱的加工，共用时98天[7]234。

图 4-9　加工中的立柱

　　3 个横梁的加工问题更突出，根本找不到合适的大型机床。工作大队遂打算采取"蚂蚁啃骨头"的机械加工方法。所谓"蚂蚁啃骨头"，简单地说就是用小机床加工大零件。这种做法乍一听起来似乎很自然，其实它并不符合通常加工大件的思路。一般在考虑到加工质量和加工效率的情况下，加工大件需用更大的机床，而小机床要完成同样的加工任务，就会有特殊的难度，甚至可以说，每一步几乎都要翻越一道难关。

　　特大零件划线便是如此一关。划线是机械加工的第一步，一般要经过在划线平台上对零件的多次找平与翻身，确定出零件三维方向的加工线与校准线。水压机 3 个横梁都属于外形复杂、尺寸巨大且单件生产的精密零件，必须要经过划线工序。然而，这道工序却无法按常规的方法进行。寻常零件的找平、翻身都不是问题，可是万吨水压机的横梁太大，在缺乏足够大的划线平板和大型起重设施的情况下，零件的找平和立体划线变得非常困难。

　　经过一番摸索和论证，技术人员采用了"工字平铁与拉线定位相结合"的办法。这种方法用厚钢板、工字平铁、带有长度标记的木条等简易工具，避开了设备方面的不足。虽然总算完成了划线任务，但是步骤繁琐，需要反复校对，效率很低，仅下横梁的划线就用了 10 天的时间。

　　合适的小机床是"蚂蚁啃骨头"的基础。针对加工中的两大难点——横梁的大平面和高精度立柱孔，技术人员与袁章根等人一起专门设计了移动式的牛头铣床与直径 300 毫米的活动镗杆等简易机床。移动铣床是加工横梁的几个大平面的主要设备，可以被放置在横梁的表面，而无须考虑工件的装夹等问题（图 4-10、图 4-11）。活动镗杆又称"土镗排"，使用时直接插入横梁的立柱孔中，加工 3 个横梁的 12 个高精度的立柱孔及柱套的上下端面。另外，技术人员还制作了一些简易设备和刀具，解决工作缸柱塞和活动横梁柱塞的加工困难。

相比于特大精密机床，小机床的门槛虽低，但用好却非常不易。小机床具有灵活、便捷的优势，但也存在效率低下、质量不易控制的缺点。如何让小机床扬长避短是实施"蚂蚁啃骨头"的关键。这两种简易机床的机身刚度都不高，很容易引起震颤或摆动，影响加工质量，被工人们形容为"油条机床"。技术人员一面设法调整机床，一面制定更合理的切削规范。加工时只好采取牺牲速度确保质量的思路，降低铣刀的进刀速度。尽管单部机床的加工速度与加工质量不可兼得，多部机床同时使用却能够提高效率。这种所谓"蚂蚁群"的方式在加工中也得到了运用。借助于表面足够大的横梁，3部机床可以被搬到横梁上同时开工；镗削立柱孔时，每个横梁的4个孔也各置一部镗杆，齐头并进。即便如此，因为几部镗杆之间不会联动或自动校正，所以加工过程中需要反复测量和校正才能将镗杆调整到位。仅下横梁孔在最后的精镗工序之前，袁章根等就爬上爬下地测量了2000余次，而完成下横梁的平面加工则共用了17天时间[7]229。在操作工吴长根和丁春根的一份汇报中，描述了这些问题[159]：

"上、动、下梁立柱孔，主工作缸孔及各小缸孔的镗削利用土镗排进行加工。这种镗排本身也有很多缺陷，本身的加工不够理想，存在一些较大的高度差和锥度差……镗孔的关键是须保证在镗削前中心距测量的正确性，以及镗削过程中镗排的稳定。在下梁精镗前的一次校正中，我们共花了九天九夜的时间进行调整。"

图 4-10　下横梁测量中心距

图 4-11　下横梁的大平面加工

图 4-12　上横梁加工

对工人来说，"蚂蚁啃骨头"不仅意味着大工作量，而且还带有几分危险性。简易机床只有动力、传动和刀架等几个必要的部件，而缺少防护设施，工人在操作时需提防被三角皮带及齿轮咬轧，还要防止触电和被铁刨花飞溅烫伤。另外，由于操作者在离地 4—5 米高的横梁上作业，还要小心踏空或滑倒。

在万吨水压机工地，一部分技术人员和工人一度对"蚂蚁啃骨头"的方法是否可行产生了怀疑。然而，江南造船厂和水压机工作大队的领导非但没有动摇，还将其作为重要的"技术革新"成果加以宣传，鼓舞士气。在当年的一份的材料中，对"蚂蚁啃骨头"有这样的说法[160]：

> "群众发动起来后，提出'公鸡要生蛋，无米要煮饭，手工操作彻底反'，自力更生克服机加工的困难。造机车间工人提出：'万吨水压机，大摆蚂蚁阵，无鸡要生蛋'。"

事实证明，采用"蚂蚁啃骨头"的加工方案是有效的，也是成功的。当然，面对那些一二百吨重的庞然大物，曾经的怀疑本也无可厚非。坚信"蚂蚁啃骨头"一定能够取得成功，固然显示出了万吨水压机制造者的决心，而在单纯的技术选择之外其实也有其特殊的社会背景。

二、革机床之命

"蚂蚁啃骨头"的机械加工并不神秘，也谈不上先进，但是在"大跃进"的年代，它被戴上了耀眼的光环，蜚声于工厂内外。

准确地说，"蚂蚁啃骨头"的加工方法大致有两种含义：一种是狭义的，仅指通过用小型机床加工大型零件的方法。在加工中，工件不动而小型机床在其四周工作，故把这类小型机床也称做"移动式"或"活动式"机床。在宣传中，这类加工方式最早获得了"蚂蚁啃骨头"的声名。另一种是广义的，意指包括"以小攻大、以短攻长、以轻攻重"的一整套冷、热机械加工方法及起重、运输等辅助手段。随着"蚂蚁啃骨头"不断地被肯定和宣传，这种含义常用于代指各种"以小干大"的方法[161]。

"以小干大"的加工方法在中外机械技术史上早已有之。譬如，在传统工艺中，玉工使用小砣机加工大型玉器；明清时期，传教士在中国制造天文仪器时，也曾用"骡马置力转动刮刀之轮"的方法加工直径约 2 米的大铜环[162]；民国时期，也不乏用小机床加工大零件的事例。在欧美国家的工厂，这类加工方式并不鲜见。若要论对中国有影响，恐怕要数苏联在 20 世纪 50 年代加工大型机器零件用过的移动式"塔式机床"[75]。不过，一般来说，在近代机器工业建立起来后，制造大型零部件主要依靠重型机床等大型机器设备。

"蚂蚁啃骨头"的加工方法之所以被凸显和放大，主要存在两方面的因素。

在技术层面看，与苏联的技术交流和重要工业品的进口中断后，从低技术起点发展起来的"蚂蚁啃骨头"的加工方法，可以部分地解决大型设备的制造问题，缓解普遍缺乏大型设备的窘境。对一大批技术条件尚处落后的工厂企业而言，用小设备加工大型零部件，几乎成为在技术路线上的唯一选择。因此，"蚂蚁啃骨头"当时被视为突破"技术瓶颈"的重要解决方法，而加以推广。

从社会因素看，"大跃进"期间，高涨的政治气氛和过高的工业增长指标，刺激了对大型设备的需求。"大跃进"突出强调群众运动、"土洋结合"和"以土为主"的技术政策，在某种程度上催生和庇护了"蚂蚁啃骨头"的兴起，并使其备受推崇。

所谓"蚂蚁"指的就是小机床。"大跃进"时期，东北机器制造厂[①]和上海建设机器厂[②]成为活用"蚂蚁"的代表。1958年，东北机器制造厂和上海建设机器厂分别承担2400马力双列六级高压氮氢混合气体压缩机与10吨转炉风圈等设备的制造任务[163][164]。东北机器制造厂采取"瓦口铣"和移动式镗杆来加工压缩机缸体的大内孔，又在此基础上用废旧零件拼装了第一批7种共19台结构简单的土机床，这些就是最早被称为"蚂蚁"的小机床。上海建设机器厂的"蚂蚁"诞生得稍晚，但是在随后的几年中，该厂却搞出了多种"蚂蚁"："长脚蚂蚁"（用于汽缸长镗孔）、"多嘴蚂蚁"（用于炼焦炉门框钻孔）、"组合蚂蚁"（可铣、可刨大平板）、"靠模蚂蚁"（加工水压机柱塞缸封头内外球面）等等。

小机床加工大设备的成功运用，引起了相关管理部门和领导的重视。1958年6月20日，沈阳市委在东北机器制造厂召开现场会议，推广用小设备加工大部件的经验，全国共有500多人参加。接着，一机部也组织科研单位和工厂开展相关的研究与推广工作。7月29日，东北机器制造厂向中央报捷。几天后，刘少奇、周恩来与陈云等中央领导接见报捷的职工代表，并参观了气体压缩机的模型。在随后视察地方工作时，刘少奇和周恩来都对小机床加工出大设备表示赞赏[165]。

起初，这一加工方法除了"蚂蚁啃骨头"的名字，还有"蟹吃牛"、

---

① 即724军工厂，现改制为沈阳东基有限公司。
② 现上海建设路桥机械设备有限公司。

"小猴骑大象"、"小鸡生蛋"等五花八门的叫法。一机部副部长刘鼎觉得"蚂蚁啃骨头"平而不俗，于是在机械行业内这个称谓迅速成为一个正式的术语。

中央领导表态后，国内媒体纷纷对"蚂蚁啃骨头"给予了报道和评论。《人民日报》和《红旗》杂志均发专文或社论，为这一机械加工方法及其宣传定调、定性。

1958 年 8 月 20 日，《人民日报》刊登了专门介绍东北机器制造厂"蚂蚁啃骨头"事迹的新闻报道——《小蚂蚁能啃大骨头，小机床能造大机器》和《没有跨不过去的火焰山》，并配发题为《谁说蚂蚁不能啃骨头?》的社论，对"蚂蚁啃骨头"给予了充分肯定，要求在全国推广[166]。

"'蚂蚁啃骨头'的办法可能在技术经济效果方面赶上大型机床。

······

'蚂蚁啃骨头'的办法是加速我国机械工业发展的一把重要的钥匙，是一项十分重要的经验。一切地方都应该重视，并且注意推广这方面的经验。"

同年 12 月 26 日出版的《红旗》杂志在《机床革命的开端》一文中肯定"蚂蚁啃骨头"加工方法具有革命性[167]：

"很多机械工厂都在'革'机床之'命'。以东北机器（制造）厂为开端，后来在全国各地推广的"蚂蚁啃骨头"，就是很好的说明。'蚂蚁啃骨头'、'以小做大'、'以粗做精'的这套办法，已经成为重型机械制造技术上的方向之一。"

"一报一刊"的影响极其显著。在工厂里，"蚂蚁啃骨头"立即被树为"小、土、群"的典型，一跃成为符合需要的主流技术手段。全国许多厂矿也开始积极主动地推广使用。沈重厂等大型重型机器厂也越来越多地采用简易小机床代替重型机床，以缓解"大跃进"以来沉重的生产压力。一机部机械制造与工艺科学研究所等科研单位为适应形势发展的需要，汇集各地"蚂蚁啃骨头"的经验，出版了《蚂蚁啃骨头》等专业书籍，在全国发行。

文艺界也不甘落后。1958 年长春电影制片厂拍摄了《首创蚂蚁啃骨头》的影片，并在全国各地放映。辽宁省组织编写了《蚂蚁啃骨头》的"二人转"剧本，以群众喜闻乐见的形式进行宣传[168]。广西等地还用少数民族文字出版了《蚂蚁啃骨头》一书，介绍这种技术[169]。在宣传中，"蚂蚁啃骨头"已从一种机械加工技术，变身为不畏艰难、以弱胜强的斗争精神的代名词。

在国内备受瞩目的"蚂蚁"精神，吸引了正在进行"千里马运动"的朝鲜方面的注意。1958年12月4日，陈毅外长陪同朝鲜金日成首相考察了上海建设机器厂，并且观看了"蚂蚁啃骨头"的表演。陈老总诗兴大发，做了一首新体诗——《参观蚂蚁啃骨头》[170]。

"……

金首相同志说：

我在朝鲜就听见蚂蚁啃骨头这个办法。

这次到中国来，

想从现场找这个办法的窍门。

……

这是穷办法，这是符合科学的办法。

中国既然可以这样做，

朝鲜当然可以借鉴！"

"蚂蚁"多了，"骨头"就成了问题。"骨头"即大型毛坯。当小机床"蚂蚁啃骨头"的加工方法被迅速推广后，大型毛坯的供需矛盾日益突出。1958年10月15日，《人民日报》发表题为《给"蚂蚁"供应充足的"骨头"》的社论，提出要解决小机床"没有骨头啃"的问题，应坚持"大化小、小拼大；铁代钢，铸代锻；水泥作大件"的方针。文章还号召"自己解决大件毛胚的制造"，为小厂鼓劲。

"骨头"的生产涉及铸造、锻造、焊接、热处理，以及起重、运输等多个方面。"大跃进"期间出现的典型的技术手段有"以小拼大"、"茶壶煮猪头"、"以小打大"、"以铸代锻"、"以铁代钢"、"化大为小"、"蚂蚁搬泰山"等，归纳如表4-1所示。其中的"茶壶煮猪头"源于"用两吨电炉熔炼七吨钢"的沈阳矿山机器厂，也名噪一时。

实际上，"骨头"的技术含量很高，在"大跃进"之前，大型毛坯的制造曾位列国家机械技术发展的头号"老大难"问题。表4-1中所列的技术手段和适应情况有很大差别，大致分为4种类型。第一种是设备的超限使用，这类情况最为普遍，如"茶壶煮猪头"、超载锻打等，其结果往往得不偿失。第二种表现为技术的倒退，如人力压力机、石头床身等。第三种属于传统工艺的延续，如多炉漕注法浇铸、土法渗碳等，都在民间用了千百年。最后一种可归为对先进技术的消化吸收，如高频淬火、电渣焊接等，这类技术对设备及人员的要求稍高。实际上，表中所列的技术绝大多数都不能真正解决大型毛坯的生产问题，电渣焊虽混迹其中，却是少数有效的技术手段之一。

表 4-1　"大跃进"期间大型铸锻件"以小干大"的典型方法（简表）

分类		加工方法	技术手段	适用场合	典型企业或单位
制造技术	铸造	以小干大	茶壶煮猪头，电炉、转炉扩大炉膛，多次熔化贮存，一次浇铸	中小型铸造车间	1958 年沈阳矿山机器厂最早推广，衡阳冶金机械修配厂等
		化大为小	分段铸造	中小型铸造车间	天津机械制造厂、造纸机厂等
			多炉漕注法浇注	小型铸造车间	四方机车车辆厂等
		以小拼大	裂皮铸造，外型和芯子都在进出气口处	小型铸造工车间	东北机械制造厂等
	锻造	以小打大	拆改设备部件，超载锻打	小型锻压车间	永利碱厂淮海机械厂，东北机械制造厂，大连通用机械厂，武汉动力二厂等
			胎膜锻	大中小型锻压车间	沈阳拖拉机厂，太原矿山机器厂，哈尔滨锅炉厂等
			人力压力机	小型机械厂	山西汽车修造厂等
			夹板锤、简易蒸汽锤，土简锻锤	小型机械厂	武汉动力二厂，广州通用机器厂，哈尔滨电机厂，石家庄动力机械厂等
		化大为小	分段锻打	中小型锻压车间	沈阳拖拉机厂，重庆修造船厂

（续表）

分类	加工方法	技术手段	适用场合	典型企业或单位
热处理	以小干大，材料代用	土退火炉，红砖、泥土代替耐火砖	中小型热处理车间	北京钢厂等
		砖砌土焖火炉	小型热处理车间	山东莒县机械厂等
	材料代用	电石渣、锯末，土法渗碳	中小型机械厂	哈尔滨机车车辆厂，重庆长安机器制造厂等
	其他	快速加热	大中型热处理车间	天津拖拉机厂，西南仪器厂，北京第二机床厂等
		高频淬火	大中型热处理车间	天津动力机厂，北京汽车制造厂等
		火焰表面淬火	大中型热处理车间	广州通用机器厂，南京机床厂等
焊接	化大为小，以小拼大	电焊拼焊	中小型厂	唐山冶金矿山机器厂等
		铸焊，电渣焊	大中型厂	清华大学，石景山钢铁厂，江南造船厂，鞍山钢铁厂等
		锻焊，电渣焊	大中型厂	沈重厂，富拉尔基重机厂等
毛坯的原材料代用	以铁代钢	球墨铸铁轧辊、主轴等重要零部件	大中小型厂	鞍山钢铁厂，太原第一轧钢厂，太原矿山机器厂，沈重厂，上钢三厂，大冶钢厂，唐山钢厂等
	以铸代锻	轧辊、主轴等重要零部件	大中小型厂	石景山钢铁厂，江南造船厂，鞍山钢铁厂
	水泥代钢	机床床身	中小型厂	上海申新六厂，上海锻压机厂，重庆空气压缩机厂，西安秦川机械厂

（续表）

分类	加工方法	技术手段	适用场合	典型企业或单位
毛坯的原材料代用	石头代钢木料代钢	机床床身	小型厂	上海红星量具厂，重庆江陵机器厂，重庆长安机器厂，平度县手工业联社
	其他	厂房立柱作床身，刀架落地——"无"床身	小型厂	吉林省机械厂，哈尔滨机联机械厂等
运输吊装	以小干大	土简行车、拖车、吊车	大中小型车间	太原矿山机器厂、株洲机车厂、四方机车厂等
		千斤顶、滑轮组	大中型车间	江南造船厂，南京晨光机器厂等
	材料代用	木制行车	中小型车间	重庆鸿昌机器厂，重庆长安机器制造厂等

　　"积木式机床"算是"蚂蚁"中的多功能一族。它的出现，不但立即得到了机械专家的肯定，而且还引起了哲学家和政治领袖的关注。"积木式机床"的特点是机床的传动和支撑部件不变，而根据工艺需要更换不同种类的刀头等部分，以实现一台机床完成车、铣、刨、镗、磨、钻等多种功能。虽然东北机器制造厂和上海建设机器厂等单位在搞移动式机床的时候，已经使用了具有多功能的小机床，如东北机器制造厂的"瓦口铣"，能干镗、铣、车、钻4种功能。但是，"积木式机床"对"蚂蚁啃骨头"加工方法的影响却是和哈尔滨机联机械厂分不开的。

　　1958年春，哈尔滨机联机械厂利用旧龙门刨的力柱、横梁和1个立铣头临时拼凑的1台活动式的小铣床，完成为鞍钢生产直径3.8米的承球筒大齿轮的任务[171]。当年10月初，国家技术委员会副主任张有萱到该厂视察时，觉得这种简易组合机床如同儿童积木一样灵活多变，于是将其命名为"积木式机床"。在11月5日《人民日报》的社论《制造大型设备必须学会两条腿走路》中，"积木式机床"制造大型设备成为"重要"的成功经验。11月底，国家计委、一机部和哈尔滨市委召开现场会议。一机部副部长汪道涵和哈尔滨市委书记郭伟人分别讲话，号召"学机联、赶机联、超机联"。这样的现场会先后组织了4次，全国的参观者达到4万人次。同年12月出版的《红旗》杂志发表文章认为，哈尔滨机联机械厂是"一面红旗"[172]，"积木式机床"则是更彻底的"机床革命"[173]。

图4-13　蚂蚁啃骨头（葛清伦　作）

为了进一步促进"积木式机床"的发展，从1958年10月开始，哈尔滨工业大学派了80名机械系机床设计专业的师生帮助哈尔滨机联机械厂改进"积木式机床"[174]，并把总结和研究"积木式机床"作为全校重大科研项目[175]。在1959年全国机械工业土设备土办法展览会上，小型"积木式机床"获得一等奖，被认为是"蚂蚁啃骨头"加工重型设备的土办法[176]。另一种由13块"积木"组成的所谓的"三化四度"① 大型"积木式机床"被认为"标志着建立结合我国特点的重型机床体系的开始"，是"小厂制造大设备的红旗"[177]。1960年1月12日的《人民日报》刊载文章并加编者按，赞扬"这种机床有了新的发展"[178]。

"积木式机床"取得的成功引起了哲学家们的兴趣。1960年，哈尔滨工业大学校长李昌认为，"机联机械厂之所以能创造出积木式机床，就是因为他们抓住了机床的主要矛盾"，提出"用唯物辩证法的观点和方法分析我们在'科学实验'中遇到的问题，把自然辩证法的学习和研究工作结合起来"[179]。李昌的想法得到了于光远②的支持[180]，于是，二人商定在哈

---

① 三化四度，是指"用途多能化、运动自动化、部件通用化；机床高刚度、高精度、合理的切削速度、合理的刀具角度"。

② 于光远（1915—　），中国科学院哲学社会科学部委员，时任国务院科学规划委员会副秘书长，兼管自然科学技术与哲学社会科学工作。

尔滨筹备召开一次全国自然辩证法座谈会。8 月，中国科学院哲学所在哈尔滨召开全国性的座谈会，参会的 130 余人中有教师、科研单位和厂矿企业的工程技术人员。在提交的 70 余篇论文中，由哈尔滨工业大学李树毅和孙靖民起草的《"积木式"机床》在修改后，以《从设计"积木式机床"试论机床内部矛盾运动的规律》为题发表于 11 月 25 日《光明日报·哲学》专刊。文章以毛泽东的《矛盾论》来分析"积木式机床"的技术特点及其意义[181]。

毛泽东看到了《光明日报》上关于"积木式机床"的这篇文章，感到"非常高兴"。他要求《红旗》转载该文，并亲自以《红旗》杂志编辑部的名义给哈尔滨工业大学写信，鼓励他们再写一篇更详细且一般人能读懂的文章[182]。信中写道：

"看了你们在 1960 年 11 月 25 日光明日报上发表的文章，非常高兴，我们已将此文在本志上转载。只恨文章太简略，对六条结论使人读后有几条还不甚明了。你们是否可以再写一篇较长的文章，例如一万五千到二万字，详细地解释这六条结论呢？对于车、铣、磨、刨、钻各类机床的特点，也希望分别加以分析。我们很喜欢读你们的这类文章。你们对机械运动的矛盾的论述，引起了我们很大的兴趣，我们还想懂得多一点，如果你们能满足我们的（也是一般人的）要求，则不胜感谢之至。"

李昌等人很快知道了此信的真实来历，哈尔滨工业大学迅即组织班子开展调研与写作。半年后，《再论机床内部矛盾运动的规律和机床的"积木化"问题》的长文在 1961 年《红旗》杂志第九、十期合刊上发表。文章认为"积木式机床"和"蚂蚁啃骨头"将"进一步促进机床革命"[183]。

这一事件发生在 20 世纪 60 年代初期，那时"大跃进"虽已降温，"积木式机床"和"蚂蚁啃骨头"却依然炙手可热。历史机缘将它们推上了荣耀的顶峰。当事人也未必会料到，中国的工业界、教育界和思想界曾因它们而发生了不小的变化。

在工厂中，"积木式车床"已经逐渐成为"蚂蚁啃骨头"加工方法的主要设备[161]45，而"蚂蚁啃骨头"也成为机械行业"以小干大"的代名词。在当时的条件下，这类技术手段确实解决了大型机械设备制造的部分技术困难。但是，在"大跃进"的气氛下，一哄而起、盲目滥用的现象很难避免。许多项目因此而盲目上马，产品以之为幌子粗制滥造，不但质量无法保证，还加剧了原材料和人力资源的紧张，加重了当时工业的混乱状况。

机床是制造业的基石，其重要性不言而喻。由于政治领袖的关注，机床从一个技术问题，变身为哲学问题。哲学家们也抓住了这次机遇，第一次全国大规模的自然辩证法座谈会后，哈尔滨工业大学率先设置自然辩证法教研室，随后，清华大学等高校纷纷增设自然辩证法学科的教学和研究机构，客观上促进了"自然辩证法"这门学科的建制化与发展。至于文化方面，"蚂蚁啃骨头"不仅跃升成为一个常用词语，而且被引申为具有褒义的精神象征。

再回到江南造船厂制造的万吨水压机。乍看起来，"蚂蚁啃骨头"与电渣焊接这两种技术同时用于制造这台大机器颇有些不合常规。"蚂蚁啃骨头"可算作土生土长，技术简陋而粗糙；而电渣焊接技术刚从苏联引进，既新颖又先进，洋味十足。不过，这两种技术有一个共同的特点，它们都经历了大规模的技术推广，这就为两种方法用于制造万吨水压机形成了良好的氛围。在万吨水压机制造过程中，"一土一洋"的这两种技术被巧妙地搭配在一起，一举突破了制造大型零部件的瓶颈。因此，上海万吨水压机的成功可视为是这两种技术在特定历史时期的一次出色的结合与应用。没有它们就没有上海的这台大机器，中国的万吨水压机可以说是生恰逢时。

第三节 巨人站起来了

上海万吨水压机立项 3 年以来，各方面的进展都还算比较顺利。1961年夏，几个大件的加工都基本完成，整个项目胜利在望。但是，零部件制造任务的完成，并不标志着整套机器装备已建造成功，更不意味着万吨水压机可以马上投产使用。对于任何一台机器，安装环节非常重要，这台大机器也是如此。

一、决战在即

重型机器零部件多、重量大，这是安装必须面对的问题。上海万吨水压机的主机及主要附属设备，共有零件 44749 件，总重约 3250 吨。1 吨以上的零件有 260 件，却占总重量的 93%。其中，每个横梁、单根立柱的重量均在 70 吨以上，仅下横梁一件就达到 260 吨，而工作缸、工作台、顶出器、下侧梁及垫板、限程套等装置每套重量也都在 10 吨以上，一副立柱螺帽或一套活动横梁轴承的重量就有 4—5 吨。这些零部件虽然看似笨重，安装的精度要求却不低。例如，主机的水平误差要求每米不超过 0.03 毫米，立柱的垂直误差则需控制在每米 0.1 毫米之内，零件之间的配合面、密封处等关键部位也都有严格的要求。吊装工作无疑将成为水压机全部安装工作的难点和中心环节。

重型机器之"重"不仅远远超出了一般人的日常经验，而且也在一定程度上出乎设计者最初的预计。主要问题出在厂房高度设计不当和行车起重能力不足。

万吨水压机的厂房参照了苏联重型厂房的设计，但是为节约成本，行车轨道高度被降低了 4 米，这就使得吊装的操作空间变得狭小，操作困难。起重能力是另一个突出问题。行车的最大起重能力一般根据生产需求而定，在先前确定的万吨水压机可锻钢锭的指标中，普通钢和低合金钢约 150 吨，最大不超过 250 吨（表 3-2）。按预先的计划，水压机车间应先安装 100 吨和 150 吨行车各一台，二者并用即可满足最大钢锭的锻造需要。这种行车的配置对于组合结构的万吨水压机来说，由于横梁的分块重量在百吨左右，进行吊装应该没有问题。但是，上海万吨水压机为突破制造环节的瓶颈，改为全焊结构，下横梁的重量已超过了 2 台行车的起重能力。由于当时国内尚未生产过最大起重量 250 吨的行车，因此吊装问题成为压在沈鸿心头的担子。

从设计之初，沈鸿就开始考虑水压机基础、厂房与安装等相关的问题。水压机基础是主机的立足之地，也是安装工作的起点，沈鸿很重视，亲自承担了相关的设计任务。早在 1958 年率队进行调研时，他就非常留意各个水压机基础的优缺点。在设计阶段，他着力于国内外设计的借鉴和改进，还进行了多次模型试验，其中的一些设计独具匠心，为安装及日后的设备检修与维护提供了便利。例如，基础的内部比较宽敞，零件在安装时有较大的操作空间；基础内设有足够的照明设施，且楼梯设计合理，便于工作人员活动与操作；采用预埋钢板固定管阀支架，克服了传统用水泥墩固定的缺点，具有支架基础牢固、便于调节和安装周期短的特点。

图 4-14　70 米高空看水压机基础

（水压机基础长 52.6 米、宽 15.2 米、深 11.5 米，

钢筋混凝土共重 7600 吨，打桩 41 米 158 根）

图 4-15　主机基础的一角

　　沈鸿是降低厂房的决策者之一，也是这台大机器与行车主要技术指标的主要制定者。随着万吨水压机研制任务的进行，大家渐渐认识到其中的问题可能对后续环节产生不利的影响。大型零件的制造困难基本解决后，沈鸿逐步将工作重心向安装与试车的环节进行调整。他往返于京沪两地，与林宗棠等一起协调最后阶段的工作安排，安装的筹备工作从准备设施与场地、制定工艺方案、组织人员和质量检测等几个方面展开。

两台行车是吊装的前提，可是水压机车间刚建成时，仅安装了1台100吨运输行车，150吨行车仍没有眉目。本来，江南造船厂计划按一机部给的图纸，自制1台，但是因140毫米的镇静钢板迟迟不能到货而无法投料开工。碰巧，太重厂刚为北京第一机床厂造好了1台150吨的行车，正闲置在北京的库房，而机床厂的项目却已经下马。了解到此情况后，沈鸿便与国家计委、上海市委、北京市委、一机部的主管部门与太重厂协调，将这台行车分配给了上重厂。

150吨行车虽解决了燃眉之急，但安装的筹备工作并未彻底解决。沈鸿开列出了7项"主机安装前必须具备的条件"，希望准备工作应尽可能做得充分，以确保安装一次成功。

"1. 水压机基础及操纵台基础应验收妥善，不漏水，符合设计安装要求。

2. 厂房应竣工并验收，包括屋顶面、雨水管、围墙（包括东面临时墙壁）、门窗、照明等。地坪应预压，并用方石块铺砌，若有困难可用20毫米左右钢板铺地。基础周围用300根枕木铺路，以便履带式吊车活动。

3. 由一金工车间通往水压机车间的铁路应竣工，并经预压。

4. 100吨和150吨运输行车经试车并验收（超荷20%）。

5. 电、水、风源应接妥，风源至少需用6米^3/分。

6. 划定主机安装区域（11—29轴）。安装区内应具有1000平方米临时建筑，以供零件库、材料库、油库、氧气乙炔站和办公室等使用。安装区应与外界隔开，不得任意通行。

7. 开始安装前应将三个大梁和主要部件运输进场。"

从中看到，沈鸿对待安装工作非常谨慎，尽可能地事先考虑到每个细节，并强调安全。按照这份清单，水压机基础和厂房竣工验收后，不再做大的调整；充分发挥100吨和150吨这2台行车的潜力，以超载来弥补最大起重量的不足。

周密的准备工作还突出体现在安装工艺的制定方面。1961年12月，一本由"上海万吨水压机设计室"编印的《上海12000吨锻造水压机安装手册》发到工作人员手中。据技术组长徐希文回忆，《手册》主要由沈鸿编写完成。这本32开的硬皮《手册》共90页，包含书名页、目次、正文等部分，核心内容是一整套清晰而明确的水压机安装工艺路线、进度安排和责任制度表。书名页有醒目的"安全！整洁！"的警示语，其后的 19 项内容包含水压机主机、厂房、水泵站等关键部分的技术指标、设备清单和安装进度，并配有 14 幅"制造过程照片"、6 幅"土建过程照片"、15 套表格和 20 幅安装工艺图，便于对整套水压机与厂房有全面而细致地了解。《手册》中"主机安装工艺"的部分最为详细，内容按技术单元，逐一列出所需的工艺步骤及技术要求。每一单元和工艺步骤均设有"负责人"栏和"检查结果并签字"栏，以便责任落实到人。

安装人员主要来自江南造船厂和上重厂，两厂共同组织了一支 80—200 人的万吨水压机安装大队，副总设计师林宗棠担任大队长，下设技术组（7 人，含检查员 1 人）、行政组（3 人）、调度组（4 人，含安全员 1 人），以及钳工（60—100 人）、起重吊运工（40—80 人）、管工（30—50 人）、机械工（10 人，含车工 4 人、刨工 2 人、钻工 2 人，其他 2 人）、电焊工（11 人，含装配工 1 人、火工 2 人、手焊工 3 人、风割工 3 人、批凿工 2 人）、电工（3 人）、空压机管理（3 人）、油漆工（15 人）、工具管理（2 人）、木工（1 人）、材料搬运保管工（2 人）、值班警卫（4 人）。江南造船厂安装主机，上重厂则负责安装水泵站，技术上两厂协调统一。各工种分两班倒换，正常状态约需 85 人，高峰时处于工作状态的总人数达到 145 人[7]257。

安全和质量始终是沈鸿最关心的问题之一，因为它们不仅关系到整台机器的质量以及日后生产能力的发挥，而且一旦出现重大问题，整个万吨水压机项目很可能前功尽弃。1961 年 7 月下旬，沈鸿专程到沪考察万吨水压机进展情况，并于 24—26 日召开会议，部署安装阶段的工作。华东局和上海市委市政府工业口的部分领导，以及江南造船厂和上重厂的主要负责人参加了会议。在会上，沈鸿特意强调确保安装质量，并提出相应的措施。他要求在安装前，所有零件必须通过质量验收，同时他还建议在安装完成后进行试生产和测试，并及时改正发现的问题。

不过，他的这些想法并不总受欢迎。上海市的领导早已获知万吨水压机进展顺利的情况，他们从 1960 年上半年就开始不断催促加快制造与安装进度，最好让这台大机器能赶上某个重要节日，成为献礼[184]。

"……第二水压机车间建设进度的安排，市建委、计委、工业生产委员会（60）沪建秘字第 41 号，（60）沪经计基 119 号，（60）沪生办 9 号联合颁发进度为，土建 3 月 16 到 9 月 30 日，设备 10 月 1 日到场，10月10日开始安装……根据市委指示，提出四个一的口号，即四一点火（开始加工），五一五大件（横梁、立柱、工作台、工作缸、蓄势器各完一件），七一安装（在水压机车间内开始水压机安装），十一试车（开始运转），因之土建与安装工程必须相应配备，要求主厂房土建至迟在六月底以前要基本结束，让出工作面。"

江南造船厂与上重厂也铆足了劲，希望再努一把力，尽早完成这项任务。江南造船厂制定了"十一打铁"① 的目标，上重厂甚至也提出了行动口号：

"确保万吨迎国庆，力争铸钢早开工，扫尾工程五一完，携手并肩争上游！"

这样的赶工冒进状态令沈鸿非常担心。他不得不多次给华东局与上海市领导写信，强调质量和安全的重要性，建议"不要随便挤"进度，"逐项前进，各有责守"。下面节录两封信，第一封信写于万吨水压机制造和厂房建设末期，沈鸿从主机零部件、厂房、人员分工等几个方面说明质量和进度对日后安装工作的影响。

"关于万吨水压机的检查报告（节录）

哲一同志并请转柯、陈、马书记：

这次到上海和市委有关部门共同检查了万吨水压机的制造和建设情况，前后历时十天，有些意见和看法，报告如下：

……

1. 主机基础补浆后质量还好，可以使用。厂房主跨水泥大柱已吊装一半，12根钢柱材料八月上旬可齐。因改钢柱可能延误一些建设时间，我看还是合算的。江南厂水压机车间水泥柱子的裂纹仍在发展，应请有关部门严加注意。万吨厂房（1至29轴）全部土建工程（包括150吨和100吨行车）可在年底结束，交付主机安装使用。

2. 主机安装由江南厂负责，水泵站安装由重机厂负责，两厂分工，但在技术上统一调度指挥。为了确保质量，建议在土建没有结尾和验收之前，一律不准进入安装。安装进度照我们的手册②进行，周期六个月，不要随便挤压，这样可以稍留回旋余地，准备修整。

3. 万吨机下梁260吨，厂内运输也是一个关。铁路地基要牢，枕

_____

① 计划在1960年10月1日前，万吨水压机投入试生产。
② 即《上海12000吨锻造水压机安装手册》。

木要密，车子可用江南厂现已改进设计的两部，估计问题不大，最多把一两公里铁轨压弯，校直后仍可使用。

4. 事在人为，原经手人最好不要变动，坚持到底。我在技术上一定负责到开工为止。现场要有强有力的统一指挥，建议由高宗智同志①负责。设备制造和安装技术方面，应由江南厂万吨水压机设计组负责。

总的看来，经过三年的实践和努力，这台大水压机一定能够造成的。根据1200吨试验机一年半来的运转情况判断，大机子的质量不会出大问题的。目前的任务是要继续踏踏实实地，一方面抓紧厂房的建设，为主机安装创造完善的条件；一方面利用这几个月的空隙，把设备完整配齐，凡有可能试动者一律进行组装试车，彻底消除大小毛病，确保质量第一流。

为了防止草率和疏忽，厂房建设完工后，应由市建委负责组织验收。重大设备的安装都要制定工艺和验收条件，装成后的试转时间要长一些，最后由国家组织验收。

至于建设进度，我看最好不要随便挤，大家都按这次研究的进度表办事。假设真的能在年底把厂房造成，明年上半年把设备装好并开始试车，那么自58年八大二次会议决定之日算起，前后不过只有四年，中国还多造了一台千吨机②，既（即）使从世界水平来看，亦不可谓之慢矣！

以上意见倘属可行，请批转有关单位参考。

沈鸿

1961.8.1"③

节录的第二封信写于万吨水压机制造完成之际，沈鸿谈及为确保质量和安全，提出安装进度和组织保障等方面的建议。

"葆华、哲一同志请转柯书记，上海市委陈、曹、马书记：

万吨水压机已经造成，凡是能够试验的都已进行或正在进行试

---

① 时任上海市经委副主任。
② 指江南造船厂于1959年制造成功的1台1200吨试验机。
③ 沈鸿委托中共华东局书记处书记韩哲一将此信转交华东局和上海市委柯庆施、陈丕显和马天水等主要领导。

验，质量是符合设计要求的。厂房和主机基础也已基本造好，150和100吨行车已经装上去，水泵站设备基础正在积极施工，这样，原计划1962年1月间开始安装工作可以提前，在今年12月上半月就可以开始正式安装，全部工程可能六个月内完成，但总有考虑不周之处，再多也不会超过九个月。预计明年"五一"或"七一"可以试车。安装时的口号想这样提：'确保质量，确保安全，争取一次安装成功！'

　　我准备今年12月开始安装时来一次，明年二三月安装过程中再来一次，最后试车时再来一次，每次半个月到一个月，负责解决有关技术问题。为了明确责任，建议制定下列同志担负技术上的主要责任，最后审查签字，并向国家指定的验收小组移交。

　　主机部分：沈鸿（上海12000吨水压机总设计师）

　　　　　　　林宗棠（上海12000吨水压机副总设计师）

　　水泵部分：沈鸿

　　　　　　　林宗棠

　　　　　　　朱伯欣（上海重机厂副总工程师）

　　为了进一步明确工艺步骤和具体责任，我们还拟定了一份详细的安装工艺和责任制度，按此逐项前进，各有责守，大毛病是不会出的……

　　以上报告，当否请示。

敬礼

沈鸿

1961.11.18"①

　　在说服地方领导的同时，沈鸿组织制定了两份《安装计划总进度表》——一份是报送华东局的"保证方案"，计划用时11个月，1962年9月底试车，保证"十一"献礼；另一份是交安装大队内部执行的"争取方案"，计划在1962年6月底试车，争取"七一"献礼。两方案各工序的任务节点不同，供地方领导参考的第一套方案多出了3个月的"宽限"时间，这样外部压力就小多了（表4-2）。

---

① 沈鸿委托中共华东局第三书记李葆华、华东局书记处书记韩哲一将此信转交柯庆施、陈丕显、曹荻秋和马天水等华东局和上海市委的主要领导。

表 4-2 安装计划总进度表

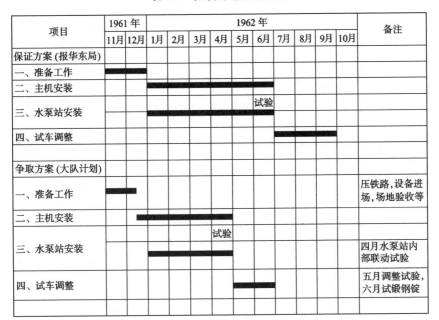

项目	1961 年		1962 年									备注
	11月	12月	1月	2月	3月	4月	5月	6月	7月	8月	9月	10月	
保证方案 (报华东局)													
一、准备工作													
二、主机安装													
三、水泵站安装							试验						
四、试车调整													
争取方案 (大队计划)													
一、准备工作													压铁路,设备进场,场地验收等
二、主机安装													
三、水泵站安装					试验								四月水泵站内部联动试验
四、试车调整													五月调整试验,六月试锻钢锭

二、拔地而起

1961 年 12 月中旬,安装大队已按"争取方案"完成了各项"必须具备的条件"的准备工作。水压机基础拉线与安装立柱底座、预压铁路、大件进场、行车试重等工序都进展顺利。2 台行车及车间的梁、柱也都通过了超荷试重的检验。其中,100 吨行车试重到 125 吨,150 吨行车试重达到 180 吨,均超荷 20%,总起重量超出下横梁自重 15%,可交付使用。对于主机零部件,大队长林宗棠要求须检验做到"大小内外全部合格,既好用又好看"[185]。他还与徐希文一起完成了全部 182 套阀门(高压阀 144 套,低压阀 38 套①)的测试。其他各零部件与安装场地也都逐一进行了质检和安检,发现的问题主要有两类:一是加工不良,如水泵齿轮精度不达标、泵体渗漏,空压机曲轴颈未热处理,阀门的阀口研磨质量不好等。二是设计缺陷,如水泵组的曲轴瓦、柱塞密封环,个别的安全阀和下限程阀的启闭动作迟钝等。多数问题在准备阶段就解决,有的设计不足一时没有大碍,留待以后改进。

---

① 144 套高压阀实际使用了 8 类,31 种,共 105 套,其余留作备用,但也都经过了检验。

安装前，沈鸿再次叮嘱注意安全和质量，他提出"上梁吊起后，安装动梁时，上梁应加钢丝绳保险，保证操作者的安全……一切零件部件应考虑吊装，尤其是立柱螺帽"。林宗棠则代表大队提出两条口号：

"按质按量完成计划！

确保质量，确保安全，保证一次安装成功！"

12 月 11 日，上重厂闵行工地举行了总装开始大会。除沈鸿和安装大队的成员之外，还有上海市委书记陈丕显和一机部部长段君毅，以及江南造船厂姚哲书记、张心宜厂长、孙林枫副厂长，上重厂高崇智书记等主要领导参加了大会。当天，万吨水压机总装正式开始。

主机的安装最为关键，工作量也最大。按照先前制定的工艺路线，安装被分作 31 个技术单元，共有 166 道工序，重点是本体各大件的吊装。

下横梁由 150 吨和 100 吨行车抬吊安装，操作时两车相互协调，再借助油压千斤顶、枕木和钢板等辅助调整中心和水平（图 4-16），使横梁中心线与基础中心线重合、横梁套柱中心与立柱底座中心重合的误差为 ±1毫米；横梁的上平面水平误差则被控制在 0.20 毫米/米 的范围之内，符合图纸公差的要求。

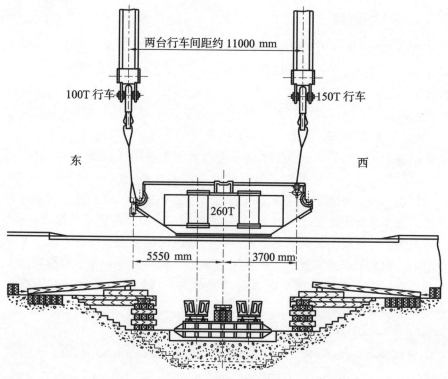

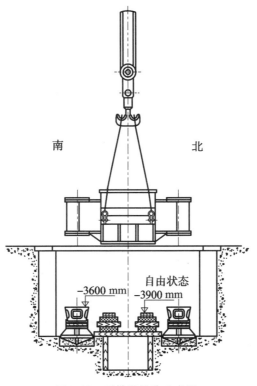

图 4-16　下横梁吊装示意图

受厂房高度的限制，究竟该先装上横梁还是先装立柱，一时确定不下。经过了反复的比较，大家选定了工序与调整都简单，也相对安全的第二方案，如表 4-3 所示。

表 4-3　立柱与上横梁两种方案优缺点的比较[7]

序号	第一方案（先装上横梁）	第二方案（先装立柱）
1	吊装时上横梁高度低，便于用 2 台行车抬吊	上横梁需吊上高空，用 2 台行车抬吊，协调困难，用 1 台行车，则需超负荷
2	工序与调整较复杂，工作量较大，质量较难保证	工序与调整较简单，工作量较小，质量容易掌握
3	用吊装架安装时，采用此法较适宜	无此特点
4	立柱的吊装高度高，需用专用设备与工具	只用简单的立柱吊装工具
5	上横梁抬高后需在上横梁下操作，不够安全	无此特点

　　简单来说，立柱的安装需控制垂直（各方向的垂直误差不允许超过 0.10 毫米/米），而横梁则需保持水平（起吊后水平误差应在 ±0.30 毫米/米范围内）。立柱进场时横置在枕木上，安装前需先将其吊转至竖直状态。技术人员对这个看似简单的问题曾先后考虑了 4 种方法，最后设计出一种取代行车主钩的专用吊环来起吊立柱。其优点是立柱起吊时无横向摆动，有利于保护立柱与螺帽的螺纹，同时也降低了行车的卷扬高度，便于控制。

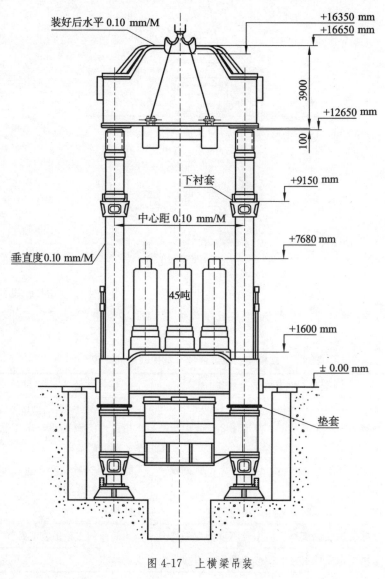

图 4-17　上横梁吊装

用 2 台行车抬吊上横梁时遇到了问题。因立柱已先竖立，上横梁需抬升 16 米多，上面还需乘坐 6 名工作人员，而 2 台行车的卷扬升降速度不同，协同保持横梁水平非常困难。若单用 150 吨起吊 190 吨重的上横梁，则超负荷过多，必须重新验证。仅有超荷试重检验还不稳妥，技术人员又设计了一套能够保持上横梁起吊时平衡的专用吊装工具，并且在正式吊装之前，做了多次的实际试吊演习，终于确保了上横梁安全地一次吊装成功，如图 4-17 所示。

安装主机的重要过程还包括：吊装活动横梁、吊装主工作缸、吊装提升平衡机构、安装活动横梁轴承、安装下侧梁、管道的弯制与安装等。此外，水泵站的安装也同时进行。操作时都严格按照《安装手册》中事先拟定的工艺及技术要求执行，在细节上大多因地、因材来处理，采取了一些有针对性的措施。

主机安装结束后，技术人员利用管路安装的间隙，完成了万吨水压机本体的应力测试与实验分析。应力测试是现代机械设计制造常用的辅助手段，其结果也是性能评估的重要依据。由于江南造船厂与上重厂缺乏足够的专用仪表，应力测试主要由上海交通大学和一机部机械科学研究院等单位协助开展。测试所用的 6 台电阻式应变仪和 18 只预调平衡箱中，各有一半产自瑞士，应变仪是瑞士 Hagenberg 1T160 型，其余应变片、胶水、电线等均系国产。

此次对水压机进行了4000吨、8000吨、12000吨和16000吨四级压力测试，所得结果既肯定了这台大机器优良的结构性能，同时也帮助发现了立柱与横梁的一些不合理设计或技术隐患。3 个横梁的强度是水压机本体的重要指标，实测的结果表明，上横梁的筋板转角部位和下横梁底部均存在比较明显的应力集中。这些薄弱处将来极有可能成为隐患，因此必须设法消除。这些应力集中源自厂房高度降低后在横梁上表现出来的后遗症，在设计阶段很难处理。测试后，技术人员用堆焊和焊缝的锤击强化等处理方法，较好地解决了这个问题。据徐希文回忆：

"林宗棠和我在调试的过程中间采取好多措施。最后进行堆焊，堆焊即可为它加宽，又可再加厚。堆焊也是很危险的，它焊接应力太大。这个事情怎么解决呢？我一直担心这个事情。万一一加压后崩断了，就前功尽弃，就糟糕了，所以采取了两个措施，一个是我跟林宗棠同志说的，在堆的时候，不要在零负荷的状态下堆，应在预压下堆焊，把水压机加压加到8000吨，变形拉开了再堆。本来想加压到12000吨，后来想着这样堆太危险了，怕出事。8000吨，这是我们两个定下来的，主意是我提出来的，林宗棠同志支持，说这个主意好。8000吨堆好后，它有点焊接应力，压力一撤出以后，它应力变成压应力了，抵消掉了。第二个，就是堆一层就锤击硬化一次，锤击硬化以后它能够产生硬化层。主要是采取这两个措施。到现在，40多年了，没啥问题。"

当然，应力测试并不能发现所有的问题。受限于材料和制造条件，有些危害在后来才逐渐显现出来。比较典型的是活动横梁，它的应力测试结果比较理想，但是总体来看结构比较单薄，强度不高，后来在使用中还是出现了裂缝。

1962年5月，就在安装工作接近尾声之际，国家经委将上海万吨水压机工程定为"停缓建项目"。江南造船厂和上重厂只好"根据上级指示，为了维护已制好设备免受散失，将现有设备与管阀安装成套"。实际上，安装工作仍然有条不紊地继续进行。

5月底各系统安装结束后，立即开始机组联动与调整，主要有两项内容：水泵蓄势站与水压机联动空程试车、试锻钢锭。按照规程，水压机必须闯过联动试车这一关，才能进入试生产。空程试车的目的在于检验水压机的三挡工作压力（4000吨、8000吨和12000吨）切换及速度是否正常，以及各活动部件动作的执行和相互配合情况，还有限位与制动状况等。试车的最大收获是发现并解决了一些设计缺陷，特别是由此引起的几处比较严重的异常声响和振动。

有一处问题发生在主分配阀或提升分配阀，操作时它们会断续发出明显的嗡嗡声和震颤，部分管路也随之剧烈抖动，严重影响机器的正常使用。起初，大家都没有找到原因，阀在设计时参考了国外的设计，但资料中却没有类似问题的分析。徐希文在详细分析了阀的结构与阀芯的运动后认为，阀体卸压孔面积与补充孔面积设计不合理，造成主阀在不稳定的压力环境下处于浮动状态，致使阀频繁地撞击阀座。经过进一步计算，他发现这种撞击能够产生数百赫兹的振动，与实际现象吻合。大队长林宗棠采纳了徐希文的建议，补充孔面积扩大后，故障消失。

在静载压力测试时，立柱底部有"嘭"、"嘭"声，监测发现是立柱受压变形产生了"跳跃位移"而发出的摩擦声响。遂改进了 4 根立柱底端的约束方式，解决了这一问题：只固定一根立柱，与之同底座的另一根立柱只允许纵向移位，而另两个立柱底部增垫铜滑板，并加润滑油。其他调整措施还包括：改进充液阀的不合理结构，消除由此产成的声响和振动；改进工作台移送分配阀开启量，避免工作台移送速度太快[7]288。

这几处问题在先前的国内外文献中都未曾提及，若没有第一手的实践经验，很难在前期设计中顾全这些细节。

1962 年 6 月 22 日，夏至。上重厂第二水压机车间内矗立着 1 台浅绿色，露出地面 16.7 米的大型水压机。车间内人头攒动，沈鸿、林宗棠、水压机设计组的全体成员、工作大队和安装大队的许多工作人员，以及来自上海市工业部门的领导、江南造船厂、重机厂与兄弟厂家的代表兴奋地围着机器，等待着激动人心时刻的到来。

试车总指挥由车间主任姜隆初担任，副主任邱凤法和工段长王素楼担任副总指挥。14 时 30 分随着总指挥的一声令下，炽热的钢锭被行车缓缓吊起，送入上下砧之间，试锻钢锭开始了。锻制的工件为 2 只 26 吨的钢锭，万吨水压机顺利完成了拔长、镦粗、切断等基本工序的操作，全场掌声雷动，大家亲眼看到了自制的万吨水压机惊人的力量。这次加工成功的锻件是柴油机曲轴的毛坯，不久用在了江南造船厂建造的东风 II 型万吨远洋轮上。当天试锻成功后，江南造船厂与上重厂当即办妥了交货手续，上海市领导宣布上海 12000 吨水压机进入试生产。

图 4-18　上海万吨水压机设计室全体合影

图 4-19　安装成功后工作人员合影

　　沈鸿和上重厂都没有对初次试锻成功盲目乐观，他们觉得万吨水压机"尚需进行长期考验"。1962 年下半年，上重厂又安排了再次试锻钢锭，目的是：一方面综合鉴定这台大机器的性能；另一方面，可使操作人员熟悉这台大机器。

　　在第二次试锻之前，同济大学结构实验室与一机部第二设计院建筑科到上重厂，帮助测定万吨水压机工作时的振动情况，以及与第一水压机车间的 2500 吨水压机之间的振动干扰情况，最终确认这 2 台水压机相互无碍。当年 9 月 20 日，沈鸿再次来到车间，督战 2 个 60 吨钢锭的试锻，事后发现第 5 号工作缸有裂纹且出现漏水现象，遂拆运至江南造船厂焊补[186]。第三次试锻的是 3 个 24 吨的钢锭。经过了这 3 次热锻钢锭的试生产之后，万吨水压机才真正转入试生产。

　　回头再看两年零三个月时间内的制

图 4-20　上海 12000 吨锻造水压机

造、安装及试验过程，在克服了重重困难之后，一台实用的、合格的12000吨锻造水压机拔地而起，并且由此锻炼了一支能够解决实际问题的水压机技术团队。上海万吨水压机的研制和建造任务，至此可以划上一个漂亮的句号。

三、身价几何

上海万吨水压机是以江南造船厂为主建造的，工程所用经费主要也由该厂预先垫付，万吨水压机移交上重厂后，江南造船厂需要按出厂价收回全部投资。那么，这台大机器的投资额究竟是多少呢？

在工程刚开始的时候，没有人能比较准确地知道将要为这台万吨水压机花多少钱，包括沈鸿在内也只能凭感觉估计。毕竟第一次自制这样的大机器，国内只有沈重厂生产的2500吨水压机可作参照，但可比性并不高。此外，进口的同类机器的价格也可参考，例如，捷克6000吨水压机的进口价格为590万元，这还不包括安装、调试等费用，而进口12000吨水压机则需要1300万元。可是，这些毕竟是进口机器的价格，我们自己造的这台大机器的价格当然应该低得多！沈鸿等人当时也正是这样的想法。

在1958年上重厂（甲方）与江南造船厂（乙方）签订的《试制万吨水压机合同协议书》中，双方商定："甲方委请乙方试制万吨水压机一台及部分附属设备"，"所需材料由乙方向上级申请供给……（水压机）造价，暂定700万元，完成日期暂定59年内。""为乙方生产须用在本协议签订后，并钢材下料开始甲方即付乙方200万元，完成30％再付150万元，完成70％再付200万元。"

双方当初草签的这个《协议》实在过于乐观。随着工程的推进，两厂均认为"现在估价尚未完成，总的劳动量也难预计，因而进度也难计算"。

不过，有一点自始至终都很明确，那就是用来制造水压机（不包括水压机车间）的工程款由江南造船厂向上级单位申请。在承担水压机任务中，该厂的主管单位先是一机部，1960年后调整为六机部和上海市共管。由于上海万吨水压机被确定为上海市的重点工程，具体的生产或科研任务也多由上海市各主管局下达，经费主要也由上海市下拨。一机部（或六机部）一般只下达全厂年度生产任务（包括水压机工程），并负责技术和业务指导。江南造船厂各主要科室、业务部门和车间都或多或少地参与了水压机的研制，厂方将相关计划或预算统一纳入全厂各项生产任务后，再上报主管部门或上海市相关部门，然后再报请国家计委、经委或建委，批准后由中央拨款至地方，再分拨到江南造船厂，用于万吨水压机的建造。

随着研制工作的进展，一个问题浮出水面：2 台试验水压机的造价是否该计入万吨水压机的成本？1 台 120 吨的试验机只是为了验证全焊结构的可靠性，试验后就拆掉了，这部分费用作为加工费用，计入万吨水压机的总成本。另一台 1200 吨试验机的建造在最初的计划之外，江南造船厂只好先用基建资金垫付这笔开支。这台成本 94.6 万元的试验机建成后就在该厂投产使用，因此上重厂希望不要把这笔费用算入万吨水压机的成本，可是一机部第九局（船舶局）明确要求江南造船厂"应将该台设备产值计入总的销售价格与客户进行结算"[187]。江南造船厂只好向沈鸿求助，希望能得到"批示报销"，但是沈鸿没有同意。

1960 年 11 月，万吨水压机零部件的加工已近尾声。双方又签订了一份新的《合同协议书》，这次水压机造价也从 700 万元增加到 1600 万元。甲方（上重厂）专门就造价问题向上海市机械局做了汇报，说明价格变动的原因[188]。

到了 1961 年底，水压机零部件基本加工完成，甲、乙双方对万吨水压机的价格仍没有达成一致。上重厂根据机器重量，向上海市工业主管部门提出以不超过 1200 万元作为万吨水压机的制造费用[189]。

> "中共上海市工业生产委员会，上海市基建委员会，上海市计划委员会、一机局赵局长①：
>
> ……
>
> 关于万吨水压机及部分配套设备制造费用，江南船厂曾在 60 年 5 及 10 月先后二次来问……我厂因缺少经验和比价依据，感到核价困难，但根据沈鸿部长指示的精神，将试造费剔出不算，同时鉴于高压容器已由原 16 只减少到 8 只（今后由我厂自行制造）。因此在 61 年 4 月提出一个意见，认为全部造价应不超过 1200 万元，这个数字基本上还是按照江南船厂所提出的方案，同时，参考重型机器制造按产品重量计算价格每吨 2000—4000 元的标准，重机加上附属设备总重量不到 3000 吨，即使以每吨 4000 元计算也不过 1200 万元，因之，我们认为这个价格还是比较合理。
>
> 1961 年 11 月 30 日"

————————————

① 赵局长为上海第一机械工业局局长赵琅。

江南造船厂则根据实际生产成本和利润，提出了出厂价格在1300—1400万元之间的3套方案。这些方案既顾及到实际成本、利润和税金，也分别与一重厂自制的万吨机、二重厂进口的万吨水压机的价格做了比较，并且符合沈鸿的指示——上海万吨水压机的价格"要低于国外进口和富重的价格"。

"……我厂对这台重型尖端设备产品的价格是采取十分慎重的态度的，并派了估价技师到富拉尔基重型机器厂进行了学习和了解，先把万吨（水压）机估价情况和我们的初步意见汇报如下：

我厂于60年10月根据上海重型机器厂要求和当时的图纸资料情况，提出了第一次估价书，暂定为1500万元，到1961年8月根据部一局指示精神以及在工程内容进一步明确，技术图纸进一步完整的情况下，将1200吨试验机价格去掉后，提出了第二次估价书暂定为1456万元（不包括安装管道及电器控制等装置，加上这部分为1600万元左右）。

自从第二次估价书提出后，经与上重厂先后进行了十多次磋商，但均未取得最后协议。上重厂的意见是，技术设计费，利润率、专用工具、润滑油设备及试制等费用太高，并认为限于投资额，最好不超过1200万元。

鉴于上述情况，而万吨水压机又为本厂第一台试制尖端项目，开工迄今其工时达96000，铸锻件的废品达200余吨，用于焊补的电焊条达6吨左右，另外这么大的机械产品又是我厂第一台（次）制造，估价经验不足，各种费用定什么水平，把握都不得当，因此我厂提出该台机器按照工厂实际成本加上未完部分总数，再加上国家规定的捐税利润，技术设计、施工设计等费用作为出厂价格（详见附表），并与上重厂领导作了商讨，取得了一致意见，但上重厂还提出以下几个问题：

一、关于专用设备

……经过我们深入摸底，在万吨水压机到11月底时间成本是1250438元，比较主要的有43个项目，其中有12个项（目）为工厂可以留用的，可以移交的有10个项目，经过初步核算，留用191000元，按80％计算为152800元。

二、关于电器制造和高低压设备预计价格

电器制造部分到11月底已165600元，工厂估价181834元。

三、关于利润率

上重厂认为高了一点，是否可以降低一点。我们主要是根据部局规定的机械产品利润率为15％，因此工厂比较难考虑……另外，搭伙费每人每月也要开2.20元。

四、关于施工设计费

这也是按照我们工厂惯例来开的，如果该产品是属于设计单位设计，而我厂仅作修改补充，则不开施工设计费，如果整个施工设计均由本厂进行的，则要开施工设计费……

因此，以上重厂意见我们较难处理，根据这方案供出厂价格为1342万元，不包括安全费用。

另一个方案，利润率适当降低，根据工厂上报局计划（但未批准）按10％计算，施工设计费不开，则出厂价格为1274万元。"

……

"12000吨水压机价格概况

本工程之价格已与重机厂商谈过七八次，因价格相差过大，所以到目前还没有订立正式合同，从最近一次商谈中，重机厂提出本工程包括安装试车和借用重机厂场地设备费用为12000000元，理由：1. 根据我厂第一次暂定估价是14998800元，扣除试制费及1200吨试验机1920000元的基础下，向上级造预算为12000000元。2. 根据沈部长的指示精神要低于国外进口和富重的价格。捷克进口一台为13000000元，不包括安装，包括范围也不清楚。

富重情况，报价为13200000元，局批为12000000元，但不包括操纵系统的操纵台，主要高压阀、管路、润滑系统以及零星工程和安装工程，以上这些工程（费用）约400万元左右。

现经过重新核算，把技术设计费降低到1.5％（因技术设计有沈部长和其他单位参加），按规定1.5％—2.5％。利润下降到10％，按规定为15％。"

……

"第一方案按估计计算

12000（吨）水压机本体	7070640
各种高压阀（略）	

高压蓄气、蓄水缸各 4 只	800360
操纵台	2720
60 米^3 充液缸 1 台	40410
35 米^3 储水箱 2 只	19310
11 米^3 乳化液搅拌箱 1 只	3125
高压缓冲器 1 套	145560
热处理炉结构	30495
大小铸锻件 119 只	15230
墩粗盖 1 只，漏盖 1 只	65522
充液排出集水器 3 只	11345
高压蓄气、蓄水缸毛坯材料 11 只	135168
润滑设备 1 套	100000
水压机模型 2 套及 1200 吨水压机模型 2 台	25501
水压机本体及附属设备油漆	20603
电器部分制造工程	347434
高压管系及配件制造	330000
运输费用	194756
专用工具	1320000
施工设计费	84990
其他费用	204500
小计	11269790
技术设计费 1.5%	169047
试制费 8%	901583
商业成本	12340420
利润 10%	1234042
税金 5.05%	721970
出厂价格	14296432
安装费	500000
利润 10%	50000
税金 5.05%	29252
出厂价格	579252

包括安装费的出厂价格   14875684 （元）"

"第二方案估价数字扣除一部分差价

1. 扣除 50 毫米以上厚钢板差价

    780－500＝280 元/吨×1388 吨＝   388640

2. 扣除专用工费   320000

    扣除以上两项小计

    1126790－708640＝10561150

    技术设计费因有参考资料 1.5%   158417

    试制费 8%   844892

    商业成本   11564459

    利润 10%   1156446

    税金 5.05%   676573

    出厂价格   13397478

    安装费   500000

    利润 10%   50000

    税金 5.05%   29252

    出厂价格   579252

    包括安装费的出厂价   13976730 （元）"

"第三方案，按实际成本和估价以后发生的成本

按实际成本到 10 月底为止，

1. 水压机部分   8189715

2. 专用工具   1217895

共计   9407574

制造部分估计到年内全部结束

2 个月劳动量 8 万工时   160000

电气制造   200000

施工设计费   84990

闵行工地费   800000

成本   11102564

利润 10%   1110256

税金 5.05%   648550

出厂价格   12862370

安装费	500000
利润 10％	
税金 5.05％	
出厂价格	579252
包括安装费合计出厂价格	13441622（元）"

最终，上重厂与江南厂签订了正式的《试制万吨水压机订货合同》，"按本工程按实际情况和上级指示其价格为人民币1400万元"。

"试制万吨水压机订货合同

立合同单位　上海重型机器厂（甲方）江南造船厂（乙方）

兹由甲方委托乙方试制

12000吨水压机一台及安装试车工程经双方协议订立条款如下：

一、试制工程内容：

1. 万吨水压机一台及其附属设备制造工程（包括专用工具并在完工后一并移交甲方）；

2. 万吨水压机一台及其附属设备安装及试车调整。

二、技术资料：

按照图纸和技术资料及万吨水压机制造手册进行施工并作为验收之依据。

三、材料供应：

所需材料器材由乙方向上级申请供给。

四、工程价格：

本工程按实际情况和上级指示其价格为人民币1400万元（包括甲方闵行工地各项费用人民币捌拾万元在内）。

付款方法在本合同签订之前，由于工程已经绝大部分完成，甲方已付工程款930万元，兹经双方协议在安装主机时甲方付给乙方300万元，其余尾款俟完工后结算之。（甲方工地的费用应在最后结算时结算。）

五、本协议正本2份双方各执一份，付（副）本8份，甲方执2份乙方执6份，本合同自签订之日起生效至完工验收结清账款后失效。

甲方（上海重型机器厂　合同专用章）　　　乙方（江南造船厂　签订合同专用章）

一九六一年十二月二十一日"

表 4-4　上海万吨水压机综合成本情况

项目	成本（万元）	项目	成本（万元）
主要材料及辅助材料	704.6	车间经费	59.6
燃料	3	企业管理费	52.7
动力	8.8	废品报损	5.9
生产工人工资费	42.4	停工费用	5.2
专用工具	139	其他	5.7
起吊运输	15.5	总计	1122.4
设备租费	80		

　　显然，为了确保造价不高于同类产品的进口价，上海万吨水压机的制造成本被压至最低。其中，设计费按最低标准计，而工人 120 万工时的劳务成本也只有 42.4 万元。即便如此，实际造价仍远远高于人们当初的预计。

　　投产后，水压机锻件产品的成本也被压低。1964 年项目收尾时，水压机车间的固定资产总值达到 3736 万元，按规定折旧应在每月 4 万元以上，折旧费自然也要打入产品成本之中。对此，沈鸿建议：

　　　　"万吨水压机在试生产期间，五年不提折旧。这样可使生产成本不致过高，也使该机在此期间，得到更多的时间考验，进一步鉴定它的性能。待生产正常以后，再行计提折旧较为妥当。"

　　在计划经济体制下，企业没有自主定价权，往往根据指令性的要求，压低或提升成本。作为上级领导或上级单位，沈鸿和主管部门为万吨水压机和锻件产品的定价保驾护航的行为，并没有什么不妥。实际上，在很多情形下，国产的设备和部件不一定比进口价廉，当时也有其他相似的例子①，只是当时人们很难正视这一现象。

　　上海自制成功万吨水压机实属不易。其最可宝贵之处与其说是"多快好省"，不如说是依靠摸索得到的一条独特的技术路线，制造出了一台"对于我国自锻大件，有很大帮助"的实用的大机器。这也正符合沈鸿提议自造万吨水压机的初衷。

---

① 这样的例子很多。比如，上海电机厂曾要求降低汽轮发电机护环和转轴价格，由一重厂和太重厂供给价格太高，6000 千瓦护环国外每只 2331 元，而太重厂的 19000 元，差 7 倍以上；6000 千瓦转轴，苏联 33950.19 元，而一重厂为 42893 元。

第五章　时势造英雄

20世纪60年代初期，中国自制了2台万吨级的锻造水压机①。1台在上海，家喻户晓，成为名副其实的明星机器；另外1台在东北，建造历程坎坷，建成后在行业内勇挑大梁。它们的身上都留下了深深的时代印迹。

第一节　备受赞誉的上海巨人

上海万吨水压机投入试生产后，江南造船厂和上重厂办理了移交手续，江南造船厂留在闵行工地的人员也陆续撤回，这一历时四年零一个月的工程项目按理可以结束了。

然而，沈鸿这位万吨水压机的总设计师没有就此甩手不管。大机器造出来后，他打算和大伙好好做个总结，这既是给自己以及与他风雨同舟的同事们的一个交待，也是给领导、同行和许多关注者的一个交待。其实早在一年前，也就是1961年7月，他就和大家制定了一项《技术总结编制计划》，希望每人都能趁热打铁，及早整理资料，实事求是地分析得失，完成设计和制造的工作总结。但是由于制造和安装任务繁重，总结工作被迫拖延了下来。

---

① 20世纪60年代，中国共有3台万吨级的锻造水压机。除2台自己建造外，另外1台由捷克制造，60年代末期安装于二重厂。

一、毛泽东思想的胜利

1962年元旦，江南造船厂水压机工作大队的大队长林宗棠完成了题为《上海万吨水压机的制成是毛泽东思想的胜利》一文的初稿。这份初稿从万吨水压机的重要意义、项目的来源与进展、面对的困难及解决措施等多个方面，对项目做了比较全面的概括，也为以后进一步的总结奠定了基础。文中用"三个没有"，即没有重型设备、没有设计人才和没有制造经验，准确地抓住了整个工程的难点和亮点。

　　"上海万吨水压机的制成是毛泽东思想的胜利（第一次草稿）

　　　　　　林宗棠　　1962年元旦

　　上海12000吨锻造水压机是党中央在1958年5月党的第八次代表大会第二次会议上决定制造的。现在这台水压机已经全部制成，主机部分已经基本装好，水泵站和加热炉安装工程正在紧张进行，预计今年五一即可正式投入生产……总的看来，这台我国第一台万吨级锻造水压机的设计和制造是成功的，它的质量不算差，时间不算慢，成本不算贵。

　　……

　　现在看来，我们今天虽然的确是"三个没有"，并不具备世界工业强国所拥有的强大技术装备，但是我们却有着一个比起这些更加强大的思想武器，这就是光辉伟大的毛泽东思想，这就是我们的三面红旗和一系列两条腿走路的方针。有了这一条，再加上我们勤劳勇敢的工人群众，任何困难都吓不倒我们，我们是战无不胜的。

　　这台水压机是总路线的产物，是大跃进的产物，这台水压机的制成是毛泽东思想的胜利。"

安装工作结束后，沈鸿决定让江南造船厂和重机厂分头安排总结和写作，以江南造船厂为主总结机器设计和制造等内容，而上重厂重点写车间建设。

1962年6月27日，水压机试车成功仅5天，林宗棠等人就提交了一份总结提纲，回顾了万吨水压机工作大队自成立以来完成的主要工作任务，在最后还分析了工作中存在的问题。

　　　　　　"关于万吨水压机大队工作结束的报告

　　……

　　由于我们的水平低，冒进大，工作上也出了不少毛病和错误，初步看来，主要的缺点有三个：

1. 在理论和实践相结合方面，总的是做得好的，特别是强调实践方面的重要性，对工作起了决定性的作用，但在科学理论的探讨方面似乎还欠缺了一些。

2. 在设计和工艺相结合方面，也是做得好的，但对工艺方面的考虑和全面安排似乎还欠缺一些。

3. 在质量的要求方面，还可以再提高一些。

万吨水压机工作大队　支部书记　郑崇瑞

大队长　林宗棠　1962 年 6 月 27 日"

不久，上重厂也提交了一份工作总结，重点谈了做好配套工作的经验。

"第二水压机车间建设工作总结（初稿）　1962.8.27

……做好设备配套工作，是这项工程能否顺利进行的一个重要关键……经请示上海市有关领导部门研究后，根据上海地区技术特点与力量，由市里重新作了分配，除重型行车外，其余全部由本地自行解决。事后证明，这样的安排在这次配套工作上起到了积极的作用。

……从配套工作上来看，第一个因素是及时储备设备，解决"有无"的问题……当时如果 150T（吨）行车不能及时解决，水压机改用土法起重吊梁，预计整个进度至少要推迟 6 个月，这是很值得注意的。配套工作第二个因素是解决"好坏"问题……安装高压水泵、空压机、电动机、高压容器、高压阀等先进行空转，然后进行负荷试车，通过试车过程，先后对高压水泵进行检修，配换零件，对电动机重复做了检验，阀门做了检修，既摸到了设备性能，也多少弥补了一部分制作上的缺陷，同时，又等于在正式安装试车前进行了一次预装、预试车的工作，我们的安装人员受到一次实践的锻炼。"

技术总结的工作由沈鸿亲自主持。他勉励大家将总结整理成书稿，在造出合格的机器之后，再回过头来重新审视和总结一番，并且以学术成果的形式展示出来，高质量地完成整个项目。沈鸿希望呈现给众人的不只是一台合用、好用的大机器，还有他亲自带出的一支设计制造重型水压机的专业队伍，以及一些大家几年来摸索的方法、经验和教训。

水压机工作大队返回江南造船厂后，林宗棠和徐希文等人全力投入到资料整理和写作之中。万吨水压机的技术单元及内容很多，大家按事先编订的《技术总结编制计划》，将整个过程分作设计、制造和安装这 3 个阶段，依次概括主要情况和技术特征。《技术总结编制计划》还拟定了编写总结的四项原则：（1）虚实结合，以实为主；（2）实践理论相结合，以实践为主；（3）全面叙述，关键突出，以突出关键为主；（4）图片与文字相结合，两者并重。

《全焊结构 12000 吨锻造水压机设计·制造·安装》是初定的书名，全书内容分总论、设计制造、安装与试车、分析与讨论共 4 篇，再按技术单元分若干篇章，计划写 50 万字，图和照片 400 幅。在写作过程中，内容调整为设计部分（6 章）、制造部分（4 章）、安装与调整（7 章）、分析与讨论（4 章）共 4 篇，参加编写人员除林宗棠与徐希文之外，还有孙锦荣、戴同钧、金竹青、宋大有、陈端阳、杨炳炎、黄绳甫、徐承谷、叶俊德、丁忠尧、陆忠源和夏荣元等人。半年之后，书稿初步完成，沈鸿审定后，又经修改和调整，终于定稿。就在全书准备出版之际，赶上了"文革"，书稿只好束置高阁。一直拖到 1980 年，由沈鸿主编的《12000 吨锻造水压机》一书才由机械工业出版社正式出版。

1964 年"五一"节，江南造船厂与上重厂合写了一份总结报告，仍用《上海万吨水压机的制成是毛泽东思想的胜利》作为标题。

"……奋战四年，造出了一台完全由我国自己设计、自己制造、自己安装的完全中国式的 12000 吨锻造水压机，这是大跃进、总路线的产物，是毛泽东思想的胜利。经过四年的实践，我们深深地感到毛主席思想的伟大。总的看来，凡是我们取得成绩的地方，都是因为自觉或不自觉地（更多是不自觉地）按着主席思想办事的结果。凡是我们失败，出纰漏和有缺点的地方，也正是主席思想学得不好的地方。主席的思想不仅可以用于阶级斗争，而且同样用于指导科学实验。可以这样说，这台水压机主要是靠主席的《实践论》造出来的。"

及时而恰当的总结为上海水压机树立了良好的形象。相关材料报送到上级机关后，获得很高的评价。1964 年下半年，林宗棠在原稿的基础上又写了《一万二千吨水压机是怎样制造出来的》一文，全面系统地介绍上海万吨水压机的建造过程，以及工人群众发挥积极性，解决困难的勇气和经验。

这篇文章送给中央领导，主管工业的薄一波副总理"看了以后非常高兴，立即送给毛主席看"[113]。毛泽东觉得"写得很好"，他专门找薄一波谈话，称赞文章中辩证唯物论的部分写得尤其好，要让更多的人知道。在一次会议上，毛泽东还以水压机取得成功的经验，说明"不经过失败是不会成功"的道理。林宗棠对这段经历印象很深刻[106]：

> "薄副总理还亲切地对我说：你们写的万吨水压机总结报告，我送给毛主席了。毛主席他老人家看了这份报告后，对我说，这个报告写得很好，特别是其中'反复实践、反复认识'这一段，毛主席特别赞赏。毛主席还说，可惜这篇文章写得太长了一点，不是所有的人都能看的。最好能短一点，让更多的人看看。毛主席还在一次工作汇报会上，对大家说，他看了万吨水压机设计的文章，有些设计要经过一次、两次甚至几十次的失败才能成功，不经过失败是不会成功的。
>
> 毛主席的这些重要指示，是对万吨水压机工作的充分肯定，是对参加万吨水压机工作的所有同志的热情表扬，也是对沈鸿同志所创造的设计技术道路的最高评价和赞赏。"

毛泽东称赞上海万吨水压机的原因是多方面的。

由他亲自批准的项目取得了成功，固然会令他满意，而总结报告反映出，这台大机器的成功完全符合他提倡的"两论"（《矛盾论》和《实践论》）的工作方法，而且还为他当时正在提倡的"群众性的设计革命"运动[190]，提供了一个鲜活的实例。

毛泽东的表态，为后来对上海万吨水压机的宣传定了调。在此后很长一段时间里，对上海万吨水压机的赞扬及对相关经验的总结，成为各种宣传的最主要内容。

毫无疑问，毛泽东的表态必然会影响其他中央领导对上海万吨水压机的态度。实际上，从开始建造到正式投产，刘少奇、周恩来、朱德、陈云、邓小平等其他中央主要领导也曾给予直接的支持和关心。从以下几则事例中，可见一斑。

1959 年 11 月，刘少奇亲自为建造万吨水压机选址决策摸情况[191]，在视察万吨水压机工地时，他鼓励沈鸿等人[8]6：

> "你们大胆干吧，万一失败，再有第二台，第三台，积累经验，将来终会成功的。"

周恩来对上海万吨水压机的研制工作自始至终都非常关心，多次过问工程的进展情况。1960 年，他在办公室约见水压机项目的部分人员，听取汇报。他关切地说[106]：

　　"万吨水压机造得怎样了？你们的资料我都看过了。很好，一定
会成功的……你们还有什么困难没有？解决不了的，你们可以直接找
我嘛，省得转来转去误事。"

　　1961 年 6 月，沈鸿和林宗棠等与水利电力部领导向周恩来汇报三门峡
水轮机焊接问题时，周恩来"屡次亲切地招呼我们坐到前面来，我们还是
不肯，后来他一个个地喊着名字，问长问短地把我们叫到前面坐……问了
12000 吨水压机造好没有，什么时候安装好"。

　　前文也曾提及，当水压机车间的建设面临下马时，沈鸿和林宗棠正是
借周恩来之力，挽救了整个万吨水压机项目。1965 年，万吨水压机建成
后，周恩来曾亲自听取了原子弹和万吨水压机的汇报[1]，并和设计人员代
表共进晚餐。周恩来在讲话中，将万吨水压机与原子弹并称为成功的
事例[106]：

　　"原子弹、万吨水压机，看起来是个庞然大物，但是不要害怕它，
要在战略上藐视它，在战术上重视它，要一分为二……然后抓住主要
矛盾，集中力量打歼灭战，没有什么困难是不能克服的。"

　　1965 年，周恩来接见全国机械产品设计工作会议的代表时，询问沈鸿
设计人员的比例。当听到沈鸿回答设计人员的比例只有 2% 时，他说[8]268：

　　"我不相信只有 2%，不只这一点。沈鸿，你那台水压机一个人能
拿出来吗？还不是要找其他技术人员和工人一起搞。不要只算专职设
计人员，要包括熟练工人。工程师要真正搞出东西来，非有参加实践
的经验不可。好的技术人员就不脱离劳动，体力劳动和脑力劳动
相结合。"

　　周恩来的讲话自然更符合毛泽东开展"群众性的设计革命"运动的要
求，这相当于帮助沈鸿等人明确了宣传万吨水压机时突出工人作用的重要
意义。

　　朱德对万吨水压机也一直十分关注，曾 3 次亲自询问研制情况，其中
2 次做了现场视察。1960 年 8 月，朱德视察上海重型机器厂时，观看了卧
式水压机和万吨水压机的试制现场。据林宗棠回忆，朱德当时对在制造中
使用的土办法赞不绝口[106]。

---

① 周总理在中南海接见全国设计工作会议的部分代表，听取了原子弹和万吨水压机的汇报，并做
了讲话。

"他几乎走遍了每一个工作点，当他听说我们用的是土办法、穷办法和巧办法时，老人家特别高兴，连连称好。他说：'这是共产主义的精神，共产主义的方法。你们一定要坚持下去，完成毛主席亲手交给的这个任务。'"

1962年6月，水压机刚刚完成试车。朱德高兴地去上海参观，对制造成功万吨水压机给予了很高的评价[106]：

"帝国主义欺侮我们，说我们不会造大机器。修正主义笑话我们，说我们连6000吨水压机都没有，还吹什么牛皮。现在，让他们来看看好了，我们中国人在毛主席共产党领导下，不但能够自己造大机器，而且可以造得好、造得快、造得省。这台万吨水压机就是一个很好的典型。"

在研制过程中，陈云更加关注的是上海万吨水压机能否做成，希望沈鸿等认真把水压机做好。沈鸿对此事回忆道[107]：

"当时正处于'大跃进'的高潮，因此到处是一片鼓励声。但这项工程毕竟是破天荒的，因此，陈云同志到上海视察时把我找去，不是简单附和，而是关切地问我到底有没有把握……他还用开玩笑的口吻对我说：'你可不要忘记，你是卖布的出身啊！'我懂得这话的意思，他是提醒我要谨慎，不要被鼓励冲昏头脑。以后，万吨水压机试制成功了。我觉得，这同他对我的认真而不是敷衍的、具体而不是空洞的关心与支持是分不开的。"

1965年3月，国务院副总理李富春与薄一波到上海视察，观看万吨水压机的操作表演，并要求推广成功的经验[192]：

"万吨水压机设计、制造、安装、运转的成功，是我国工程技术人员和老工人按照《实践论》、《矛盾论》办事所做出的辉煌成绩。坚持参加劳动，不断实践，不断提高认识，采用实验到现场、制造到现场、安装到现场、使用到现场'四个到现场'和研究、试验、设计、制造、检验、安装、使用'七事一贯制'的方法，是多快好省地发展我国生产技术的一条重要道路。应该大力推广这种方法，凡是准备攻破一个重大新产品、新技术而又具备条件的，都应该使用'四个到现场'、'七事一贯制'的方法。"

1966年，在上海万吨水压机投产初期，朱德、陈云、邓小平、聂荣臻、李富春、蔡畅、薄一波、杨尚昆、伍修权、杨秀峰、赛福鼎等多位领导人先后视察上海重型机器厂，参观万吨水压机车间[193]。

以上事例说明，上海万吨水压机在建造和投产初期，所受关注的规格之高，远较一般的工业建设项目为甚。毛泽东等党和国家主要领导人的关注、鼓励、支持和肯定，预示着上海万吨水压机将拥有一个不平凡的命运。

二、声名大振

在20世纪60—70年代，上海万吨水压机得到了广泛的宣传，"万吨水压机"一词在中国可谓妇孺皆知，其形象也迅速被推向顶峰。

实际上，万吨水压机刚造好的时候，还处于对外界保密的状态，上级部门没有打算马上公布这一可能引起轰动的题材。不过，这台大机器的成功还是引起了行业内和相关部门的关注和重视。上海市有关部门组织座谈，请参与万吨水压机项目的有关人员介绍经验。三机部（后改为六机部）第九局（船舶局）则发文要求业内各厂学习江南造船厂"采用新工艺、新技术，土、洋设备结合"，"通过严密的组织工作，消灭了重大伤亡事故"等先进经验[194]。

很快，中央的内部刊物也刊载了上海造出万吨水压机的消息。沈鸿对此有些不安，他不主张在机器的试用阶段宣扬此事。虽然他知道很多人都关注他在上海造大机器的进展，但还是觉得首要的是多做观察和总结。因为没有正式投产，而且此前他也从未造过这等规模的机器，万吨水压机是否实用、好用，需过一段时间再下结论更为稳妥。

直到1964年，在上海万吨水压机试运行整整两年之后，党报和机关刊物等重要媒体才拉开了宣传上海万吨水压机的帷幕。

《人民日报》和《解放日报》是最早正式宣传上海万吨水压机的媒体。1964年9月27日，《人民日报》头版刊登新华社的文章——《自力更生发展现代工业的重大成果——我国制成一万二千吨压力巨型水压机》。文章写道：

> "我国已制造成功一万二千吨压力的自由锻造水压机。这台水压机经过了两年多试生产的检验，质量良好……这台水压机是贯彻自力更生方针所取得的巨大成果。它是我国现有的设备技术条件下，依靠工人和技术人员的智慧制成的。"

当日，《解放日报》刊登江南造船厂成功制造万吨水压机的报道，同时还刊登了沈鸿的一篇数百字的短文——《总路线的产物》。

"大水压机是制造大发电机、大轧钢机、大化工容器、大动力轴一类的锻件所必需的设备。我国要发展机械制造业，就应该有这类设备。

现在我国用自己的设计、自己的材料、自己的工厂制造的第一台一万二千吨自由锻造水压机完成了。试用结果，证明性能良好。

这是总路线、大跃进的产物。

也是自力更生、奋发图强的结果。

也是敢想敢说敢做和严格、严密、严肃的科学态度的具体表现。

在世界通常情况，制造这样大的机器必需的大锻件、大铸件、大机床、大厂房、大专家，在当时的江南造船厂还是'五大'皆空。为什么'五大'皆空能制造出这台大机器呢？是因为依靠了毛泽东思想，应用了《实践论》，应用了《矛盾论》，发挥了集体智慧。

现在，机器已经制造出来了，而专家因此成长起来了。

既有了成果，也有了人才。千真万确的真理。"

沈鸿在文中所说的"五大皆空"发展了林宗棠此前总结的"三个没有"，言简意赅地指出困难条件下制造这台大机器的经验和收获。他在毛泽东中共八大二次会议上反复强调的"敢想敢说敢做"的后面，加上了"严格、严密、严肃的科学态度"，巧妙地指出万吨水压机能够在"大跃进"运动中取得成功的一处关键。

当日的《解放日报》还专门配发了社论——《自立更生方针万岁！》。这篇社论将万吨水压机的诞生定性为"认真贯彻自力更生方针"的结果，肯定了上海万吨水压机对国家及上海工业建设的意义，赞扬走群众路线、用"土办法"的成功经验。社论认为，万吨水压机的成功表明，只有"破除迷信，敢想敢干"是不够的，必须"按照科学的规律办事"。

为了让读者对这台大机器有一个简单而生动的了解，《解放日报》还刊登了介绍水压机原理和作用的科普文章——《水压机的性能和用途》和《万吨力量从何而来？》。

1964年底，制造万吨水压机的总结报告送到中央后，得到了毛泽东等领导人的赞赏。1965年1月22日的《人民日报》刊登了署名为"中国共产党江南造船厂委员会"的长文——《一万二千吨水压机是怎样制造出来的》。该文主要内容分"打好科学实验仗"、"勇于实践"和"几点体会"

三部分，比较真实、详细地介绍了万吨水压机设计、制造、安装等过程及解决问题的主要思路。这篇文章还比较注意宣传的效果，例如，借用比喻修辞把加工制造过程总结为"金、木、水、火、电"五个大关①，将一些操作过程赋予"大摆轮木阵"、"银丝转昆仑"、"大摆蚂蚁阵"等形象的名称。该文的"几点体会"占全文近一半的篇幅，主要讨论了"自力更生"、"土洋并举"、"七事一贯制"等几方面的经验。其实，文中的比喻和体会的内容，都源自林宗棠等人在两年多前所写的工作总结。

《人民日报》为该文配发了"编者按"，指出对上海建造万吨水压机的经验总结"为我们的各行各业作出了一个良好的榜样，也是一种鞭策"。"编者按"还特别强调"毛主席一再要求我们，经常注意总结经验，做了一段工作，就总结这段工作的经验，不断实践，不断总结经验。大水压机的设计、制造，直到制造成功，就是照着这几条路走过来的"。

文章在《人民日报》上发表之后，《新华月报》、《机械工业》等报刊迅速转载了此文。《解放日报》则开辟《大家来参加总结经验问题的讨论》专栏，再次以上海万吨水压机为例说明总结经验的意义。

同年，上海人民出版社出版了名为《万吨水压机的诞生》的宣传小册子，里面主要就是收录了《解放日报》和《人民日报》的这几篇文章。由于这几篇社论、编者按和通讯报道具有权威性，并且相对其他各类宣传还具有导向性质，因此上海万吨水压机一跃成为了各类媒体炙手可热的报道对象。

媒体公开报道后，机械行业内部率先将万吨水压机树为学习的榜样。机械行业的专业期刊《机械工业》在1964年第18期上，刊登文章——《自力更生发展品种的新胜利——我国自己设计、制造的一万二千吨水压机制成》和《设计和制造万吨水压机给我们的启示》来报道并评论此事。《人民日报》的文章刊发之后，《机械工业》在1965年第2、3期合刊上进行了全文转载，并且配发相关文章进行讨论。

不仅在机械行业，当时全国的各工业部门也都开始学习和宣扬万吨水压机的制造经验。1965年1月27日，即《人民日报》刊登《一万二千吨水压机是怎样制造出来的》一文的第五天，国家经委专门发文要求"工业交通各级管理部门，各个企业、事业单位，应该组织所有干部特别是各级

---

① 这五关分别是指金属切削加工、起重、联动试车、热处理和电渣焊。

领导干部和工程技术干部，认真阅读和研究这篇文章"。一机部按此通知，要求全国直属的各部门、各企业和事业单位都认真学习这篇文章。很快，上海万吨水压机就被宣传到了全国各大工矿、企事业单位。

上海万吨水压机的总设计师沈鸿和副总设计师林宗棠也以写文章或做报告的形式亲身宣讲制造经过和经验。沈鸿除了《总路线的产物》一文发表在 1964 年 9 月的《解放日报》之外，1965 年他多次在机械行业的会议上，以组织领导水压机的亲身体会为例，谈对于产品设计革命化的认识。林宗棠在 1965—1966 年间，又撰写了几篇总结性的文章，如《设计一万二千吨水压机的体会》（《机械工业》，1965 年第 2—3 期）；《万吨水压机的诞生》（《科学大众》，1965 年第 1 期）。此外他还在《哲学研究》上发表了 4 篇文章：《一万二千吨水压机的制造成功是毛泽东思想的胜利——在实际工作中学习和运用〈矛盾论〉〈实践论〉的体会》、《〈实践论〉是做好科学技术工作的指针——参加一万二千吨水压机设计制造工作的体会》、《学习辩证唯物主义认识论，实行"四个到现场"的设计方法》、《抓住主要矛盾，集中力量加以解决》（分别发表在《哲学研究》，1965 年第 1、5 期，1966 年第 1、2 期）。这些文章都毫无例外地强调毛泽东思想及"两论"（《矛盾论》和《实践论》）在万吨水压机研制中的指导意义和作用。

20 世纪 60—70 年代是宣传万吨水压机的高潮期。一些科普作品、影视作品、文学作品和艺术作品等也纷纷以万吨水压机为对象，进行讴歌式的创作。上海万吨水压机的光辉形象以多种方式传遍了大江南北[195]。

例如，1964 年 9 月《文汇报》刊登的多篇文章（附有机器和厂房的照片）；《万吨水压机的诞生》（《萌芽》，1964 年第 10 期）；《我国制成 12000 吨水压机》（《大众科学》，1964 年第 11 期）；《制造一万两千吨水压机的人们》（《中国青年》，1965 年第 1 期），《万吨水压机制造成功说明了什么？》（《时事手册》，1965 年第 3 期）；《从万吨水压机的制造看两条路线的斗争》（《看今朝（通讯）》，1967 年第 22 期）等等。从内容上看，发表在《解放日报》和《人民日报》上的文章，以及配发的"社论"与"编者按"，成为此后大多数公开宣传作品的资料来源和写作模版。

这一时期还创作出几部反映上海万吨水压机的影视作品：上海电视台和中央新闻电影制片厂分别拍摄了纪录片《万吨水压机的问世》（1965）和《万吨水压机》（1966）。上海美术电影制片厂著名导演胡进庆和邬强还创作了动画片《万吨水压机战歌》（1972，剪纸片）。

　　艺术作品中比较著名的作品有画家谢之光创作的《巨人站起来了》
（又名《万吨巨人》，1964，中国画）。1965 年，著名漫画家张乐平在参观
上海万吨水压机之后，创作了《压得好（参观一万二千吨水压机有感）》
的漫画。邮票设计家刘硕仁创作的 1966 年发行的《工业新产品》邮票中，
第六枚即是万吨水压机。牙雕艺人冯立锦的牙雕作品《万吨水压机》；相
声大师侯宝林创作的相声《万吨水压机》（1966），这段歌颂题材的相声也
是侯先生在 20 世纪 60 年代创作的最后一部作品[196]。此外，教具、像章、
玩具[197]和一些日用品也都曾借用上海万吨水压机的形象。

油画

邮票

牙雕

剪纸

漫画

文学作品

教具

钱夹

玩具

糖果包装

书签

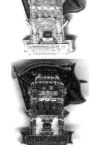

像章

图 5-1　20 世纪 60—70 年代与上海万吨水压机有关的部分物品的图片

　　上海万吨水压机成为了光彩夺目的明星，越来越多的人要求一睹真容和风采。经批准，上重厂水压机车间从 1965 年初开始接待络绎不绝的参观者。这其中，既有全国各地及各行各业的代表，也有大量来自亚非拉友好国家的宾客，甚至还有从美国、日本慕名而来的官员、记者和技术专家。

多年下来，参观数量粗略估计也在数十万人次以上。仅1965年前3个多月的时间，参观量就达1234批，其中，"中宾1158批131358人次，外宾76批624人次。最多一天就有7700人参观，已登记而尚未排定具体参观的单位约有300余家"[198]。

上重厂因万吨水压机而蜚声中外，但是也因此而苦不堪言。由于工厂和车间内人流不断，严重影响生产，特别是遇到外宾来厂，水压机车间就要停止军工任务。为此，厂方不得不向上海市人民委员会外事办公室建议："为了满足部分外宾要求参观，决定每星期一、四两天停止军工任务，作为外宾及归国华侨参观日，其余日期请不要安排。"一年后，一机部和三机部通知，即便外宾参观时，也可不必停止生产[199]。对于国内的参观者，上重厂则优先安排解放军指战员、支持三线建设的职工、设计制造相应产品的人员。

1965年，美国记者埃德加·斯诺（Edgar Snow，1905—1972）来华时，将上海万吨水压机锻压钢锭的现场情景拍成电影，带回了国。

仅在20世纪70年代之前，上海万吨水压机就先后接待了来自40多个国家的宾客。部分参观宾客名单及参观时间列举如下：

"中日青年大联欢　各界日本青年代表团　1965.9.14

阿尔巴尼亚内务部代表团,劳动党中央政治局候补委员、内务部长卡德里·哈兹比乌中将　1965.10.5

日本业余技术代表团　1965.11.11

苏联红旗歌舞团、各国工会代表团　1966.5.7

巴基斯坦国防部长阿夫扎尔·拉赫曼·汗海军中将、巴基斯坦外事秘书、驻中国大使及中方陪同人员:国防部副部长王树声、海军司令肖劲光1967.6.2

阿尔巴尼亚交通部副部长马尔科·卡罗利,交通部副部长彭德清陪同1967.6.9

西班牙专家费朗西斯科·瓜尔博斯,北京外语学院教师　1967.6.20

阿尔巴尼亚磷矿和综合利用考察团团长孔巴罗,团员卡拉锡尔教授 1967.6.26

苏丹共产主义学生联盟代表团团长阿里、团员5名　1967.6.30

日本技术交流团8名　1967.6.30

巴基斯坦航空公司总经理等8名　1967.6.30

菲律宾爱国青年组织局局长加西亚·何塞　1967.6.28

南非泛非主义者大会代表团、南非学习团　1967.7.3

美国黑人领袖杜波依斯夫人，新闻记者　1967.6.27

菲律宾青年代表团　1967.7.7

柬埔寨外交大臣富里萨拉及夫人　1967.8.21

法国共产主义青年联盟代表团20人　1967.8.23

法国妇女代表团（马列主义左派）3人　1967.8.23

伊拉克亚非经济合作副主任尚沙尼　1967.9.1

黑非留法学联代表团8国18人　1967.8.30

瑞士中国友协　1967.8.9

索马里艺术团30人　1967.8.9

法国工会代表团3人　1967.8.24

哥伦比亚记者　1967.8.24

英中了解协会8人　1967.8.28

马里军事代表团4人　1967.9.6

象牙海岸（马列主义小组代表团）3人　1967.9.8

越南南方人民代表团6人　1967.12.29

阿尔巴尼亚科技代表团团长普罗科普·穆拉（中央委员，国家科委副主席）等5人　1968.2.22

阿尔巴尼亚水利部副部长拉多维斯等9人　1968.6.6"

中外宾客来参观时，车间墙壁或水压机机身上常张贴标语。例如，"自力更生　奋发图强"，"欢迎日本青年朋友"，"支持日本人民反美爱国"或"打倒党内最大走资派"等等。

对外宾开放是友好和自信的表现，从上面的名单中可以看出，上海万吨水压机曾作为一座沟通和展示的桥梁，在对外交往中发挥过特殊的作用。

总的来说，作为一台国产的大机器，上海万吨水压机所受关注度之高、传播范围之广、表现形式之多样、影响力之持久，均是前所未有的。为什么一台大机器能够得到上至国家领导人，下至普通民众给予的如此热切地关注呢？原因至少有以下三点。

首先，这是宣传新中国工业和科技成就，提升民族自信心的需要。中国近代以来积贫积弱，工业和科技落后，特别是在"大跃进"运动中，失败的例子比比皆是，乏善可陈。上海万吨水压机的成功，本身就是国人自力更生谋求发展的明证，也可被作为"大跃进"与"总路线"指引下的一个成功事例，而其不一般的经历和壮观的外形更可以鼓舞人心。

其次，上海万吨水压机解决了一项重大技术装备的"有无"问题，具有重要的实用价值。万吨水压机制造成功后，能够部分解决大锻件的自给问题，有利于多个产业部门的发展。特别是，在当时相对孤立和封闭的国际环境中，它对中国的工业建设和国防建设意义重大。这也被认为是中国制造万吨水压机的目的和意义之所在。由此，万吨水压机作为新中国科技发展与工业建设的伟大成就之一被广为传颂，大多数宣传作品对此都有所介绍。万吨水压机的制造成功与大庆油田投产、原子弹爆炸、马鞍山钢铁公司车轮轮箍厂的建成，一起被视作1964年我国工业和国防建设的四大成就。

再次，万吨水压机制造过程中的一些设计经验、技术路线和管理措施被认为具有很高的现实意义和推广价值。毛泽东在对上海万吨水压机总结报告的批示中，特别强调了"反复实践、反复认识"的意义。制造万吨水压机的过程中，运用的"蚂蚁啃骨头"等所谓的"土办法"给人以深刻印象，在当时也有较强的现实意义，因此与之相关的内容也自然地被作为宣传内容的一个重点。

因为这台光芒耀眼的大机器，许多人的命运不可分割地与它联系在一起。沈鸿、林宗棠、徐希文、唐应斌和袁章根等团队当中的一批优秀人物脱颖而出。

沈鸿将万吨水压机看做是自己的"儿子"。他认为自己一生中做了三件事，领导研制万吨水压机是其中之一[1]。领导研制万吨水压机，沈鸿显现出了为国分忧的品格、优秀的技术才能和卓越的工程组织才华。因为这一重大项目的成功，他也获得了中央领导更大的信任，获得了献身中国机械工程事业的机遇。1961年，中国因国防工业对新材料的需要，周恩来和邓小平批准沈鸿调任一机部副部长，专职负责"九大设备"的研制计划。在领导研制"九大设备"的过程中，沈鸿不仅将制造万吨水压机时先做模型的思路带入进来，还充分运用了在水压机项目中总结出来的"七事一贯

---

[1] 另外两件事是由他主持研制"九大设备"和组织编写行内权威的《机械工程手册》（共18卷）与《电机工程手册》（共8卷）。

制"等管理措施。从 20 世纪 60 年代至 90 年代，沈鸿参与领导了马鞍山钢铁公司车轮轮箍厂的建设、葛洲坝水利工程建设等多项全国重大的工程项目，为中国机械工程技术发展做出了突出贡献，被誉为"国家的总工程师"。1980 年，沈鸿当选中国科学院学部委员。沈鸿赋予了万吨水压机以生命，水压机也成就了他不平凡的一生。

林宗棠为万吨水压机项目的成功立下了汗马功劳，他也因为这台大机器而更受赏识和重用。1961 年，沈鸿带林宗棠向周总理汇报。林宗棠记得，"当周总理知道我是建造万吨水压机的，格外关心，再三要我坐到他身边"。在大机器正式投产后，他留任上重厂任副总工程师、总工程师。"文革"期间，林宗棠曾受到不公正待遇。1983 年 4 月，国务院正式批准了建造北京正负电子对撞机的工程方案，邓小平亲自点将林宗棠担任工程指挥部总工程师[200]。随后，林宗棠相继担任国务院重大技术装备领导小组副组长，国务院机电产品出口办公室主任，国家经委副主任，航空航天部部长等重要职务。参与研制万吨水压机是他成功事业的辉煌起点。

徐希文在万吨水压机研制中，对水压机设计、制造和安装的许多关键环节，都展示出了作为优秀工程技术人员的潜质。后来，他也随着这台大机器留任上重厂，一直从事技术工作，并且迅速成长为国内知名的重型机器专家和大型企业的总工程师。他在太原钢铁公司 2300 冷轧机、宝钢公司 2030 冷连轧机组、二重厂系列重型锻压设备等多项国家重点工程或重大引进项目中，担任技术负责人。其中，1971 年投产的 2300 合金钢板轧机是当时世界上最大的冷轧薄板轧机之一，在研制中，徐希文沿用万吨水压机的技术路线，先后做了 1∶4 和 1∶10 模拟样机，并且进行了 23 项试验研究。20 世纪 80 年代，受机械工业部委派，他率队赴国外技术考察，为国家引进重大技术装备和先进技术出谋划策。徐希文是万吨水压机项目培养出来的优秀技术人才的代表。

万吨水压机在全国引起广泛关注后，在最初的宣传报道中，沈鸿、林宗棠和徐希文等人的名字多隐去不提，而工人代表唐应斌和袁章根等人名字却经常出现在报端，屡受表彰。因为身怀巧艺和丰富经验，他们都成为工人工程师。唐应斌和袁章根还分别被一机部机械科学研究院、工具研究所聘为特约研究员。在 1964 年 8 月的北京科学讨论会上，唐应斌做了《12000 吨锻造水压机的焊接生产》的报告[201][202]，宋大有和他共同署名的论文后来还发表在国内权威学术期刊《科学通报》上[203]。随后，唐应斌又以专家的身份代表中国出席法国巴黎举办的第十八届国际焊接年会。万吨水压机赋予了工人师傅唐应斌和袁章根与众不同的人生经历。

不只是这几位有代表性的人物，凡是参与过、亲历过万吨水压机制造的人，回忆起那段经历，无不深感荣耀和自豪。万吨水压机的成功也正如沈鸿所说："机器造出来了，又培养了人才。"

20世纪80年代之后，媒体对万吨水压机的宣传已不及60—70年代那样突出，但是经历过那个时代的人都不曾忘记它。1980年，林宗棠出版了《历史曾经证明》一书，书中将"文革"刚结束时写的《"万吨"战歌——万吨水压机的诞生和成长》（1977）中的过于突出意识形态的内容做了修改，成为青少年了解这段历史的最有影响的读物。

20世纪90年代以来，在各种新中国重大成就的名单中，总能找到万吨水压机的名字，也时有一些文章或影视片对以前的宣传资料稍加改动，带着人们重温那段骄人的岁月。

2006年，沈鸿诞辰一百周年，国内举行了一系列纪念活动，活动的主题之一便是倡导和弘扬沈鸿等人当年研制万吨水压机的自主创新精神。江泽民总书记为纪念活动做了重要批示：

> "沈老从带着几台机床去延安参加革命，到组织设计制造一万二千吨水压机的建设，闻名遐迩。值得很好纪念。"

几十年来，万吨水压机已不只是一台实用的大机器，它还是"万吨精神"的化身①，是许多人记忆中抹不去的一个时间坐标，是一个被打上深刻时代烙印的符号。

第二节 一波三折的东北万吨水压机

黑龙江省齐齐哈尔市西南有一片名为富拉尔基的工业区。此地原是达斡尔族的原住地，晚清时曾属镶红旗。1900年，沙俄在华修建的中东铁路西线铺轨至此，将这里逐渐与哈尔滨、长春、大连、鞍山、抚顺等东北工

---

① 1992年，机械电子工业部部长何光远为上海万吨水压机题词："弘扬万吨精神，振兴上重厂。"
　沈鸿题词："继承和发扬万吨精神。"林宗棠题词："万吨精神万岁。"

业地区连通。

富拉尔基真正的工业大发展始于"一五"计划时期。在苏联援建的"156项"工程中，富拉尔基重型机器厂（1960年更名为第一重型机器厂）、齐齐哈尔钢厂与富拉尔基电厂相继兴建于此①，三大厂彼此配套，形成了一座现代的"钢铁机器城"。

一、不甘落后

一重厂的建设始终受到中央的重视，一机部和黑龙江省委更是将其作为重大任务。该厂由苏联重型机器制造部重型机器厂设计院设计，建成后将成为国内规模最大、技术实力最强的重型机器厂和大型铸锻件生产中心。为了尽快投产发挥其效益，一机部要求贯彻所谓的"三边"建设，即"边基建、边准备、边生产"。因此，一重厂从1957年就开始围绕第一项生产任务——包头钢铁公司所需的1150初轧机做生产准备，此时离全厂正式投产还有近三年的时间。按照苏联的建厂方案，一重厂将在锻压车间安装1台捷克6000吨水压机，再配以几台800—3000吨水压机就足以满足生产纲领的要求。万吨水压机并不在最初的建厂方案之中，而捷克6000吨的大机器也未交货。鉴于这些因素，一机部和一重厂虽早有安装万吨水压机的设想，但很快就打消了这个念头（详细情况见第二章第一节）。

1958年5月22日，一机部第三局局长钱敏与沈重厂总工程师肖岗②通电话，商讨要在一重厂上马万吨水压机的问题。这个决定对钱敏来说是非常突然的，因为4天前他在关于全国水压机发展的规划说明中，根本没有提及自行设计制造万吨水压机这样的大事[59]154。可是，正是在22日这一天，毛泽东做出批示，要求在中共八大二次会议上立即印发沈鸿提议自造万吨水压机的来信。一机部对此十分被动，唯一能做的就是尽快拿出相应的举措。钱敏虽然没有参加大会，但是作为全国重型机器主管部门的当家人，他无疑要更多地承受这一突如其来的压力。

在钱敏与肖岗二人的通话中，他们考虑，一重厂的这台万吨水压机

---

① 现分别更名为中国第一重型机械集团公司、北满特殊钢股份有限公司、亚电鑫宝热电有限公司。

② 肖岗（1918—2005），长期在重型机械行业工作。曾参加富拉尔基重机厂的筹备工作并任副厂长，1955年5月赴苏联学习重机厂的生产、技术和管理工作。1957年7月回国，先后任沈重厂代理厂长兼任总工程师，二重厂副厂长、总工程师、厂长。

"设计用一年半时间，制造用两年时间，安装再用一年时间"。钱敏还明确提出要"去乌重（苏联乌拉尔重型机器制造厂）看一万吨水压机"——也就是沈鸿在信中向毛泽东提到的苏联那台大机器。

第二天，肖岗与沈重厂水压机设计室的王铮安、徐敦，还有驻厂的乌拉尔重机厂谢沙耶夫工程师，一起讨论研制万吨水压机可行性的问题。王铮安和徐敦都是沈重厂培养的第一批水压机技术骨干，他们都参与了前面提到的3次旧水压机的修配和改造，正投入精力设计制造2500吨水压机。王铮安认为万吨水压机的"重要问题是立柱和工作缸的锻造"[204]。谢沙耶夫没有多谈细节，而是希望中方派人到苏联要资料、看机器，这个建议正与钱敏、肖岗二人的想法不谋而合。

中共八大二次会议后，上马万吨水压机成为一机部第三局乃至整个一机部的头等大事。一机部已经彻底推翻了原先的水压机发展规划，并且要求第三局立刻着手筹备。会议结束后的2个多月的时间里，部、局、沈重厂和一重厂的领导和相关人员都紧张地投入到了各项准备工作之中。

5月27日，一机部副部长段君毅提出全国大型水压机的规划意见，要生产2台10000吨、3台6000吨水压机。28日，部长赵尔陆明确指示要自制万吨水压机，副部长刘鼎则亲自挂帅这个新项目。

5月31—6月3日，钱敏等人与谢沙耶夫讨论12000吨和6000吨水压机的技术问题。谢沙耶夫提供了临时估算的万吨水压机的部分设计数据，其中的一些计算"花了一昼夜的时间"[59]167。由此也可见当时对造新机器的急迫心情。

6月7日，赵尔陆代表一机部提交了《关于重型机械制造问题向主席和中央的报告》（详细情况参见第二章第三节），汇报下一阶段全国水压机发展思路与主要规划。月底，段君毅在东北区计委主任会议上公布了5年内要在东北、华中、西南安装3台万吨水压机的计划。东北万吨水压机成为一机部正式立项的重大专项任务。

6月21日，一重厂副总工程师冯子佩向钱敏汇报新的扩建方案。按此方案，新增的万吨水压机突破了苏联为一重厂设计的生产纲领，在建中的锻压车间已无法满足要求，必须再建水压机车间及配套设施。钱敏等人考虑到，一重厂正在全力投入"三边"的建厂基建任务和1150初轧机的生产准备，难以确保扩建方案的实施。自制万吨水压机需有沈重厂的参加，一方面，该厂当时的技术实力最强，另一方面，他们正在苏联帮助下尝试制造国产最大的 2500 吨水压机，全厂上下也都愿意承接万吨水压机的任务。从 6 月 10 日至 7 月 19 日 1 个多月的时间，刘鼎、钱敏等人与沈重厂、一重厂的领导、技术人员及苏联专家多次讨论设计制造的具体方案。

虽然技术方案还未确定，但是一机部信心十足，计划在第二年，即 1959 年完成设计、制造与安装，在第三年一重厂建成时就投入生产。而在辽宁省工作会议上，东北万吨水压机被定为"东北与华东社会主义革命竞赛产品"，要求"沈、富二厂，（19）59 年 3 月完成"[205]。

二、快马争先

1958 年 7 月，一机部向沈重厂和一重厂正式下达了共同研制万吨水压机的任务，沈重厂承担主要设计任务，负责万吨水压机的本体技术设计和部分施工设计，一重厂负责操作系统、泵站设计和车间总成套。

东北上马万吨水压机的项目引起了中央领导的注意和重视。7 月，朱德、董必武到沈重厂鼓劲，并观看了当时国内唯一的，也是最大吨位的 2000 吨水压机的操作，称之为"国宝"。9 月，邓小平与李富春等人，在一机部部长赵尔陆的陪同下，到沈重厂和一重厂视察工作，挂帅督办万吨水压机项目的副部长刘鼎也赶赴两厂检查项目进度。2 个月后，赵尔陆和刘鼎再次到两厂，检查万吨水压机的准备情况。中央和部委领导的关心和鼓励无疑是东北万吨水压机项目的一大有利因素。

当然，沈重厂与一重厂的优势也不容小视。首先，两厂具有业内领先的实力，沈重厂是国内唯一的具有维修、制造水压机能力的企业；一重厂正值建厂高潮，发展势头强劲，潜力巨大，基建和设备只需适当扩充即可。其次，两厂地处重工业底子厚实的东北，与多家国内首屈一指的企业联系紧密，交通运输便利。再者，在华苏联专家愿意提供支持和帮助，除沈重厂的谢沙耶夫之外，当时一重厂的驻厂专家中有水压机设计专家谢·巴·富斯拉夫斯基、锻造工艺师彼·列·米哈伊诺夫、水压机工艺师依·费·卡勉斯基、水压机操作师瓦·巴·库尔秋柯夫，以及机械加工、铸造、机床调整、热处理等数十名专业人员。此外，两厂得到了比较重要的技术资料，包括新克拉马托尔重机厂10000吨水压机总图和从国外进口的6000吨水压机总图、装配图。

在"大跃进、夺高产"的形势下，两厂的职工将新建万吨水压机的任务，视为巨大的鼓舞。沈重厂迅速动员并组织技术骨干，准备乘 2500 吨水压机的"卫星"即将上天之势，再放一颗大卫星。一重厂职工的情绪高涨，力争在工厂建成的同时，完成万吨水压机和1150初轧机两大产品，1958年9月的干部大会更是提出了"苦战240天，两颗卫星齐上天"的口号[66]459。

本体设计由沈重厂设计科的水压机室承担，这个室成立仅有4年，是当时全国唯一的水压机专业设计机构。1958年7月，总体设计已现雏形。虽然设计人员对于技术规格、参数还有分歧，但是初步设计还是得以通过。苏联专家塔拉索夫、兹维列夫、米哈伊诺夫和列兹沃夫参加了设计论证。

主管部门希望设计能从国外得到更多的借鉴。实际上，在设计阶段一机部一直强调这一点。第三局曾明确提出，设计人员应尽量争取参考已有的苏联和捷克的图纸，及一重厂的6000吨水压机的资料进行设计。

赴苏联考察水压机也顺利成行。1958年11月，一机部派"国外大型水压机考察组"赴苏联和捷克，考察水压机的设计、制造和生产情况，考察人员得到了一些大型水压机的图纸。其中，有从捷克的列宁工厂得到的12000吨水压机的图纸资料，中方还向捷克提出了科技合作的要求[206]。据一重厂副总工程师和万吨水压机主要技术负责人冯子佩回忆[55]：

> "为了了解国外万吨水压机的实际情况，作为决策的参考，刘鼎还专门去苏联考察了英、德（国）为苏联设计制造的万吨级水压机的情况，并与苏联的水压机专家讨论了中国自己设计制造万吨级水压机的问题。"

11月底，万吨水压机设计基本完成。一机部组织了审查会议，邀请了当时苏联乌拉尔机重机厂的3位工艺专家和沈重厂的顾问沙里也夫，清华大学、哈尔滨工业大学、一机部第一设计院、太重厂等单位的专家也参加了评审。专家们对各主要部分的设计都有所评价，沈重厂还就相关问题做了答辩。刘鼎等人在致辞时特别感谢了苏联专家的帮助[207]：

> "专家帮助设计，而（把）他们所知道的技术毫无保留的（地）指导我们，并提出很多宝贵意见，使得青年设计师敢想、敢做，发挥了积极性。
>
> ……
>
> 我们沈重厂在6月份开始讨论12500吨水压机就表示勇于接收（受）任务，从8月份设计至今仅仅三个月完成设计，这种冲天的干劲与专家帮助是分不开的。这个伟大的创作与乌重厂苏联专家在最初讨

论提出很多宝贵意见有了良好基础①，同时在这次审查会议又派来工艺专家来指导，并提出诚恳的建议，我们再次表示感谢专家。"

12月，一机部再派8人赴捷克，参与为二重厂12000吨水压机的设计工作，其中有沈重厂和一重厂的设计师各1名。不过，在他们回国前，东北万吨水压机的设计已告结束了。

本体设计工作前后持续了半年时间。沈重厂在自办的《重机报》上报道了万吨水压机的设计情况[208]：

"水压机设计专业可以说过去我国根本没有，（苏联）就先后派来三位水压机设计专家帮助我们。在专家们亲自帮助和热心指导启发下，我厂已经设计了具有世界先进水平的……6000吨和12500吨水压机等重大新产品的设计工作，有的已经投入生产制造了。"

1960年6月，一重厂的刘炯黎、孙长斌等15位技术人员参加的泵站设计也宣告完成。

值得一提的是，在设计万吨水压机的同时，沈重厂的4名女设计员设计了一台1000吨的样机，并命名为"三八"号。这台机器1959年制造完成，先是在沈重厂锻压车间试用，后调拨给金州重型机器厂。

表 5-1　东北 12500 吨水压机主要设计参数

1	水压机类型	自由锻造水压机
2	公称压力	三级：4180/8360/12500 吨
3	本体结构	立式，四立柱，三横梁，三工作缸
4	高压水	纯水式（添加乳化剂），高压蓄势水泵站
5	可锻钢锭重量	最大钢锭：拔长 270—300 吨，镦粗 140—170 吨 最大锻件重量 180 吨 最大环形件直径 5 米
6	年生产锻件能力	3.3 万吨（三班制）
7	工作液体压力	320 公斤/厘米^2
8	立柱	四柱式，立柱直径 890 毫米，高度 19.07 米，单根重量 126.94 吨
9	工作缸	3 个，柱塞直径 1.29 米，行程 3 米

① 此处原文如此。

（续表）

10	提升缸	2个，柱塞直径270毫米，行程3米
11	平衡缸	共350吨
12	立柱中心距	6.30×3.450米
13	工作台面至动梁间距	7米
14	活动横梁最大行程	3米
15	工作台	工作台尺寸4米×7米，移出最大行程7米，工作台移动速度200毫米/秒
16	顶出器	1个
17	最大允许锻造偏心距	12500吨时约250毫米
18	工作速度	空程向下250毫米/秒，工作行程75—100毫米/秒，回程250毫米/秒
19	锻压次数	工作行程次数5次/分
20	快锻次数	快锻行程次数20次/分
21	主机轮廓尺寸	总高24.312米，地面高度16.512米 总长度53.89米，宽度14.55米
27	主机总重量	本体重量2632.8吨，设备总重3789吨

注：表中5、6项为设计指标，实际生产情况与此略有出入。

设计完成后，沈重厂立即着手零部件的制造。根据先前总结的制造2500吨水压机的经验——"大件先行，慢鸟先飞。互相配合，合理到达。"制造万吨机时，沈重厂决定先造出本体大件。

这台大机器也是常见的三横梁四立柱结构，横梁的设计沿用了大型水压机最常见的铸钢组合结构，3个横梁共有10个分块，其中，

活动横梁2块，每块外形尺寸9240×2450×2500①，单重85吨；

上横梁3块，中部1块，9380×2400×2530，单重93.2吨；

　　　　　　侧部2块，8620×3100×1515，单重79吨；

下横梁5块，中部1块，7960×1800×3140，单重58.76吨；

　　　　　　中侧部2块，7600×1800×3140，单重95吨；

　　　　　　外侧部2块，5000×2420×3140，单重68.25吨。

——————————

① 外形尺寸，长×宽×高，单位：毫米。

相较而言，下横梁中侧部的分块最重，单块浇注就需要 130 吨左右钢水，而沈重厂每台平炉一次只能出 44 吨钢水，浇铸约 40 吨铸钢件，远远不能满足需要。这成为了大件铸造的最大难关。铸钢车间副主任祁宝仁和同事决定采用制造 2500 吨水压机的横梁的方法——"分槽出钢"和"多包浇注"。这实际上也是"以小拼大"的方法。操作时，2—3 台平炉和电炉同时出钢，实行 3 包或 4 包同时浇铸，可生产 40—132 吨的大型铸钢件。从 1958 年 12 月开始，沈重厂用百天左右的时间浇铸了横梁的 10 个分块。曾任副厂长的刘登云回忆了当年的制造过程[34]438：

　　"沈重厂在 1959 年为完成我国第一台 12500 吨自由锻造水压机制造任务，成功地铸出了 103 吨的大铸件。这在我们中国的重型（机械）行业可以说是一个创举，也是广大工人、技术人员指挥的结晶。在干大铸件时，炼钢平炉最大能力只有 40 吨，铸钢车间只有两台 75 吨天车，而这个大铸件需要钢水 150 吨，包括砂箱、砂型总重量达 300 吨以上。为了攻下这个难关，我们当时在三个方面采取了措施。一是炼钢和出钢；二是钢水过跨；三是铸钢件落砂。炼钢时我们遇到的头一个难题就是平炉能力不够。我们想办法扩大能力，最多装料达到 75 吨、80 吨，三台平炉和两台电炉同时开动。出钢也有难题，因钢水包只能容纳 40 吨钢水，则采取"分槽出钢"方法，使一炉钢水同时流到两个钢水包中。钢水过跨也很有学问，钢水温度差异太大溶不到一块儿，温度降得太低钢包芯杆容易打不开，因此过跨必须迅速，时间不能太长。为解决这一难题，我们采取了火车和电动平板车同时过跨，以争取时间。并在两包钢水之间的温度控制上采取可行措施，为铸件浇注成功奠定了基础。这就是沈重厂创造的"四包浇注"新工艺。铸件落砂时，又遇到了吊车能力不足的问题。当时铸钢车间只有 75 吨吊车，要吊起重达 300 吨的铸件和型砂，简直是不可思议。我们集中群众智慧大胆提出"就地落砂"方案。即把两台吊车打到一起，用抬梁先抬起铸件的一端，加上一根 12 米长的撬杠撬，把冒口就地割掉，大部分砂子就地除掉，然后再抬起另一端，清掉砂子，拿掉砂箱，最后重达百余吨的铸件铸造成功。"

事实上，大件的铸造同样也是在苏联专家的指导下开展起来的，按照当时的沈重厂《重机报》上的说法[208]：

　　"（苏联）专家亲自帮助编制三包浇注工艺，现在我厂已用三包浇注成功了90吨以上的26个12500吨水压机的巨型铸件和72500千瓦水轮机转子等大型铸件。"

至1959年3月，横梁全部铸造完毕，但是还没有做全面的质量检查[209]。此时，一重厂已初步建成，重型机器制造能力一跃成为全国第一。大型机床设备有231台，其中25米重型卧式车床、卡盘直径8.75米和6.5米的大型立式车床，可钻10米、20米的深孔钻，可加工直径250毫米的镗床。而且，随着1959年6000吨水压机的投产，一重厂将成为全国实力最强的大锻件加工中心。这些条件不仅能够满足横梁机械加工的需要，也利于立柱的锻制。于是，一机部决定将万吨水压机的制造任务全部转交一重厂，而沈重厂作为主要设计单位，仍对技术设计负责。当年9月，两厂办理了图纸和产品的交接手续，横梁毛坯也运至一重厂。

横梁毛坯的加工很顺利，对一重厂而言，立柱的制造略有挑战性。按设计要求，立柱需锻造加工，而近20米长的大立柱需200吨以上的钢锭，超出了6000吨水压机的加工能力。于是，每根立柱被分作3段，每段由87吨钢锭锻成，然后再焊接为一根整柱。1960年3月20日，第一根锻焊结构的立柱，用熔嘴电渣焊接法制造成功。接着，另3根立柱也拼焊成功，3个工作缸也采用了相似的工艺路线。5月，本体大件全部加工完成。

万吨水压机大件的制造完成是一重厂的一件大事，也为建厂开工庆典及时献上了一份厚礼。1960年6月4日，一重厂举行了建厂验收签字仪式。验收委员会由国家基本建设委员会、第一机械工业部、中共黑龙江省委联合组建，苏联代表也参加了验收。虽然万吨水压机尚未安装，但是在全国能够生产出这些大件的工厂只有一重厂一家。在《富拉尔基重型机器厂建设工程验收鉴定书》的评语中，验收委员会肯定了万吨水压机对带动国内重机行业的意义。

"在建厂过程中积极地投入了产品制造……在工厂尚未动用验收前，生产出具有世界先进技术水平的1150初轧机和12500吨自由锻造水压机两大产品……两大产品的出产，将使我国的重型机器制造业走上独立制造大型轧钢、冶炼、锻压设备的新阶段。"

大件的完成还只是阶段性的一步，对于东北万吨水压机的建造者们来说，在机器投产前还有更艰辛的路要走。

首当其冲的问题是水压机车间的建设一再被拖延，直接延误了万吨水压机的安装。

本来，在万吨水压机上马之初，一重厂于 1958 年 8 月就成立了大型水压机车间筹备组。车间的工艺设计和建筑结构设计，分别由一重厂和哈尔滨工业大学土木建筑系承担。两家单位不到 2 个月就拿出了设计结果。当年 10 月，在"大跃进"运动的高潮之中，用于安放万吨水压机的第二水压机车间亟不可待地动工了。然而，设计方案上报后，一机部还是觉得车间的设计不够成熟，为免除后患，决定改由一机部第一设计院负责工艺及建筑设计，已开工部分停建，待整座工厂交工验收后再建大水压机车间。

1961 年 2 月 23 日，一机部审查批准了 12500 吨水压机车间初步设计及总概算，车间重新开工。不幸的是，一场事故再次影响了工程的进度。1962 年 2 月 13 日上午，工人在吊装 300 吨锻造行车的小跑车时，由于起吊方法不当，小跑车从空中坠地损毁，三榀屋架同天窗支撑被拉垮坠落，屋面板塌落 900 余平方米，造成 2 死 6 伤，直接经济损失 28 万元，车间工期被迫延误半年多。直到下半年才开始水压机主机和配套设备的安装。这时上海万吨水压机已进入试生产。

1963 年初，一机部第三局要求万吨水压机车间加快进度，准备当年验收。但是，车间的建设工程中存在的问题不少，为了保证安全和质量，一重厂不得不向部里报告，要求宽限验收时间：

"在（厂房）施工过程中不断发生质量事故，土建收尾进度也有很大拖延。现在还只一台炉子具备烘炉条件……二台高压水泵机是不能正式生产（的），至少要 4—5 台泵……要在 64 年才能验收。"

1964 年 10 月，水压机安装完成并顺利通过了热负荷试车，就在转入试生产并准备交付验收时，车间建设再次拖了后腿。齐齐哈尔和平机器厂生产的 3 台高压水泵"由于制造质量低劣"，"毛病百出"，遂改在上海大隆机器厂订货，原水泵报废造成的净损失达 44.2 万元。

当年底，一机部组织进行国家验收。因收尾项目太多（土建未完成及返修 105 项），以及施工遗留质量等问题，在进行国家验收时，车间的全部工程只移交了 16.9%[①]。经过努力，1965 年车间竣工并交付使用，万吨水压机随即正式投产。

东北万吨水压机的制造与投产的曲折经历，折射出"大跃进"时期工业建设的困境。一重厂副总工程师冯子佩对此也流露出无奈[55]：

---

① 按已完成投资占总投资的比例计算。

　　"'大跃进'时期，浮夸风是比较普遍的现象。像这样一台巨型成套的水压机，到国外订货，至少也得三年以上才能交货。而当时上面要求，1960年底就得完成，这怎么可能呢？作为基层，只能采取各种应付方法了。实际上，这台12600吨①特大型水压机是到1962年才将主机的所有零部件加工完；但由于厂房尚未盖好，300吨的桥式起重机尚未就位，因而一直拖到1964年水压机厂房建好，水压机也才装配完成，正式投入生产。"

图5-2　一重厂12500吨自由锻造水压机

_____

① 这台水压机的公称压力当时有12500吨和12600吨的两种说法。

第三节　各显其能的万吨双子座

自 1958 年沈鸿在中共八大二次会议期间提议建造中国自己的第一台万吨水压机开始，到 1964 年上海和东北的 2 台万吨水压机相继投入生产，"万吨双子座"各显其能。

一、上海万吨水压机的使用

上重厂第二水压机车间投产的过程并不顺利，症结出在配套工程方面，最大问题来自于钢锭的供应。在配套的铸钢车间建成之前，万吨水压机生产所需的钢锭主要靠上钢三厂、上海汽轮机厂，甚至外地供应，形成了大机器"吃不饱"，"等米下锅"甚至"无米下锅"的尴尬局面。

上重厂自 1964 年下半年才开始接受大型锻压件的少量订货，万吨水压机也从试验阶段转入间断性的试生产阶段，但因无固定任务，尚未正式投产。大机器也一直由上海市拨专款维护保养，发挥不了应有的效益[210]。

早在 1959 年江南造船厂 1200 吨试验机投产时，一机部就已对此类问题有所察觉[211]：

> "江南造船厂等制造的水压机投产后所用的钢锭尚无着落……水压机建设战线太长，不少单位兴趣在先搞水压机，而对其开工生产所必需的先决条件，如铸钢车间、热加工、炉子、煤气、吊车、冶金辅具等注意不够。这是顺序倒置的办法……不然水压机上不去，锻钢件、铸钢件不会真正翻身。"

上重厂因铸钢车间未建成，只好采用电渣重熔等替代方法生产大型钢锭。1965 年，上重厂与北京钢铁学院联合研制了当时世界上最大的 100 吨级电渣重熔炉①。第二年，万吨水压机车间正式投入生产。电渣重熔炉虽解决了部分钢锭供应的问题，但是成本高、工艺复杂，并不能完全取代铸

---

① 这台当时世界上最大的 100 吨级电渣重熔炉由机械工业部上海第二设计院设计，由上重厂与北京钢铁学院联合研制。整个工程由时任上重厂副总工程师的林宗棠负责。

钢车间。1964年，一机部提请国家为上重厂的扩建投资，以充分发挥万吨水压机的生产能力。1968年5月建成新铸钢车间，万吨水压机生产所需大钢锭终于有了"更为经济、更为可靠"的来源。1974年，铸钢车间再次扩建，拥有40吨电弧炉2台，并引进RH真空循环脱氧装置和160吨真空浇注坑等设备，为水压机生产提供了优质钢锭，促进了锻件质量的提高[193]。

万吨水压机试车成功后，经过一段时间的试生产和调整，成为上重厂，乃至全国重机行业的重要生产装备，上重厂也因此成为华东地区的铸锻件生产中心。

生产大型锻件，解决国内大锻件的供应问题，这本身就是建造这台万吨水压机的初衷。按照一机部和上海市的规划，万吨水压机正式投产后，为采掘、锻压、冶金、电站、化工等工业部门提供了大量大型锻件。截止20世纪90年代，其具代表性的产品主要有2300冷轧机机组支承辊，12.5万千瓦发电机转子，1700热连轧机轧辊，30万千瓦火电站转子与护环，560吨加氢反应器的筒体锻件，宝钢2030冷连轧机组轧辊，上钢三厂、扬子化工总厂的轧辊，江南造船厂与沪东造船厂的大型船用柴油机主轴等锻件，以及葛洲坝水闸启闭机、300兆瓦秦山核电站的蒸发器和稳定器所需的大型锻件等①。这些产品满足了当时国内工业建设和经济发展的需要，部分铸锻件还销往日本和巴基斯坦等国[193]。

在很长一段时期内，"一机多用"成为这台水压机生产的主要方式和特点。中苏关系破裂后，一些部门所需要的特殊锻件的供应不得不立足于国内。1964年4月，国家经委与国防工办提出利用万吨水压机生产部分模锻件的生产要求。

锻造水压机一般不进行模锻生产，而应由专门的模锻水压机来完成。后者一般有更大的公称压力，而且还需要精密锻模的配合。这台水压机虽然在设计时增设了2个定位器和1个顶出器，考虑了模锻及冲孔生产的可能，但它的导向精度（立柱与活动横梁的配合精度）并不符合生产航空锻件的要求；另外，制造高精度合金钢锻模也较困难。技术人员经过试验，最后采用带垂直导向棒的低合金锻模在万吨水压机上进行锻压方式的试生

────────────

① 上重厂的大型船用铸锻件获得了中国船级社和英、美、法、德国及波兰等5国船级社的质量认可。

产。1965 年，万吨水压机在完成飞机锻件的 17 个品种 168 件飞机梁的试制任务后，转入批量、定点定型生产。据统计，1966—1985 年间，这台大机器共生产了 8.3 万件航空锻件①[212]。此外，万吨水压机和另一台简易引伸水压机还承担了为鱼雷气舱冲孔的任务。

另一项有代表性的"多用"是为北京地铁工程承担了一项实验研究。1965 年，北京地铁一期工程开工。铁道部地下铁道工程局和建材部建材研究所需对北京地铁新型的钢管混凝土柱做承压试验，因没有合适的实验仪器，希望能够借用上海万吨水压机进行 1∶1 的实柱试验。铁道部为此特请沈鸿批准支持。沈鸿认为此为"光荣事业"，请上重厂在保证安全的情况下给予协助。

应该说，"一机多用"已超出了这台水压机的设计要求②，但是在当时大型铸钢件供应及大锻件生产任务不足的情况下，上重厂不得不提出"三分之一能力搞自由锻（大型锻件）；三分之一能力搞模锻（航空锻件）；三分之一能力搞冲孔（鱼雷气舱）"的无奈之举。

"一机多用"对这台水压机的使用寿命和生产任务的安排也产生了影响。对此，时任上重厂副总工程师兼技术总负责人的林宗棠反对继续使用这台水压机承担模锻件的生产，他认为[213]：

> "一机多用，解决了部分航空模锻件和鱼雷气舱锻件的锻造任务……但是，拿自由锻造水压机长期搞模锻，一是不适宜，现在，'万吨'机的活动横梁已有裂纹；二是势必挤掉发电、冶金和造船等工业的锻造任务。同时，对于模锻件来说，虽然很小，需要的压力却很大，一万二千吨的压力还嫌太小，模子压不到底。由于锻件欠压，内在质量差，远不能适应国防尖端发展的需要。"

林宗棠看到万吨水压机因搞模锻而损坏后，提出要另造一台模锻水压机。1970 年，他抱病完成了预应力钢筋混凝土结构的模锻水压机总图与车间布置图的初步设计，并于当年初制成 1 台 5000 吨试验模锻水压机，遂后

---

① 用此法生产的飞机模锻件经沈阳飞机制造厂检查，认为化学成分、机械性能、高低倍组织符合标准要求，但与苏联产模锻件相比仍有某些不足，后经研究做了改进。

② 当时也有人不主张上海万吨水压机干模锻件等产品。林宗棠等对此曾有描写："这么大一架机器，干这么小的零星活，真是大材小用……本来是压大钢锭的嘛，现在却去搞模锻。这叫做不务正业。"

正式提出搞 5 万或 10 万吨模锻水压机的设想，但工程最终并未能如愿实施。

上海万吨水压机投产后，一些设计与制造中的不足也逐渐显现出来。其中，表现最严重的部位在活动横梁。自 1974 年发现几处筋板均出现疲劳裂纹后，虽然经过 1981 年、1983 年、1989 年 3 次大的修复，但是整台水压机只能降级、监控使用[214]。

1990 年 1 月 26 日，在拔长 118 吨加氢反应器钢锭即将结束时，第二水压机车间主任杭鹏飞发现横梁上有异常，于是立刻请来几个有经验的工人师傅观看，判断是裂纹。经进一步检查发现，活动横梁"早已是千疮百孔，应力分布复杂，变形已无规律"。总工程师徐希文认为，须尽早更换横梁，否则可能损毁立柱并导致严重的事故。

当年 10 月，上重厂成立"万吨大修改造办公室"，打算用 20 世纪 80 年代技术对横梁、立柱、工作缸、操纵系统、电气系统等进行一次改造修理。为慎重起见，上重厂还邀请了袁章根、孙锦荣、戴同钧、宋大有、江根宝、丁忠尧、陆忠源等当初的设计者参加专家论证会。此次大修预算为 2000 万元，得到了中央专项拨款和地方技术改造贴息贷款的支持。为争取经费的落实，徐希文向林宗棠和沈鸿说明情况，并得到了两位原项目负责人的一致赞成，沈鸿还以"总设计师"的身份表态支持：

> "……我的副部长早已下任了，而这台万吨水压机的总设计师是卸不了任的。我看上重的要求是合理的，已经使用了二十多年，为国家做出了不少贡献，应拨这笔大修费，使其恢复青春……
> 沈鸿 1990.2.8"

在上海万吨水压机投入使用 30 年后，上重厂万吨水压机大修改造工程被上海市经委列入 1992 年十大重点工程项目和上海市机电工业管理局六大重点工程项目之一，内容扩展成包括万吨辅机、附属设备、环境保护、厂房改造等方面的多工种、立体交叉综合技术的系统工程，自 1991 年 10 月 22 日开始实施至 1992 年 7 月 2 日竣工投入试生产。1993 年 1 月 14 日，国务院经贸办生产调度局、机电部、上海市经委等 10 余个单位组成的万吨工程验收委员会验收鉴定认为[215]：

> "……上重厂用 80 年代高科技改造后的万吨水压机，重新恢复了原设计12000吨的能力，并和群众经验相结合，创造了许多独特的工艺和方法，攻克了大修改造中工艺、制造等方面的许多难关……当年

生产能力为 8000 吨大型钢锭的纲领……万吨工程是一项难度大、项目
多、立体交叉、周期短的综合性系统工程，成功地大修改造万吨水压
机在我国是首次，这表明上重厂在大型关键设备的修理和改造水准上
居于国内先进水平，且在某些技术领域里已达到国际先进水平。

　　　　1993.3.2"

　　此次大修得到了薄一波和朱镕基等中央领导同志的支持和鼓励。国家
经委、国务院生产委员会、一机部和上海市始终给予重视和肯定。该项目
荣获 1993 年上海市科学技术进步一等奖。林宗棠认为"质量比原先估计的
要好"[216]。

二、东北万吨水压机的使用

　　一重厂万吨水压机车间总投资为 5692.3 万元，建成后堪称国内最强。
主要生产设备除 1 台 12500 吨水压机之外，还有 2 台 300 吨锻造行车，1
台 250 吨运输行车，2 台 250 吨链式翻钢机，1 台 300 吨保温车，以及 4 台
大型加热炉和 3 台热处理炉。由于一重厂是国家重点投资兴建的，配套工
程解决得较好，粗加工热处理车间、铸钢车间等多数在 1959 年前后竣工并
投入生产，万吨水压机生产所需的铸钢毛坯完全能够做到自给自足。

　　厂里非常重视万吨水压机生产线的人员配给。原先在 6000 吨水压机工
作的部分技术人员、工人被充实到万吨水压机车间，主司机也调任万吨主
司机。一重厂的第一批水压机操作工主要来自沈重厂和太重厂，多是部里
拔尖挑选来的，都是熟手，经验丰富。

　　一重厂是全国重型机器和大型铸锻件的龙头厂家，建厂投产后一直承担
国家重大项目。万吨水压机投产后，生产任务也相对饱满，基本不存在停工
待料的情况。

　　但是，东北万吨水压机的使用也不是一帆风顺，主要是受到机器质量
问题的困扰。

　　其实，一重厂较早就注意到了大件质量存在不足。1960 年下半年，为
了验证横梁结构的合理性并检查零件质量，厂里对横梁做了光弹性实验①，
发现下横梁有大量铸造缺陷，当时用铲磨的方法做了处理。1963 年 3 月对
上横梁应力测试时，找到一条 1.5 米长，深达 70—90 毫米的裂纹，严重影

---

① 光弹性实验是一种光学应力测量方法，常用于机械设计、材料力学实验等。

响梁的强度，发现后，也及时做了焊补。

1964年试车时，万吨水压机再次进行了应力测试，出现的问题较多。上横梁中侧部有裂纹，经焊补消除。活动横梁的裂纹也经过焊补处理，虽然两件拼合的接合面有较长的裂纹，但经钻孔截断后，影响不大。3个横梁中下横梁的问题最为突出，内部十字筋交接处有裂纹10余条，多处应力超过许用应力，虽经过热焊补处理，但并未达到预期效果；下横梁的立柱孔也存在缩孔和裂纹，由于在孔内部，无法清除和焊补。发现该问题后，一机部第三局组织一机部机械科技研究院和太重厂等多家单位协助解决。技术分析认为，采取一些补救措施后，高压泵的压力需降至290公斤/厘米^2，水压机可在11000吨以下的范围内正常使用。

一重厂对此问题很重视，在给一机部的汇报中，希望继续试压，不急于求成。"因设计上存在问题和设备质量上的严重缺陷，所以整个水压机和车间工程目前尚不具备移交生产转入固定资产的条件，需继续组织试压"。沈鸿副部长对此批示："……先在10000吨范围内用，将来还可提高，逐步上去，避免突变。"因此，在试生产阶段，这台大机器都是按10000吨压力使用，只有2次达到最大压力11000吨。工作人员还经常检查下横梁立柱孔附近的铸造裂纹，并且每25—30次万吨级压力后，就进行一次应力测定，发现问题及时处理。

尽管横梁存在较严重的问题，但是总的来看，一重厂万吨水压机的设计制造还是成功的。投产后，这台大机器承担了全国一半以上的大型锻件的生产任务，有力地支援了电站、冶金、化工、机械与国防等行业的建设和发展。

至20世纪80年代前后，万吨水压机比较有代表性的产品有10万千瓦水电机组锻件（1964年试制），20万千瓦和30万千瓦火电机组锻件（1965、1970），刘家峡电站22.5万千瓦水电机组锻件（230吨钢锭，1967），白山电站30万千瓦水电机组大型铸锻件（1971），葛洲坝电站第一根12.5万千瓦水轮机主轴（1977），30000吨模锻水压机立柱、垫板（1965、1967），直径1.8米镶套支承辊心轴和辊套（1966），北京重型机器厂6000吨水压机4根立柱（1966），大型船用柴油机的多拐全纤维曲轴（1975），航空模锻件（20世纪80年代批量生产），还有约数千根多种规格的热轧辊和冷轧辊。其中，电站产品供应到国内大型电机厂、汽轮机厂，以及一批中小电站设备制造厂，产量约占全国装机总容量的一半左右。生产的轧辊约占全国总消耗量的三分之二，鞍钢、武钢、包钢、首钢、太钢、攀钢、重钢、马钢，以及西南铝加工厂和东北轻合金加工厂都是一重厂的主要用户。

20世纪90年代后，东北万吨水压机依然是国内大型锻件的主力生产设备，承接并完成了一大批关键设备和重点任务。例如，2000吨级煤液化反应器筒节，90万千瓦核反应堆整体顶盖，秦山核电站二期核反应堆一体化；超纯净汽轮机低压转子；三峡70万千瓦水轮机叶片、大轴；大型船用柴油机曲轴曲拐；3500毫米大型锻钢支承辊；60万千瓦超临界高压内缸，秦山核电站二期65万千瓦核反应堆压力容器、稳压器及其锻件等等。特别是核反应堆压力容器和加氢反应器等拳头产品，打破了国际垄断，不仅满足国内市场的需要，而且部分产品销往海外。这其中万吨水压机功不可没。

从20世纪60年代这两台水压机相继投产算起，至20世纪末，在上海和东北分别制造了2台万吨级锻造水压机。然而，过去在媒体的宣传中，上海的万吨水压机家喻户晓，而东北的万吨水压机却少有提及[217]，在20世纪60—70年代"万吨水压机"几乎就是"上海万吨水压机"的代称。至于这两台大机器为何只有其中一台备受礼遇，至今也未有一个决然可信的说法。一些人对此有种种猜测，大致可归为两种说法。其一，一重厂是保密单位，不宜公开宣传。其二，东北万吨水压机是正规方法制造的，用的是"洋办法"，不如上海用"土方法"造大机器更引人关注。这些解释都有道理，不过实际情况也许更复杂一些。

保密制度肯定会有影响，但是要看具体的规定。一重厂于1959年被划为一类保密厂，厂名和各车间名称都使用代号，同样，江南造船厂也是有代号的保密单位，上重厂也有属于保密的生产任务。1960年一机部曾发通知，要求下属企业对"属于国家规定的保密范围"的某些大型设备和产品不宜公开宣传报道。这些规定更多是针对与国防工业直接相关的设备与产品。或许是这个原因，当时一重厂的万吨水压机虽还没造好，一机部和厂方也决定于1960年将一台万吨水压机的金属模型与一根立柱实物送到北京，参加全国工业交通展览会，做公开展示。可见，在符合规定的前提下，一重厂也曾做过万吨水压机的宣传。在上重厂，万吨水压机生产的航空锻件本来属于保密产品，但是为宣传和对外交往的需要，一机部和三机部后来要求"在万吨水压机接待外部（包括外宾）参观时，可不再保密"。

因此，保密制度虽对于这两台万吨水压机的宣传都有过影响，却并非唯一的或最主要的原因。

再看"土"与"洋"的问题。在20世纪50—60年代，"土"与"洋"之争被认为是两种路线的斗争，而"土办法""实际上就是自力更生的办法"，因而更多地被树为正面[218]。但是，在这两台大机器身上，"土"和"洋"并非截然分明。比如，东北万吨水压机的重要部件——3个横梁的制造用的是当时典型的"土办法"；而上海万吨水压机全焊结构直接受益于江南造船厂对"洋办法"——电渣焊接技术的成功运用。当然，相比而言，"土办法"在上海万吨水压机的设计、制造、安装等多个环节中都更显突出，也更具代表性，在宣传中自然容易受到青睐。

可见，仅就当时的情况而言，在"土"与"洋"、保密与否等因素之外，应该另有原因导致这两台万吨水压机受到截然不同的"待遇"。

首先，这两台万吨水压机给人的初步印象存有较大差异。上海万吨水压机项目组织得力，工程的质量和安全都控制得比较好，加之它率先投入试生产，先声夺人。而东北万吨水压机在制造、安装和投产使用中出现过几起较严重的质量与安全事故，不便宣传。尤其是在1962年的安装过程中发生厂房垮塌造成伤亡和经济损失的事故后，一机部部长段君毅亲自向周恩来、邓小平、彭真、谷牧等书面报告了事故情况。国家经委按照周恩来批示的"查明后应由经委通报全国重机厂矿"的要求，专文向全国"各中央局经委，各省、市、自治区经委（省）委，国务院工业、交通各部"通报了此事。在万吨水压机投产之初，一重厂大水压机车间又发生了事故，厂领导为"连续发生重大伤亡事故"向一机部做了检讨。这些事件对东北万吨水压机在中央领导和主要部门负责人心目中的形象，产生了一定的负面影响。

另一个易被忽略的因素源于两方的工程组织者。沈鸿任上海万吨水压机的总设计师后不久，又接受周恩来和邓小平的委派，调任一机部，负责重大装备的研制和机械工业的技术发展，成绩斐然，深受中央领导的信任。与上海方面不同，研制东北万吨水压机的组织领导工作是由一机部副部长刘鼎负责。刘鼎在中国工业界，尤其是军工界声名显赫。可是，自1966年起，他就蒙受不白之冤，被羁押了7年。作为各自的主帅，刘鼎与沈鸿不同的境遇，多少也会影响到对这两台大机器的宣传。

但是归根到底，最为关键的原因在于，上海万吨水压机从毛泽东亲自批准之日起，就注定了它具有与众不同的身份。在制造过程中，它所得到的政治关怀，以及制成后中央领导人给予的充分肯定，是许多其他工业建设项目难以相比的。

三、余音

在上海万吨水压机大修的前后，一重厂的万吨水压机在 1990 年和 1994 年也经历了 2 次大修。近十几年来随着水压机故障的增多，水压机维修和维护愈加频繁。改造和维修延长了这两台水压机的使用寿命，但是生产的锻件等级和精度难以满足重点领域供给大型锻件的要求。

2002 年 2 月，一重厂的万吨水压机 1 根立柱的退刀槽发生疲劳断裂，虽用焊接方法将水压机立柱的疲劳裂纹[219][220]补焊修复成功，但大机器进入临退休的状态已是不争的事实。2002 年，经国务院副总理吴邦国批准，一重厂启动新的万吨水压机研制计划。

2006 年 12 月 30 日，一重厂宣布"自行设计制造的世界上吨位最大、技术最先进的15000吨自由锻造水压机于 12 月 30 日试车成功"。国务院副总理曾培炎发信祝贺"15000吨水压机成功试车和投产，是我国 1958 年研制成功万吨水压机之后又一重大装备成果"。该项目 2009 获得中国科技进步一等奖。

在 21 世纪的头十年里，中国新型万吨水压机的建造再次出现了一个高潮。2008 年，二重厂设计制造的16000吨锻造水压机建成。同年，由中国重型机械研究院（原机械工业部西安重型机械研究所）设计并技术总负责、上重厂制造的 16500 吨自由锻造油压机已在上重厂安装并顺利进入试生产。稍后，中信重机公司（原洛阳矿山机器厂）也联合德国威普克（WEPUKO）公司制造了 1 台 18500 吨油压机。在航空、航天工业的带动下，中国还将有25000吨、40000 吨和 80000 吨模锻水压机陆续投产。中国正成为全球锻造生产的中心。

从 1958 年沈鸿提议建造第一台万吨水压机算起，半个世纪以来中国重机产品和重大成套设备制造技术"百尺竿头更进一步"，取得的进步有目共睹。不过，也有业内人士对于近年"盲目无序发展大中型自由锻液压机"的危害表示担忧[221]。在新万吨机投产时，有的还没有配备较先进的锻造操作机，而是仍采用锻造吊车操作，钢锭生产、加热炉和污水处理仍沿用老旧方法和设备。辅助设施的改造或升级都将花费不菲，彻底走出低水平配套也还尚需时日。"路遥知马力",新机器的产品质量、机器的可靠性、生产效率、经济效益,有赖于长期的生产检验。因此,这些新的大机器所代表的究竟是一次新的"水压机风",还是中国基础工业的实力增长的必然之举,历史将做出公正的回答。

昔日的"巨人",如今已显沧桑。上世纪中国人自己制造的这两台万吨水压机诞生于国力贫弱的年代,来之不易,又都经受住了数十年的考验,劳苦功高。客观地讲,尽管它们从来都不曾具备国际先进的技术水准,却填补了中国重大技术装备的一处空白,堪称自力更生发展工业的里程碑。这两台万吨水压机完全有资格跻身于中国重要工业遗产的名录[195],成为中国工业自强不息的见证。

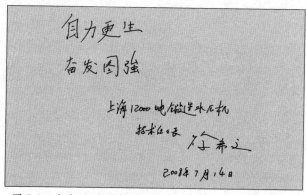

图 5-3　上海12000吨锻造水压机技术组组长徐希文题词

第六章 大机器的创新

20 世纪 60 年代的万吨水压机是中国重机制造技术的一次突破，也是"大跃进"时期不多见的成功实例。上海万吨水压机采取了电渣焊的全焊结构与"蚂蚁啃骨头"相结合的技术路线，不同于国外的同类设备。集成创新是这项工程最显著的创新特征，其中的经验在今天仍值得借鉴。

第一节 集成创新

制造出一台万吨水压机就意味着有所创新吗？有人会说，别的国家早已发明了各种各样的机器，中国不过是自己造出了同类产品而已，何新之有？还有人认为，即便中国在工业化里出现了少量的技术创新，其本质必然与其他国家的创新是一致的，并无特色可言。也有人说，近代以来，中国因科技落后而始终未走出学习、模仿和反复追赶的困境，根源就在尚不具备创新的实力，既然如此，我们就不该拔高或夸大，奢谈创新。

应该怎样看待这些观点或回答这些问题呢？还是先从什么是创新谈起。

一、创新与集成创新

创新，是一个常用词。"创"亦作"剙"或"刱"，有始造、初始、建造等意。创新不是外来词[222]，在现代汉语中，"创新"意指"抛开旧的，创造新的", 或指 "创造性"、"新意"[223]。

在英语中, 创新一般对应于 innovation。按《韦氏词典》(*The Merriam Webster Dictionary*) 的说法, innovation 有两种含义: 一指新事物的引入, 二指新思想、新方法或新装置[224]。

不论是汉语的 "创新" 还是英文的 innovation, 其基本含义都强调一个 "新"。

20 世纪初, 美籍奥地利经济学家约瑟夫·熊彼特 (J. A. Joseph Alois Schumpeter, 1883—1950) 对创新做了系统化和理论化的阐释, 提出了以创新为核心的经济发展理论, 并开创了创新理论研究的先河。在《经济发展理论》(*The Theory of Economic Development*) 一书中他提出, 创新就是建立一种新的生产函数, 把一种从来没有过的关于生产要素和生产条件的新组合引入生产体系[225]。

创新与发明的内涵是不一样的, 熊彼特对它们也做了区分。他认为, 创新是一个具有经济学范畴的概念, 而发明 "本身对经济生活不产生任何影响", "只要发明还没有得到实际上的应用, 那么在经济上就是不起作用的"[226]。按照这种观点, 发明虽可以获取专利, 甚至可能带来革命性的技术变革, 但是并不必然导致创新。

在熊彼特对创新的解释中, 对多种要素和条件进行新组合的观点, 本质上包含着有集成的基本思想。"集成" 及其英文对应的单词 integration, 都有将两个或两个以上的部分综合、汇聚或融合成一个总体之意。一般来说, 集成不是一个简单地组合、拼凑或堆砌的过程, 而是为使整体最优而将各种原先离散的要素进行系统综合或有机结合的过程。由于这一过程需要创造性的活动参与, 当它对经济产生影响的时候, 就表现为一个创新的过程。

20 世纪 70—80 年代, 国外学者开始探讨集成与创新之间的关系。美国学者纳尔逊 (R. Nelson) 和温特 (S. Winter) 提出的创新进化论认为, 集成促进了创新过程中各种要素的优势互补[227]。罗斯韦尔 (R. Rothwell) 则将实践中的创新模式和方式划分为 "五代创新模式"[228], 依次从需求和创新之间的离散线性模式, 转变为集成网络模式[229], 将系统集成视为一种比较高级的创新模式。哈佛大学的 Marco Iansti 对新技术和新市场的出现, 提出了技术集成 (technology Integration) 的理念[230][231], 认为技术集成管理更能适应不连续的创新。

在创新理论的发展中, 学者们也注意到, 熊彼特创新理论中的各种生产要素和生产条件，既包括技术类型的要素，也涉及社会和文化的要素。因此，德鲁克（Peter F. Drucker）将创新分为技术创新和社会创新两种形式。前者是在自然界中为某种自然物找到新的应用，并赋与新的经济价值；而后者是指在经济和社会中创造一种新的管理机构、管理方法或管理手段，从而在资源配置中取得更大的经济价值和社会价值[232]。弗里曼（C. Freeman）提倡对创新进行技术、组织、制度、管理和文化等更综合的研究，甚至还提出了国家创新系统理论，主张在整个国家的层面上来对创新进行研究[233]。这样一来，集成创新的要素更加多样，集成创新的内涵与外延也更加丰富与复杂。

以上关于创新或集成创新的观点，主要是针对西方工业技术、复杂产品和新型市场的。对于发展中国家或后进国家而言，这些观点很难与各国实际情况完全一致[234]。

中国学界和产业界自 20 世纪 90 年代开始有意识地借鉴国外创新理论、创新方案和创新战略的研究成果，并结合科技、产业、经济和社会发展的特点，对相关的理论进行修正或完善，提出了一些结合自身特点的观点。

进入 21 世纪以来，中国已把"提高自主创新能力、建设创新型国家"作为国家发展战略的核心和提高综合国力的关键。所谓自主创新，是指"通过拥有自主知识产权的独特的核心技术，以及在此基础上实现新产品的价值的过程"，主要有三种形式——原始创新、集成创新和引进消化吸收再创新[235]。相比之下，多数人感觉前后两种创新比较容易理解，但是对于集成创新的必要性和重要性还认识不足。有识之士呼吁："我们更应当注重技术的集成创新，注重以产品和产业为中心实现各种技术集成。"[236]

理解和认识中国的战略需求和创新举措，既需要理论的探讨，也需要实证的案例研究。那么，中国现代工业史或科技史上，是否发生过集成创新呢？各种要素是怎样集成在一起，特点又是什么？影响它的要素有哪些？20 世纪 50—60 年代中国自主制造的万吨水压机，就为我们提供了一个这样的案例。

二、上海万吨水压机的技术创新及其与需求的关系

上海万吨水压机的设计与制造两大环节最能反映出这台大机器的技术特征及创新性。

在设计上，这台水压机采用分段式铸焊结构的立柱和工作缸、整体式轧焊结构的横梁。这些技术单元构成了这台水压机最大的技术特征——全焊结构，同时这也是最为突出的一项技术创新。其新意在于，这是世界上首次使用全焊结构设计的重型水压机。

在制造上，最突出的技术单元是立柱的丝极电渣焊、横梁的熔嘴电渣焊，以及"蚂蚁啃骨头"在横梁和立柱的加工中的应用。其创新之处在于，电渣焊接与"蚂蚁啃骨头"的加工方法，共同组合出了一项制造大型精密零部件的核心技术，不同于世界上同类产品的生产方式，却完全适合于江南造船厂当时的生产条件。

电渣焊接的全焊结构和"蚂蚁啃骨头"的加工方法，形成了上海万吨水压机独特的技术路线。需要指出的是，不论全焊结构，还是电渣焊接和"蚂蚁啃骨头"，单独任何一项均不是上海技术人员的发明或首创，但是它们以一种全新的组合方式，被成功引入到万吨水压机的建造之中，完成了一次技术创新。

技术创新必然带来经济价值，上海万吨水压机的创新亦然。尽管这台大机器最终的造价不算低，与进口同类产品相当，但是在特定的生产条件下，其技术路线仍然具有较好的经济价值。

然而，如果只给这台声名显赫的大机器算经济账，那就掩盖了它最大的价值——社会价值。这台万吨水压机一举解决了在常规条件不具备的情形下，制造重型机器装备的难题。换言之，其创新所解决的需求是"有无"的问题——即中国在当时能否拥有万吨水压机的问题。这一点，在当时的国情下，毫无疑问具有突出的现实意义和价值。

"有无"、"多少"与"好坏"是不同类型的产品需求。一般地，如果技术创新解决的是后两种需求，那么它往往具有较高的经济价值。这也是熊彼特等经济学家分析创新，尤其是分析企业的创新时，所倚重的评价标准。但是，许多时候，特别面对国家层面的需求时，社会价值的认可常常超越对经济价值的取向，这也就是人们常说的"不计成本"。

沈鸿领导研制水压机，首要满足的正是"有无"的需求。联系当时的情形，有了万吨水压机，就可以摆脱完全从苏联进口大锻件的局面；而能否造出来万吨水压机，关系到毛泽东、中共八大二次会议与"大跃进"的形象，这些都是当时突出的需求。为此，毛泽东、周恩来、刘少奇等人跟沈鸿算的主要是政治账，而不是经济账。明确了这样的需求，沈鸿等人制定的技术路线就不以"越大越好"、"越快越好"为优先选择。全焊结构、电渣焊和"蚂蚁啃骨头"等关键技术要素的引入，首要解决的都是能不能造，而不是造好或造快的问题。

因此，上海万吨水压机的技术创新是技术推动与需求拉动耦合的结果。

三、上海万吨水压机技术要素的主要来源

技术要素包括技术知识（原理、方法、数据、规范等）、技术资源（人、设备、原料等）与技术能力（设计、试验、操作、经验、交流与表达等）。探讨技术要素的来源，有助于分析技术创新发生的起点、过程和方式。根据源与流的不同，上海万吨水压机的技术要素大致有 3 种来源。

第一，国外已有，国内尚未掌握。

从 1893 年美国的第一台万吨级锻造水压机问世，到 1958 年上海万吨水压机立项，其间相隔 65 年。在此期间，德国、英国、苏联、日本和捷克等国也相继装备了多台大型水压机，机器的性能及相关的制造技术也有很大的发展。在国际先进制造技术的推动下，研制大型自由锻造水压机的技术门槛有所降低，特别是前文提及的电渣焊接技术的出现，使得原先对制造大型水压机所要求的苛刻的铸造、锻造条件大大降低。这种国际的技术发展背景使得上海万吨水压机的研制受惠其中。上海万吨水压机的立柱、横梁、工作缸，以及高压阀与蓄势器等重要部件的设计，都建立在国外已有的设计规范和经验基础之上。苏联和德国的文献资料还详细提供了计算、安装、调试和使用的规范。这些内容在实际研制过程中都得到了很好的吸收利用。

在实际设计中，对国外已有技术的吸收显示出 3 个特点：

首先，尽量从国外的设计中选用简单而可靠的设计，这是一个主要的标准。例如，铸焊结构的立柱设计吸收了德国造炮时结构、选材等相关经验；纯立柱导向结构、6 缸式结构也是充分考虑了设计难度之后选择的设计方案。

其次，实际设计时，设计人员并没有对国外的技术一味地生搬硬套，而是结合上海地区已有的制造能力，选择出适宜的方案，或者适当改变国外设计规范，以保证这台万吨水压机能够在原材料和装备条件相对缺乏的条件下制造出来。这些工作也是万吨水压机设计工作中的一项重要内容。

再次，由于资料的局限性和设计经验的不足，设计人员未能对国外的技术完全掌握和消化。比如，主分配阀、提升分配阀和充液阀的设计存在不足，立柱在试车时出现的"跳跃移位"等问题都是到使用阶段才发现和解决的。

第二，国内刚引进或刚开始掌握。

20 世纪 50 年代，中国与苏联及东欧国家之间的广泛的科技合作，促进了中国多种工业技术的发展。尤其是在"一五"计划时期，苏联技术向中国的转移，使中国很快掌握了苏联的设计和制造技术。在万吨水压机的研制中，这类技术表现出 2 个明显的特征。

首先，这些多是当时中国装备制造业的高端技术，且涉及的技术门类广泛，对制造水压机及相关设备非常有利。由于苏联和捷克直接的技术援助，重要原材料、水压机辅机及相关设备的制造技术也有相应的发展。例如，鞍钢在苏联援助中生产的钢板，上海电焊机厂仿制的苏式电渣焊机与焊接剂，大隆机器厂仿制的高压水泵等。

其次，在引进中，中方积极消化吸收和推广。在研制中，苏联电渣焊接技术的引进和消化吸收至关重要。得益于此项新技术在"大跃进"时期的迅速推广，上海万吨水压机的制造人员及时掌握，并摸索出一些至关重要的工艺措施，确保了"全焊结构"的成功运用。

第三，国内已掌握或开始在此基础上发展。

中国近代工业技术的发展肇始于晚清。百余年来，从自强运动时开办的一批官办工厂（如江南造船厂）、民国时兴办的私营企业（如大隆机器厂）、日占时期开设的工厂（如沈阳重型机器厂、鞍钢公司），到苏联援建的大型现代国有工厂（如第一重型机器厂）、新建的国有工厂（如太原重型机器厂、上海重型机器厂），兴衰更替，逐渐积累了一批技术力量。经过延续或扩散，这些企业中原有的技术要素直接或间接地影响了上海万吨水压机的技术创新，并形成了以下 3 个特点。

首先，促进技术转移和本土化。江南造船厂等老企业的原有技术实力较强，拥有一定规模的有经验的工程技术人员和技术工人，而且配备有较为齐全的工种，制造能力在上海地区的企业中位居前列。在掌握电渣焊接技术的过程中，该厂原有的技术基础得到了充分发挥，不但很快掌握，且有新的发展。

其次，利用国内同行技术交流。沈鸿等人在设计前，曾到一重厂、沈重厂和太重厂考察,搜集资料,借鉴经验,为设计上海万吨水压机打基础。在研制过程中,江南造船厂等单位参加一机部连续召开的全国水压机会议,交流水压机的制造与使用经验。

再次,相比于刚引进的先进技术,原有技术一般设施简陋,较多地依赖技术工人的经验知识。全焊结构、"蚂蚁啃骨头"的加工方法、"牛油滑板"的运装措施、大型简易热处理炉等技术手段都反映了这一特点。

这3种来源的技术形成了高低不同、新旧不一的技术梯次,并根据实际的需要被交相运用,如图6-1所示。

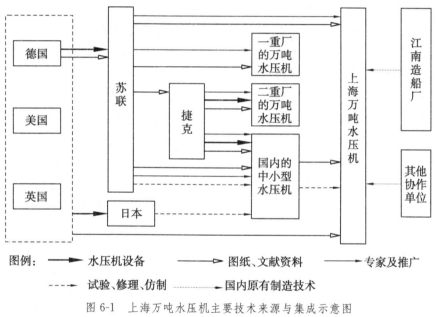

图 6-1 上海万吨水压机主要技术来源与集成示意图

四、上海万吨水压机系统集成创新的特点

系统集成创新是上海万吨水压机的最显著的创新特征,主要表现为4方面的集成特点。

第一,对技术要素多种来源的有效集成。

在上述3种技术来源中,单独任何一种都不足以解决上海万吨水压机面临的全部问题。具体到技术路线来说,全焊结构、电渣焊与"蚂蚁啃骨头",它们来源不同,拥有的特质相异,有的需要模仿,有的需要引进,有的需要结合试验研究,有的需要熟练掌握,有的需要形成一定的规模,等等。万吨水压机的技术集成不是将这些技术要素任意拼凑或组合，其创新性表现为，根据实际需求、制造能力、材料的供应、智力资源的情况，以及管理体制的约束等多种因素，对各来源技术的有效性都做出比较、甄别和综合分析，然后引入到技术路线之中，解决实际问题。

在万吨水压机的研制中，集成主体（技术人员、工人和管理者）对多种来源的集成，投入的人力、物力最大，花费的时间也最长，解决的技术问题也最多。

第二，对多层次技术的有效集成。

在工程实践中，往往并不是技术越先进越好，先进技术的多寡与工程目标的实现之间也没有必然的因果关系。在确定万吨水压机的技术路线时，技术人员是从需求出发，把技术的适用性作为将多层次技术有效集成在一起的原则，综合运用能够掌握的技术，实现预定的目标。

多层级技术集成的关键在于处理好高、低技术要素相互匹配的接口。江南造船厂在这方面为万吨水压机的研制提供了一个特殊的集成平台，利用其原有技术实力和生产特点，实现了新、旧技术的对接，以及不同产品类型之间的技术移植。电渣焊接技术虽是新技术，但是江南造船厂的焊接技术基础好，人员素质高，技术规模较大，在原有基础上相对容易地引进了此项比较先进的技术。全焊结构和"蚂蚁啃骨头"对于造船厂来说都不陌生，但用在制造万吨水压机上则显出新意。

多层次技术的集成使上海万吨水压机整体上形成了高低搭配的技术格局，不同层次的技术被交相运用，并有效地发挥各自特长。这种集成方式突破了在相对简陋的条件下制造大型水压机的技术瓶颈，并由此掌握了设计制造大型精密零部件的核心技术。

对多层次技术的集成，是上海万吨水压机最为突出的创新点，对创新性的贡献也最大，对集成主体的技术基础和技术实力的要求也最高。

第三，对技术潜能与社会资源的有效集成。

集成创新的成效，很大程度上取决于能否有效地激发集成主体和集成对象的技术潜能，以及能否有效地调动和运用相应的社会资源。

在试验整体焊接结构横梁、高难度焊缝的电渣焊接等新技术方案时，技术人员大胆将造船的一些经验运用到建造万吨水压机的过程之中，最终摸索出一整套独具特色的设计、制造与安装重型机器的核心技术。

自立项开始，上海万吨水压机就获得了中央、地方与多个行业与部门的支持，在经费支持、资源配给等方面占据了有利的位置，也充分调动了个人、团队、企业、部门与国家几方面的积极性。

第四，创新的层次偏低。

上海万吨水压机的技术创新，受到当时条件的局限。特别是，从发达国家获取先进技术的渠道不通畅。德、美等国的大型水压机发展较早，技术领先，但是对上海万吨水压机的影响渠道，主要是公开出版发行的专业期刊、书籍等方式，既没有先进设备和技术的引进，更缺乏同行间的直接交流。相比之下，相关技术明显逊色的苏联和东欧国家却对中国的万吨水压机产生了更大的影响。在一流老师缺席的情况下，拜二流师傅学习，既是幸事，也有颇多的无奈。

虽然在局部设计和加工制造方面运用了一些刚刚掌握的新技术，但整个万吨水压机不论整机的性能，还是主要技术单元和配套设施的技术水准，仍属于国际20世纪40年代的水平，当然也代表不了世界大型水压机和重型机器的发展方向。工业基础、科技实力与智力资源的层次在很大程度上决定了上海万吨水压机技术创新的性质与水平。

总之，通过有效的系统集成，发挥了综合的优势，最终解决了中国万吨水压机的"有无"问题，其创新的价值也是显而易见的。

第二节　创新的时代性

"大跃进"是中国历史上一个非常时期，许多事情都发生了剧烈的变化。上海万吨水压机在中共八大二次会议以一次打破常规的方式获得了立项批准，直接导致了一项特殊工程的出现。由此带来的特殊的管理体系和运作模式，也直接影响了这一工程的创新过程。

一、非常时期的特殊工程

上海万吨水压机工程立项时的特殊性表现在两个方面。一方面，一项工程在党的大会上得到最高领导人毛泽东的亲自批准，这样的决策经历实属罕见。该工程也因此成为了一项政治任务，自然地也就受到了中央其他领导、相关部委、地方和企业的各级领导的重视。另一方面，沈鸿身为煤炭工业部副部长，却以总设计师的身份亲自参与万吨水压机的研制，并负责此项目，此举不合常规。

特殊工程需要特殊的运作模式。在沈鸿主导下，项目在运作中很快形成了一个特殊的管理体系。系统的构成情况如图6-2所示，其特点如下：

第一，中央领导直接影响该项目的宏观决策与进展。

从当时国家决策的情形来看，毛泽东的支持直接促成万吨水压机立项。此后，刘少奇、周恩来、朱德、陈云和邓小平等中央领导给予关心和支持，为项目的决策和顺利实施奠定了良好的外部基础。

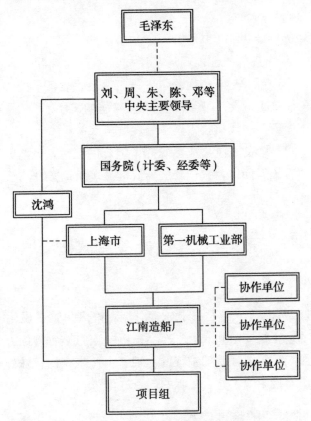

图 6-2　上海万吨水压机组织管理系统结构

第二，近似的三级垂直管理体系。

中央领导与国务院（第一级）、部委与地方（第二级）、企业（第三级）共同构成一个协调统一的垂直管理体系。其中在第二级，一机部与上海市并列，但分工不同：前者将国务院下达的行业发展规划列入江南造船厂的生产任务，并协调所属单位与江南造船厂的相关生产任务；后者则主要负责将国家批拨的经费用于组织单位、物资和人员，保证万吨水压机项目的实施。在实际的管理中，书面的文件、报告、信函和批示，以及口头的请示与指示等都可成为上下级之间协调的渠道。

第三，企业（即江南造船厂）直接负责项目的运作。

江南造船厂受一机部（后为六机部主管）和上海市的共同领导。项目的运作采用"一竿子到底"方法，即由江南造船厂负责预研、设计、试验、制造、安装、测试和投产等全过程。同时，该厂与万吨水压机的用户方（上海重型机器厂）及其他企事业单位开展"大协作"。

第四，项目带头人沈鸿相对独立于垂直管理体系之外。

在整个管理体系中，沈鸿的位置和作用非常特殊。在实施过程中，他有权选配管理人员和技术人员；也可以就工程的进度安排，物资与经费的使用等方面的问题向上海市委领导提出建议。更为特殊的是，沈鸿可与中央领导人直接沟通，因而他能够在特殊情形下发挥作用。

沈鸿是项目带头人，也是国家工业部门的高层领导，他能够比一般人更准确地把握国家工业化的需求，争取到更大的支持；同时，他的这种特殊的身份也使他有可能突破体制内的束缚，在项目管理与运作上赢得更大的自主权，闯出一条新路。当部门、地方和企业领导追求进度而忽视质量的时候，他往往能够顶住压力，为稳步推进研制工作营建良好的氛围。更为重要的是，沈鸿既善于把握大局，也能够真正了解项目中的实际问题。他懂技术、有经验、会管理、善用人，他亲身参与技术决策与项目管理，并且敢于承担风险与责任，是上海万吨水压机项目名副其实的掌舵人。

特殊的运作模式使得上海万吨水压机工程有别于同时代的其他工程项目，可以说实现了一次管理创新。它在一定程度上打破了原有的管理体制的束缚，但是又能较好地维护各管理单元的原有权责和利益，具有沟通各级、覆盖面广、高效运作、协调与制约并重的特点。在争取多方支持、经费申请、质量与进度的控制、团队运作与管理等方面，这种运作模式也发挥了举足轻重的作用，为创新营建了良好的外部条件。

二、计划经济体制下的"大协作"

万吨水压机是大型成套设备，技术体系庞杂，上海万吨水压机的主机与辅机的多个系统的研制任务较好地发挥了"大协作"的合作方式。所谓"大协作"，即为完成同一个工程目标而实行的跨部门、跨地域、跨行业的协调与合作，是实施大工程时常见的一种运作方式。其优点在于各协作单位和多种技术要素之间的优势互补。

除了江南造船厂承担万吨水压机主机及主要零部件的设计和制造之外，全国还有上百家工厂企业、科研院所、高等院校参与其中，提供各种原材料、元器件、辅机与其他配套设备，还包括专用厂房的勘探、设计与施工等，涉及的行业和部门众多，相关人员数以千计。

此项目"大协作"的一个特点是"强强联合"。多数协作单位，譬如鞍山钢铁公司、上海大隆机器厂、一机部机械科学研究院、太重厂、上海电焊机厂、上海交通大学等，均是国内相关领域的佼佼者，这就使得万吨水压机的多数技术单元能够达到国内的最高水平。

"大协作"是项目管理的一个难点。在上海万吨水压机项目的运作中，计划经济体制主导了"大协作"的整个过程。协作任务由上级主管部门按计划下指标来确定，企业只需按计划照单生产，无需担心成本和相互之间的技术保密。

隶属于江南造船厂的万吨水压机设计组、水压机工作大队作为工程的总体部门与核心团队，只接受沈鸿和江南造船厂的直接领导，项目管理集中，执行力也好，便于调用和汇集国内的技术资源，为高质量、高效率的技术集成提供了一个良好的平台。

万吨水压机项目涉及多种现代工业技术。上海万吨水压机对国内优势技术资源的集成，实际上是对上海乃至整个中国工业基础及其技术潜能的一次检阅和综合运用。"大协作"差不多调动了国内一流的阵容，薄弱的工业与科技潜力也几乎被发挥到极致。其技术创新的方式和层次，不仅是江南造船厂实力的反映，也是对中国工业基础和创新能力的反映。

三、"大跃进"中的质量控制

好与快是项目管理中的 2 个重要目标，一般不易平衡。在"大跃进"时期，此类问题尤为突出，许多工程因贪大、求快，而忽视质量与效益，最终导致失败。相比之下，上海万吨水压机项目在质量、进度与效益的控制上却取得了成功。

沈鸿决心要做出一台性能良好的、实用的大机器。因此，他在质量和进度的控制上，始终坚持质量优先的原则。得益于此，万吨水压机的质量可靠、稳定，工程自始至终都没有发生大的事故。

同时，他遵循适用和经济的原则，制定技术可行、经济合算的目标。这一原则不仅用于确定具体的技术需求，还体现在许多技术方案的选择上。在设计初期，沈鸿就要求设计方案必须保证适合于当时上海的技术条件、经济效益和生产能力，而不能一味模仿资料照搬现有的设计方案。例如，在确定立柱、横梁等关键部件焊接结构之前，设计人员都先与负责制造的技术人员和技术工人探讨加工方案，确保能够制造，且易于制造。适用和经济的设计原则几乎贯穿于这台万吨水压机设计的每个环节。因此，在选择技术路线时，设计人员就容易摆脱盲目贪大求全的思想包袱，更好地凝练整个工程及各个环节的目标。

大胆利用模型与试验的手段，促使技术人员敢于摆脱对仿制的依赖。为验证技术路线的可行性，设计组先后制作了多个模型和2台试验水压机。用此方式，技术人员得到了大量的第一手的设计和制造经验。从2台试验水压机到万吨水压机的过程，实际上也是设计人员从仿制设计小型水压机的摸索阶段，向掌握大型水压机设计阶段过渡的过程。而且，这一过程本身就是一次很好的消化吸收的经历。除了2台小型水压机整机的试验，设计人员还进行了其他一些部件和附件的试验。从试验到实际，过程看似繁琐，结果却事半功倍。

在自制中，能否创立新的技术方案离不开一手的数据和经验的支撑。在不能用上计算机的年代，纸模型和木模型虽然略显粗糙，却好在因陋就简、直观方便。2台试验机都是真的水压机，通过从设计到使用的完整过程，未来万吨水压机在结构、材料和部分元器件的设计上就有了相对充分的依据。同时，试验水压机也可检验加工工艺及设备的能力，并为最后制造、安装万吨水压机积累经验。全焊结构的本体设计、小设备加工大零件的制造方法等关键技术莫不来源于此。万吨水压机的设计不是简单的技术拼凑，而且通过融会贯通去寻找在已有条件下最适用的技术方案。模型和试验延长了研制的周期，却增加了最终方案的可靠性与可行性，使得掌握核心技术、关键技术，确保工程质量成为可能。

当工程进展有可能出现问题的时候，沈鸿能够及时发现，尽力纠正。他利用自己的影响力，多次给地方主管领导写信，力陈要害，坚持己见。在"大跃进"普遍头脑发热的形势下，沈鸿却表现出难能可贵的冷静、审慎、睿智与直言，令人钦佩。

从实效来看，合理要求、善于控制是上海万吨水压机工程有别于当时其他大型项目的最为突出的特点之一。作为总设计师和项目负责人，沈鸿对工程控制举措的出发点是工程基本目标的实现，本身并不是为了标新立异。可以想见，如果万吨水压机失去了质量的保证，创新则根本无从谈起。

四、"七事一贯制"和"四个到现场"

重大新产品的发展，都要经过多个环节，如果衔接配合得不好，不但会拖延从科研到投产的过程，也会直接影响产品的质量。为此，沈鸿和项目组的其他成员共同尝试并总结出"七事一贯制"和"四个到现场"的方法，用于规范万吨水压机项目的技术管理工作。

所谓"七事一贯制"，是指把整个设计过程划分为"研究、试验、设计、制造、安装、使用、维修"7 个环节，要求技术人员具备全面的眼光，在设计过程中了解各个环节，相互协调，不能只是孤立地考虑某个环节的问题。

"四个到现场"，即"试验到现场、制造到现场、安装到现场、使用到现场"，要求工程技术人员重视实际问题，并在实践中解决问题，以保证工程质量，提高工程技术人员水平。

这些措施不唱高调，不讲大话空话，完全从工程实际出发，落实在具体的技术路线的实施中。在万吨水压机研制过程中，沈鸿、林宗棠与徐希文等人从头至尾参与整个项目，较好地解决了当时普遍存在的研究、设计工作与生产制造相脱节的问题，确保了"全焊结构"等创新方案的落实。

五、"三结合"的团队

现代工程项目几乎不可能由一个人包打天下，管理人员、技术人员和技术工人的作用各有不同。如何发挥创新团队几方面人员的作用，包括技术工人的作用，是工程项目管理中非常现实的问题。20 世纪 60 年代，中国在这方面的尝试主要是推行以"两参一改三结合"为核心内容的"鞍钢宪法"。"两参一改三结合"的管理制度，即实行民主管理，干部参加劳动，工人参加管理，改革不合理的规章制度，工人群众、领导干部和技术人员三结合，以此调动各类人员的积极性。"鞍钢宪法"的精神实质就是后来在西方发展起来的后福特制。

团队作用也是攻克万吨水压机技术难关的关键，组建和管理上海万吨水压机团队所依据的正是"三结合"的原则。精干的技术团队与大胆创造、注重合作的团队精神是创新思维的直接来源。

沈鸿重视团队的组建，他亲自挑选管理和技术骨干，乐于重用年轻人，并且善于调动他们敢想敢干的积极性，发挥各自的特长。副总设计师兼设计组组长林宗棠、技术组组长徐希文等核心成员，作为整个项目的骨干力量从始至终全职在团队之中，在整个工程中都发挥了重要作用。

能工巧匠在现代工程中的作用不应被忽视。值得称道的是，在上海万吨水压机的制造过程中，技术工人受到了重视和尊重。技术人员之间、技术人员与工人之间经常在一起商讨解决方案，相互配合、相互启发，许多大胆的技术方案都是在"三结合"会上提出并得到支持的。在电渣焊接和"蚂蚁啃骨头"等一些关键技术环节上，工人敢于提出建议，并能够依靠经验知识和劳动量，在很大程度上弥补设备在技术性能方面的不足，为创新的技术路线的实施提供了重要的保证。

万吨水压机团队在相对稳定的同时，规模与成员不是一成不变，而是随具体任务的变更进行阶段性地调整，保持足够的弹性。在设计、制造和安装 3 个主要阶段，组建的设计组、工作大队和安装大队相互衔接。几个阶段前后交错，团队的人员有重叠，但组成及人数并不固定，保持足够的弹性。由于团队的组成主要针对每个阶段的问题，所以目标明确，成员配置紧凑，运作高效。这种人员管理的模式非常接近于现代项目管理中的矩阵管理，二者的共同特点都是机动灵活。

在团队的运作中，沈鸿非常注重人才的培养。他认为，"一方面要造机器，更重要的是培养人"。包括沈鸿本人在内，万吨水压机研制团队中的很多成员都在水压机项目中获益良多，后来都成为优秀的技术专家、管理专家或技术能手。

结　语

　　"大跃进"时期，很多冒进行为都失败了，为什么沈鸿领导研制的上海万吨水压机却能够取得成功？这是值得认真思考的问题。

　　近代以来，中国技术发展的主要方式是外来技术本土化，而国外技术向中国的转移是一条主线。认识这一点，有助于深入理解中国的技术引进、技术集成和技术创新之间的关系。

　　中国与其他后进国家的成功经验表明，在与先进国家存在较大技术落差的情形下，创造出良好的交流环境，积极主动引进国际先进技术，形成"引进—消化吸收—创新"的发展模式，是一条快速发展之路。回首 20 世纪五六十年代中国大规模工业化的进程，大规模的技术引进虽然短暂，但是影响深远，功不可没。如果将"引进—消化吸收—创新"和"引进—落后—再引进"这两种以技术引进为起点的发展模式加以对比，那么显见，能否以创新推动技术发展，关键在于是否能够将引进的技术进行良好的消化吸收。不可否认，并非所有的先进技术都能够通过引进而得到。上海万吨水压机的许多技术也并不先进，但是它通过对已有技术要素进行有效地集成，成功地解决了国家重大装备的有无问题。集成创新可以成为突破技术瓶颈的重要手段，这一点在现今仍有较强的现实意义。

　　毋庸讳言，上海万吨水压机的设计和制造都存在不足。比如，横梁设计存在比较严重的应力集中的问题，电渣焊接与"蚂蚁啃骨头"的效率不高，经济性也较差。不过，这些都不是当时最为突出、急需解决的问题。自制万吨水压机的首要目的就是要解决此类重大技术装备"有"或"无"的问题。正因如此，上海的这台大机器才会被视为中国装备制造业，乃至中国工业发展史上的一次标志性的成就。

重大技术装备影响国计民生，与工业基础与科技发展休戚相关。在国际竞争中，能否拥有或制造某些技术装备，既是国家发展所需，也是国力的象征。近代以来，中国自制机器设备主要以仿制为主，少有改进与创新。进口和仿制虽能解部分燃眉之急，却难以克服重大技术装备涉及的技术壁垒。

上海万吨水压机是中国尝试从仿制走向创制进程中的一座里程碑。这台大机器的出现固然离不开其独特的时代背景，但是相比于同期的多数工农业建设项目和科研项目所表现出的浮夸与盲目，它的成功又显得相当的另类。其最可宝贵之处与其说是"总路线、大跃进的产物"，不如说是沈鸿等人恪守理性而摸索到的一条在较低技术起点下自制重大技术装备的路径。

影响创新的因素是很多的。工业基础、科技实力与智力资源的层次在很大程度上决定了创新的性质与水平。创新不是搞"跃进"，不能急于求成。不论是消化吸收再创新，还是系统集成创新，都属于渐进式创新，因此也都需要一定时间的积累。设备、人才、知识和能力的积累都不是一朝一夕之功可完成的。因此，重视创新，还应扎扎实实地做好无创新但有积累性的工作。只有这样，才能够在实践之中培养和积蓄创新力量；也惟有如此，创新能力才会厚积薄发，逐渐涌现出更多和更高层次的创新。

营造良好的社会文化环境是创新的重要因素。在上海万吨水压机的创新中，"大跃进"对技术创新形成了促进与阻碍的双重作用。毛泽东在"大跃进"中一再提倡的"三敢"（敢想、敢做、敢说）对创新起到了一定程度的激励作用，但是在政治运动中激情压制了理智，蛮干取代了科学，真正的创新工作少之又少。万吨水压机虽然凭借"大跃进"之势上马，但是在实施过程中的很多实事求是的做法在当时属于"另类"，这也是这台大机器研制成功并有所创新的一个关键因素。

在整个"大跃进"时期，万吨水压机并非最受重视的攻关项目，可是其结果却好于同期的多数工业建设项目和科研项目。这一实例反映出在现实国情之下，创新与基础、创新与积累、创新与团队、创新与管理之间的关系。从中也可以看到在既有体制中，敢于打破常规，敢于创新，善于挖掘技术潜力，善于争取各方面的支持的成功经验。这些都是上海的这台大机器留给今人的有益的启示。

参考文献

[1]   Reuleaux Franz, Alex B. W. Kennedy. Kinematics of Machinery：Outlines of a Theory of Machines ［M］. London：Macmillan and Co. , 1876 (Translation of the German edition of 1875)：35.

[2]   张柏春. 汉语术语"机器"与"机械"初探 ［C］. History of Mechanical Technology （2）. edited by Guo Keqian. Beijing：China Machine Press，2000.

[3]   冯立昇. 中国机械工程史研究的若干问题. 见：张柏春，李成智主编. 技术史十二讲 ［C］. 北京：理工大学出版社，2006.

[4]   吴汝纶. 李文忠公全集（第9卷）［G］. 台北：文海出版社，1980：34—35.

[5]   中国社科院近代史所. 孙中山全集. 第6卷 ［G］. 北京：中华书局，1985：250.

[6]   中央文献研究室. 建国以来毛泽东文稿（第5册）［G］. 北京：中央文献出版社，1991：256.

[7]   沈鸿. 12000吨锻造水压机 ［M］. 北京：机械工业出版社，1980.

[8]   沈鸿. 沈鸿论机械科技 ［M］. 北京：机械工业出版社，1986.

[9]   林宗棠. 历史曾经证明——万吨水压机的故事 ［M］. 北京：中国青年出版社，1989.

[10]   尚众萱. "万吨"战歌——万吨水压机的诞生和成长 ［M］. 北京：中国青年出版社，1977.

[11]   李永新，张忠文. 沈鸿——从布店学徒到技术专家 ［M］. 北京：科学普及出版社，1989.

[12]   张柏春，姚芳，张久春，等. 苏联技术向中国的转移（1949—

1966）[M]. 济南：山东教育出版社，2004：1.

[13]　戈赫曼. 美国重工业地理 [M]. 李仲三等译. 北京：商务出版社，1960：31—32.

[14]　熊式辉. 美国之重工业 [M]. 北京：商务印书馆，1948：49—122.

[15]　第一机械工业部技术情报所. 苏联机械工业四十年. 北京：机械工业出版社，1959. 16—20.

[16]　J. A Sanderson，M. I. Mech. E，and J. G. Frith，A. M. I. Mech. E，A Review of the Application and Design of Heavey Forging Presses [J]. Journal of the Iron and Steel Institute，1949（2）：231—233.

[17]　蔡墉. 世界大型自由锻和模锻液压机装备数量分布一览 [J]. 锻造与冲压，2006，（8）：85.

[18]　Hans-Joachim Braun，Walter Kaiser，Energiewirtschaft Automatisierung Information Seit 1914. Herausgegeben，von Wolfgang König，Propylen Technikgeschichte [M]. propyläen Verlag. 1997：13.

[19]　第一机械工业部技术情报所. 国外机械工业统计资料 [M]，1980.

[20]　任文侠，池元吉，白成琦. 日本工业现代化概况 [M]. 北京：三联书店，1980：83.

[21]　Е. Н. Мошнин. 重型模锻设备的发展方向 [J]. 王逦玲译. 译自苏联《机械制造通报》，1954，（8）. 重型机械，1956，（1）：3.

[22]　В. А. 米海也夫. 超高压液体在新型水压机设备中的应用 [J]. 林轩译. 重型机械，1958，（3）：21.

[23]　王钜明，黄振华译.（苏联）重型机器制造业的当前任务 [J]. 译自苏联《机械制造通报》1955，（11）. 重型机械，1956，（1）：1.

[24]　米海耶夫. 水压机设备 [M]. 北京：机械工业出版社，1957.

[25]　合信. 博物新编（初集）[M]. 上海墨海书馆，清咸丰五年新刻本，23.

[26]　赵璞珊. 合信《西医五种》及在华影响 [J]. 近代史研究，1991，（2）：67—100.

[27]　王立群. 近代上海口岸知识分子的兴起——以墨海书馆的中国文人为例 [J]. 清史研究，2003，（3）：97—106.

[28]　William Lockhart. The Medical missionary in China：A Narrative

of Twenty Years' Experience [M]. Hurst and Blackett，1861：156—157.

[29]　李鸿章撰，吴汝纶编. 李文忠公奏稿（二十四）[G]. 上海商务印书馆金陵，民国十年原刊，15.

[30]　魏允恭等. 江南制造局记（卷十）[G]. 清光绪三十一年.

[31]　魏允恭等. 江南制造局记（卷八）[G]. 清光绪三十一年，2.

[32]　徐建寅著，何守真点校. 欧游杂录 [M]. 长沙：湖南人民出版社，1980：85.

[33]　李浚之. 东隅琐记 [M]. 国家图书馆藏书，19—20.

[34]　沈阳重型机器厂志编辑部. 沈阳重型机器厂志 [M].《当代中国的重型矿山机械工业》编辑委员会出版（统一编号第16卷），1996.

[35]　底学晋，李建华，蔡墉. 在为装备中国服务中发展的大锻件生产行业 [J]. 大型铸锻件，1999，（3）：4—9.

[36]　中国社会科学院，中央档案馆编. 中华人民共和国经济档案资料选编（1949—1952）（综合卷）[G]. 北京：中国城市经济社会出版社，1990：199.

[37]　国家统计局. 中国统计年鉴 [M]. 北京：中国统计出版社，1984：27，196.

[38]　建国前夕苏联对华经济援助的部分俄文档案（一）、（二）[J]. 党的文献，2002（1）；2002（2）.

[39]　苏联问题译丛（第五辑）[G]. 北京：三联书店，1980：12，39.

[40]　陈云卿. 苏联和东欧国家农、轻、重结构的比较研究 [M]. 北京：中国工业经济，1983：65—71.

[41]　岗什塔克. 机械制造业的技术发展 [M]. 李岚清译. 北京：机械工业出版社，1959：24.

[42]　A. E. 布罗柯波维奇. 苏联机床制造业的成就 [M]. 赵芳洁译. 北京：中华全国科学技术普及协会出版社，1955：1.

[43]　金冲及. 周恩来传（下卷）[M]. 北京：中央文献出版社，1998.

[44]　《当代中国的计划工作》办公室. 中华人民共和国国民经济和社会发展计划大事辑要（1949—1985）[G]. 北京：红旗出版社，1987：32.

[45]　周恩来. 过渡时期总路线. 周恩来选集（下卷）[G]. 北京：人民出版社，1984：100.

[46]　薄一波. 若干重大决策与事件的回顾（上）[M]. 北京：中共中央

党校出版社，1991：292.

[47] 中央文献研究室. 建国以来重要文献选编（9），1994：466.

[48] 周恩来. 过渡时期总路线. 周恩来选集（下卷）[G]. 北京：人民出版社，1984：232.

[49] 孙烈. 20世纪五六十年代中国重型机械技术发展初探 [J]. 哈尔滨工业大学学报（社会科学版），2006，(5)：7—14.

[50] 机械二厂全体职工. 新中国第一台五吨蒸汽锤试制成功. 机械二厂职工写信给毛主席报捷 [N]. 沈阳日报，沈阳：1952—12—24.

[51] 一机部三局. 十年来中国重型与矿山机械工业的发展成就 [R]. 1959年. 国家机械档案馆. 全宗号221. 目录号24. 案卷号88：1—40.

[52] 蔡墉. 我国自由锻液压机和大型锻件生产的发展历程 [J]. 大型铸锻件，2007，(1)：37—44.

[53] 钱敏工作笔记（1955年）[R]. 国家机械档案馆. 全宗号221. 目录号24. 案卷号18：37—40.

[54] 底学晋，李建华，蔡墉. 我国大锻件生产行业建设发展回眸 [J]. 重型机械，2000 (1)：1—8.

[55] 李滔，易辉. 刘鼎 [G]. 北京：人民出版社，2002：272—273.

[56] 德阳重机厂关于第一期建厂的规划方案报告（草案）[R]. 1959年. 国家机械档案馆. 全宗号221. 目录号24. 案卷号989.

[57] 姚保森. 我国锻造液压机的现状及发展 [J]. 锻压装备与制造技术，2005，(3)：28—30.

[58] 重型及矿山机械汇报提纲 [R]. 1962年1月15日. 国家机械档案馆. 全宗号221. 目录号24. 案卷号130：34.

[59] 钱敏工作笔记 [R]. 国家机械档案馆. 全宗号221. 目录号24. 案卷号31.

[60] 第一机械工业部第三机器工业局向党中央、毛主席的报告 [R]. 1956年. 国家机械档案馆. 全宗号221. 目录号24. 案卷号65：4.

[61] 中国社会科学院，中央档案馆. 中华人民共和国经济档案资料选编（1953—1957）：固定资产投资和建筑业卷 [G]. 北京：中国物价出版社，1998：359—364.

[62] 宿世芳. 关于50年代我国从苏联进口技术和成套设备的回顾 [J]. 当代中国史研究. 1998，(5)：49.

[63]　一机部三局. 苏捷进行大型水压机考察的第二次报告 [R]. 国家机械档案馆. 全宗号 221. 目录号 24. 案卷号 178.

[64]　洛阳矿山机器厂国外审批小组国外参观学习记录. 莫斯科机械和工艺研究院 [R]. 1955. 第一重型机械集团公司档案. 案卷号 0006：70.

[65]　钱敏工作笔记. 关于3000吨、2500 吨及2000吨水压机的了解报告（附对水压机专家来厂意见）[R]. 1955 年. 国家机械档案馆. 全宗号 221. 目录号 24. 案卷号 16：37.

[66]　冯西钝等. 第一重机厂志（1953—1983）[M]. 北京新华印刷厂，1986.

[67]　钱敏工作笔记 [R]. 1953. 国家机械档案馆. 全宗号 221. 目录号 24. 案卷号 9：178.

[68]　富拉尔基重型机器厂初步设计审核意见书 [R]. 1954. 国家机械档案馆. 全宗号 221. 目录号 24. 案卷号 972：9.

[69]　钱敏工作笔记 [R]. 1954. 国家机械档案馆. 全宗号 221. 目录号 24. 案卷号 14：17.

[70]　王新民. 赴苏参观报告 [R]. 1956 年. 国家机械档案馆. 全宗号 221. 目录号 24. 案卷号 73：40—42.

[71]　一机部三局. 为报送我局大型铸锻件考察记录 [R]. 1957 年. 国家机械档案馆. 全宗号 221. 目录号 24. 案卷号 285：32—33.

[72]　第一机械工业部. 西南重机厂建设意见书 [R]. 1957 年. 国家机械档案馆. 全宗号 221. 目录号 24. 案卷号 978：3—4，11—12.

[73]　中国人民解放军政治学院党史教研室编. 中共党史参考资料（第八册）[M]. 北京：人民出版社，1980：193—435.

[74]　吴冷西. 十年论战——1956 年至 1966 年中苏关系回忆录（上卷）[M]. 北京：中央文献出版社，1999：101，119.

[75]　《重型机械》社论：迎接第二个五年计划重型机器制造的艰巨任务 [J]. 重型机械，1958，(1)：1—3.

[76]　谢春涛. 八大二次会议评述 [J]. 党史研究与教学，1989，(5)：60.

[77]　李锐. 李锐文集·（卷三）大跃进亲历记（上卷）[M]. 海口：南方出版社，1999.

[78]　许虔东. 中共八大二次会议的特邀代表 [J]. 党史博览. 2003，(8)：21—22.

[79] 罗斯·特里尔（RossTerrill）. 毛泽东传［M］. 胡为雄，郑玉臣译. 北京：中国人民大学出版社，2008：324.

[80] 中共中央文献研究室编. 建国以来毛泽东文稿（第7册）［G］. 中央文献出版社，1992.

[81] 一九五六年到一九六七年全国农业发展纲要（草案）［N］. 人民日报，北京：1956—1—26.

[82] 周恩来. 第一个五年计划的执行情况和第二个五年计划的基本任务［N］. 人民日报，北京：1956—9—19.

[83] 许静. 大跃进运动中的政治传播［M］. 香港：香港社会科学出版社有限公司，2004年：228.

[84] 模范工程师沈鸿同志［N］. 解放日报：1944—5—16.

[85] 沈鸿. 亚南第一座机器厂的建立. 选自：中国人民解放军历史资料丛书编审委员会. 中国人民解放军历史资料丛书·军事工业·根据地兵器［M］. 北京：解放军出版社，1999：389.

[86] 沈鸿. 专门家的科学技术要和工人群众的创造性结合起来［N］. 解放日报，1944—5—21.

[87] 袁宝华. 赴苏联谈判的日日夜夜［J］. 当代中国史研究. 1996，（1）：20—21.

[88] David Venditta. Forging America：The Story of Bethlehem Steel ［N］. Allentown：The Morning Call，2003—12—14.

[89] 林宗棠. 沈鸿精神永远活在我们心中！［R］（在纪念沈鸿百年诞辰暨2006机械制造业发展论坛上的发言）.

[90] 沈鸿. 第一次见到毛泽东. 引自：缅怀毛泽东（下）［G］. 中共中央文献研究室《缅怀毛泽东》编辑组.《缅怀毛泽东》. 北京：中央文献出版社，1993：230.

[91] 中央军委. 中央军委关于军队中吸收和对待专门家的政策指示（1941年4月23日）. 选自：中国人民解放军历史资料丛书编审委员会. 中国人民解放军历史资料丛书·军事工业·根据地兵器［G］. 北京：解放军出版社，1999：75—76.

[92] 紫丁. 李强传［M］. 北京：人民出版社，2004.

[93] 李强. 陕甘宁边区军事工业的建立与发展. 选自：中国人民解放军历史资料丛书编审委员会. 中国人民解放军历史资料丛书·军事工业·根据地兵器［G］. 北京：解放军出版社，1999：370.

[94] 顾月清，吴坤其，苏冀北. 毛主席来到农科所［N］. 人民日报，

北京：1993—9—28.

[95] 夏远生. 新中国建立后毛泽东回湖南侧记（4）[J]. 新湘评论，2008，（4）：57—59.

[96] 陈云. 陈云文选（第三卷）[G]. 北京：人民出版社，1993：49.

[97] 新华社. 科学工作者的榜样——白蚁专家李始美到京作报告 [N]. 人民日报，北京：1958—5—22.

[98] 毛泽东. 毛泽东选集（第5卷）[G]. 北京：人民出版社，1977：270—271.

[99] 吴平. 沈鸿的故事 [M]. 北京：机械工业出版社，1994.

[100] 中华人民共和国国家经济贸易委员会. 中国工业五十年：新中国工业通鉴（第三部）"大跃进"时期 [M]. 北京：中国经济出版社，2000.

[101] 上海市闵行区志编纂委员会. 闵行区志 [M]. 上海社会科学院出版社，1995.

[102] 一机部三局. 跃进简报. 第一机械工业部召开全国水压机锻造会议 [R]. 1958年. 国家机械档案馆. 全宗号221. 目录号24. 案卷号81：25—26.

[103] 中共北京市委关于北京工业建设问题向中央的报告（1958年6月26日）[J]. 北京党史，2005，（4）：48.

[104] 《重型机械》社论. 摆在重型、通用机械职工面前的光荣任务 [J]. 1959，（4）：1.

[105] 李锐. 大跃进亲历记（下）[M]. 海口：南方出版社，1998.

[106] 林宗棠. 建设创新型国家深切呼唤沈鸿精神 [N]. 中国工业报，北京：2006—5—15.

[107] 沈鸿. 哲人其萎，风范犹存——回忆同陈云同志相处的几件往事. 引自：沈鸿爱晚集 [G]. 北京：机械工业出版社，1998：17.

[108] 海宁市史志办公室，海宁市图书馆编. 无限忠诚——纪念沈鸿诞辰一百周年 [G]. 2006：135.

[109] 上海重机厂报送设计任务书（纪要）[R]. 1958年. 国家机械档案馆. 全宗号221. 目录号24. 案卷号694：31.

[110] 李梦汶. 生活中的陈云 [M]. 中央文献出版社，2005：204—205.

[111] 程莫，林宗棠，智德鑫，等. 高速切削法及硬金刀具 [M]. 沈

阳：东北工业出版社，1950年.

[112] 史轩. 蒋南翔访苏和清华的高新技术专业. 引自：田芊，徐振明. 清华漫话 [M]. 北京：清华大学出版社，2006：261—264.

[113] 林宗棠. 奋斗在工业战线的薄老 [J]. 百年潮，2008，(1)：61.

[114] 沈鸿副部长讲话（记录摘要）[R]. 1965年. 国家机械档案馆. 全宗号221. 目录号6. 案卷号58：26.

[115] 中国机械工业联合会，中国科学院，中国机械工程学会. 纪念沈鸿同志诞辰一百年 [G]. 2006：78.

[116] 林宗棠. 一万二千吨水压机制造成功是毛泽东思想的胜利——在实际工作中学习和运用《矛盾论》《实践论》的体会 [J]. 哲学研究. 1965，(1)：33.

[117] 沈鸿. 做产品设计工作的革命促进派 [N]. 人民日报，北京：1965—4—8.

[118] 林宗棠. 万吨水压机的诞生 [J]. 科学大众. 1965：1.

[119] 江南造船厂. 上海计划委员会去函 [R]. 1958年10月8日. 江南造船厂档案.

[120] 一机部九局. 为抓紧完成1200吨水压机 [R]. 1958年12月19日. 江南造船厂档案.

[121] 中国共产党江南造船厂委员会. 一万二千吨水压机是怎样制造出来的 [N]. 人民日报，北京：1965—1—22.

[122] 沈鸿. 上海制12000吨锻造水压机技术方案审查会议纪要 [R]. 江南造船厂档案.

[123] 江南造船厂. 江南造船厂水压机车间专题小组总结 [R]. 江南造船厂档案.

[124] 一机部. 全国水压机建设会议 [R]. 1959年. 国家机械档案馆. 全宗号221. 目录号24. 案卷号990：19.

[125] 《上海勘察设计志》编纂委员会. 上海勘察设计志 [M]. 上海：上海社会科学院出版社，1998.

[126] 上海重型机器厂. 为请示速电告物资局驻北京代表许同曾向中央申订万吨水压机车间所需大型钢材由 [R]. 1960年5月6日. 上海重型机器厂档案.

[127] Б. В. Розанов. Гидравлические прессы [M]. Машгиз. 1959：33.

[128] Л. Д. Гольман. Современные конструкций гидравлических

　　　　　　　прессов［M］. Трудрезервиэдат. 1957：19.

[129]　斯托罗热夫等. 苏联机器制造百科全书（第八卷第十一章）［M］.
　　　　北京：机械工业出版社，1955：XI—32.

[130]　上海社会科学经济研究所. 江南造船厂厂史［M］. 南京：江苏人
　　　　民出版社，1983：2，402.

[131]　唐应斌，宋大有. 12000吨锻造水压机的焊接生产［J］. 科学通
　　　　报，1964，（10）：881.

[132]　江南造船厂志编纂委员会. 江南造船厂志（1865—1995）［M］.
　　　　上海：上海人民出版，1999：589.

[133]　В. E. 巴顿. 机器制造中的焊接技术［M］. 北京：机械工业出
　　　　版社，1959：466—467.

[134]　方卫民. 谈电渣焊接［M］. 北京：机械工业出版社，1958：1.

[135]　М. Г. Умнягин. 关于重型机器制造工艺发展的几个问题［J］.
　　　　重型机械，1956，（11）：1.

[136]　俞尚知，秦福相，Ю. H. 郭达尔斯基，Каид. ТехнНаук Ю.
　　　　H. Готалский，胡旗振. 电渣焊接的实质及其优点［J］. 焊接，
　　　　1958，（10）：12.

[137]　П. Ф. 华西列夫斯基. 重型机器厂利用铸造生产潜力的基本方向
　　　　［J］. 王熹译. 重型机械，1956，（17）：11.

[138]　一机部机械制造与工艺科学研究院. 我国重型机械制造业中电渣
　　　　焊的应用［J］. 重型机械，1959，（12）：33—35.

[139]　С. И. 萨摩依洛夫. 冶金设备的设计与工艺的新成就［J］. 陈洁
　　　　之选译自乌拉尔重机厂建成25周年纪念文集. 重型机械，1959，
　　　　（2）：17.

[140]　王新民. 赴苏参观报告［R］. 1956年. 国家机械档案馆. 全宗号
　　　　221. 目录号24. 案卷号73：54—55.

[141]　夏讷. 赴苏实习总结报告［R］. 1957年. 国家机械档案馆. 全宗
　　　　号221. 目录号24. 案卷号672：41.

[142]　孙子健. 访问电渣焊的发源地乌克兰科学院巴顿电焊研究所［J］.
　　　　焊接，1957，（10）：2—11.

[143]　郑恩贵. 捷克目前电渣焊的研究及运用情况［J］. 焊接，1959，
　　　　（1）：24.

[144]　钱局长在科组长、车间主任、技术员以上干部会议上的报告
　　　　［R］. 国家机械档案馆. 全宗号221. 目录号24. 案卷号74：4.

[145] 中央文献研究室编. 建国以来重要文献选编（第 9 册）［M］. 北京：中央文献出版社，1994：468.

[146] 许毅. 迅速为电渣焊遍地开花创造条件［J］. 焊接，1959，(1)：4.

[147] 理论加实践报告加参观交流加答疑规划加措施. 一机部在哈尔滨召开全国电渣焊专业会议［J］. 焊接，1958，(12)：5.

[148] 迅速变钢成材大造轧钢设备轧钢机电渣焊现场会议在北京召开［J］. 焊接，1958，(12)：4.

[149] 一机部派出巡回推广组到全国各地传授电渣焊［J］. 焊接，1958，(12)：4.

[150] 《焊接》杂志社论. 焊接技术必须进一步为机械工业的高速度发展做出贡献［J］. 焊接，1959，(1)：1.

[151] 陈定华. 1958 年重点研究项目说明（研究复合工艺和电渣焊在重要产品中的应用）［R］. 1958 年. 国家机械档案馆. 全宗号 221. 目录号 10. 案卷号 55：36.

[152] 机械工人（热加工）编辑部. 向电渣焊进军［J］. 机械工人（热加工），1958，(10)：1—2.22.

[153] 高村夫. 我国电渣焊的发展和应用情况［J］. 焊接，1958，(12)：2—3.

[154] 彻底贯彻小拼大到处猛攻电渣焊［J］. 焊接，1958，(12)：4.

[155] 李维博，何志诚，张方良. 王荣瑛——我国第一代潜艇的技术负责人. 中国科学技术专家传略. 工程技术编（交通卷）［G］. 北京：中国铁道出版社，1995.

[156] 万吨水压机党支部. 万吨水压机工作大队二季度工作总结［R］. 1960 年 8 月 9 日. 江南造船厂档案馆.

[157] 江南造船厂. 关于万吨水压机与 2500 吨水压机第二套工作缸的生产情况汇报［R］. 1960 年. 江南造船厂档案馆.

[158] 林宗棠. 新中国工业经济的杰出开拓者——深切怀念吕东同志［N］. 人民日报，北京：2003—5—7.

[159] 万吨水压机工作大队. 12000 吨锻造水压机目前制造情况［R］. 1960 年. 江南造船厂档案馆.

[160] 江南厂办公室. 一季度技革总结江办函外发（60）字第 281 号［R］. 1960 年 4 月 16 日. 江南造船厂档案馆.

[161] 第一机械工业部技术情报所革命委员会. "蚂蚁啃骨头"——

"以小攻大，以短攻长，以轻攻重"经验介绍（单行本）[M]. 北京：第一机械工业部技术情报所，1970.

[162]　张柏春. 南怀仁所造天文仪器的技术及其历史地位 [J]. 自然科学史研究，1999，(4)：345.

[163]　全国工业、交通、基建、财贸方面社会主义建设先进集体和先进生产者代表大会办公室编. 执行总路线的红旗 [M]. 北京：工人出版社，1960：186.

[164]　第一机械工业部新技术宣传推广所. 蚂蚁啃骨头（第二集）[M]. 北京：机械工业出版社，1958：5.

[165]　曲绍谦. "小蚂蚁能啃大骨头"的诞生 [N]. 沈阳日报，沈阳：2005—6—11.

[166]　《人民日报》社论. 谁说蚂蚁不能啃骨头 [M]. 人民日报，北京：1958—8—20.

[167]　刘甘玉. 机床革命的开端 [J]. 红旗，1958，(14)：17.

[168]　李永禄. 蚂蚁啃骨头（二人转）曲艺集 [M]. 沈阳：辽宁人民出版社，1958.

[169]　广西民族出版社翻译的《蚂蚁啃骨头》（壮文）[M]. 南宁：广西民族出版社，1959.

[170]　陈毅. 参观蚂蚁啃骨头 [N]. 解放日报，北京：1958—12—6.

[171]　小型积木式机床创制成功 [M]. 北京：冶金工业出版社，1960：4—9.

[172]　刘仲甫. 一个使用"活动机床"制造大型设备的机械厂 [J]. 红旗，1958，(14)：19.

[173]　刘甘玉. 机床革命的开端 [J]. 红旗，1958，(14)：17.

[174]　哈尔滨工业大学机床教研组. 积木式机床 [M]. 北京：机械工业出版社，1960：10.

[175]　中共机械系总支委员会. 积木式机床研究工作总结 [J]. 哈尔滨工业大学学报，1960，(1)：7.

[176]　抚丁. 全国机械工业土设备土办法展览会在京胜利开幕 [J]. 制造技术与机床，1959，(5)：1.

[177]　机床教研室. 论"积木式"机床 [J]. 哈尔滨工业大学学报，1960，(1)：15.

[178]　中共哈尔滨工业大学机械系总支委员会. 对"积木式"机床的几点看法 [N]. 人民日报，北京：1960—1—21.

[179] 关士续. 李昌与哈工大自然辩证法研究 [J]. 哈尔滨工业大学学报（社会科学版），2000，(2)：18.

[180] 中国自然辩证法研究会. 中国自然辩证法研究历史与现状 [M]. 北京：知识出版社，1983. 序2.

[181] 中共哈尔滨工业大学机械系及自动化专业分总支委员会. 从设计"积木式机床"试论机床内部矛盾运动的规律 [N]. 光明日报，北京：1960—11—25.

[182] 中共中央文献研究室. 建国以来毛泽东文稿（第九册）[M]. 北京：中央文献出版社，1996：378.

[183] 侯镇冰，郦明，关士续，等. 再论机床内部矛盾运动的规律和机床的"积木化"问题 [J]. 红旗，1962，(9—10)：18—41.

[184] 上海重型机器厂. 上海重型机器厂基建情况汇报 [R]. 1960年4月8日. 上海重型机器厂档案馆.

[185] 万吨水压机工作大队. 关于万吨水压机制造与安装问题的报告 [R]. 1961年10月26日. 江南造船厂档案馆.

[186] 上海重型机器厂. 为万吨水压机工作缸事 [R]. 1962年11月6日. 上海重型机器厂档案馆.

[187] 第一机械工业部第九局. 关于你厂试制1200吨水压机列账用 [R]. 1959年1月29日. 江南造船厂档案馆.

[188] 上重. 关于万吨水压机造价问题的报告 [R]. 1960年9月9日. 沪（60）上重设子第0538号. 上海重型机器厂档案馆.

[189] 上重. 为请支持解决12000吨水压机之造价由 [R]. (61) 上重基字第0834号. 上海重型机器厂档案馆.

[190] 中共中央文献研究室. 建国以来毛泽东文稿（第十一册）[M]. 北京：中央文献出版社，1998：210—212.

[191] 曹建勋. 刘少奇三到上海闵行. 世纪行 [J]，2001，(4)：35—36.

[192] 新华社上海电. 李富春薄一波副总理观看一万二千吨水压机操作表演 [N]. 人民日报，北京：1965—3—20.

[193] 上海机电工业志编纂委员会. 上海机电工业志 [M]. 上海：上海社会科学院出版社，1996.

[194] 三机部第九局. 印发436厂万吨水压机制造安装过程中的安技工作经验体会 [R]. 1962年9月10日. 江南造船厂档案馆.

[195] 孙烈，从万吨水压机看制造业遗产的价值与保护 [J]，哈尔滨工业大学学报（社会科学版），2009，(1)：26—32.

[196]　侯鑫. 侯宝林一生说过多少段相声 [J]. 博览群书，2006，(1)：82—83.

[197]　张洋. 具有纪念意义的万吨水压机模型 [J]. 模型世界，2009，(10)：104—105.

[198]　上重厂. 关于参观万吨水压机的请示报告 [R]. 1965 年 4 月 21 日. 上海重型机器厂档案馆.

[199]　一机部、三机部. 关于万吨水压机对外参观时可不必停止生产的函 [R]. 1966 年 9 月 27 日. 上海重型机器厂档案馆.

[200]　刘亚东等. 春颂邓小平同志与中国科技事业 [M]. 北京：科学技术文献出版社，2004：248—252.

[201]　唐应斌，宋大有. 12000 吨锻造水压机的焊接生产. 引自：中华人民共和国科学技术协会编. 一九六四年北京科学讨论会论文集 [C]. 北京：中华人民共和国科学技术协会，1965：435—436.

[202]　倪志福. 丰富多彩的工科学术报告 [J]. 科学大众，1964，(11)：384.

[203]　唐应斌，宋大有. 12000 吨锻造水压机的焊接生产 [J]. 科学通报，1964，(10)：881.

[204]　一重厂档案馆. 卷 0707 [R]：53.

[205]　一重厂档案馆. 卷 0051 [R]：79.

[206]　中华人民共和国驻捷克斯洛伐克大使馆商务参赞处. 12000 吨水压机的谈判情况. 1958 年. 国家机械档案馆. 全宗号 221. 目录号 24. 案卷号 1：109.

[207]　一机部三局. 请核批 12500 吨锻造水压机及 300 吨锻造吊车的设计 [R]. 1958 年. 国家机械档案馆. 全宗号 221. 目录号 24. 案卷号 860：1.

[208]　专家办公室. 感谢苏联专家的巨大帮助 [N]. 重机报，1959—11—7.

[209]　我厂铸造水平又前进了一大步——12500 吨水压机铸件全部铸成 [N]. 重机报，1959—3—1.

[210]　上重厂. 为万吨水压机提交验收及有关问题的请示 [R]. 1964 年 10 月 14 日. 上重厂档案馆.

[211]　一机部三局. 局务会议纪要 [R]. 1959 年. 国家机械档案馆. 全宗号 221. 目录号 24. 案卷号 94：20.

[212]　《上海航空工业志》编纂委员会. 上海航空工业志 [M]. 上海：

上海社会科学院出版社，1996.

[213] 解放日报党委办公室. 热烈响应华主席抓纲治国的伟大号召林宗棠抱病设计五万吨模锻水压机 [N]. 解放日报（情况简报），北京：1977—3—4.

[214] 沈良梁，姜鸣峰. 万吨水压机活动横梁的焊接 [J]. 机械工人（热加工），1994，（1）：6.

[215] 上海市机电工业管理局. 关于同意上海重型机器厂12000吨自由锻造水压机大修改造工程竣工验收的批复 [R]. 上重厂档案馆.

[216] 张冠城. 林宗棠千里传话愿水压机新世纪立新功 [N]. 上海经济报，上海：2002—6—5.

[217] 程树榛. 冒充大哥好多年——揭开中国第一台水压机的事实真相 [J]. 中国作家，2006，（12）：212.

[218] 自力更生方针万岁！（《解放日报》社论）[N]. 解放日报，北京：1964—9—27.

[219] 佟雪峰，刘金环，宗学军，等. 万吨水压机立柱焊接后热处理工艺的实施方案 [J]. 一重技术，2004，（3）：23.

[220] 刘志强，赵云志. 用焊接法现场修复水压机立柱 [J]. 一重技术，2006，（5）：76.

[221] 蔡墉. 锻压行业设备构成与发展前景 [J]. 设备管理与维修，2007，（8）：13—14.

[222] 罗竹凤，汉语大辞典编辑委员会，汉语大词典（第二卷）[M]. 上海：汉语大词典出版社，1988：730.

[223] 中国社会科学院语言研究所词典编辑室. 现代汉语词典（修订版）[M]. 北京：商务印书馆，2001：198.

[224] Innovation，1：the introduction of something new 2：a new idea，method，or device. The Merriam-Webster Dictionary [M]，Merriam-Webster Incorporated，Springfield，Massachusetts，USA，1994：386.

[225] 张华胜，薛澜. 技术创新管理新范式：集成创新 [J]. 中国软科学，2002，（12）：6—22.

[226] ［美］约瑟夫·熊彼特. 经济发展理论——对于利润、资本、信贷、利息和经济周期的考察 [M]. 何畏，易家详等译. 北京：商务印书馆，1991.

[227] Nelson R.，Winter S. An Evolutionary Theory of Economic

Change [M]. Cambridge，MA：The Belknap Press，1982.

[228]　Rothwell，R. Successful industrial innovation：critical factors for the 1990s [J]. R&D Management. 1992，22（3）：221—239.

[229]　郑贵斌. 创新的理论渊源、发展轨迹及其启示 [J]. 创新，2007，(1)：34—39.

[230]　Iansiti. M. and West. J.. Technology integration：Turning Great Research into Great Products [J]. Harvard Business Review，May-June，1997：69—79.

[231]　Iansiti, M.. Technology integration：making critical choices in a dynamic world [M]. Harvard Business School Press，1998.

[232]　德鲁克. 创新与企业家精神 [N]. 蔡文燕译. 北京：机械工业出版社，2007.

[233]　Freeman. C. The economics of industrial innovation，2nd ed. London：Francis Printer，1982.

[234]　韩晓东. 企业集成创新理论综述 [J]. 科技创业，2007，（6）：157—158.

[235]　中华人民共和国国务院. 国家中长期科学和技术发展规划纲要（2006—2020 年）[R]. 2006—2.

[236]　路甬祥. 当今时代更需要技术集成创新 [J]. 职业技术教育，2001，(27)：28—29.

[237]　咏梅. 饭盛挺造《物理学》中译本研究 [D]. 硕士论文. 内蒙古师范大学，2005：53.

致　谢

　　本书属于中国机械工程学会的近现代机械史研究课题——"中国技术创新个案研究：五六十年代中国万吨水压机的研制"成果的一部分。2005和2006年，中国机械工程学会两次给予科研资助，确保了本课题相关研究工作的顺利进行。在此，非常感谢中国机械工程学会宋天虎常务副理事长、丁培璠副秘书长、程维琴主任，学会办公室、组织人事处等部门的工作人员，他们对本研究项目非常关心，在课题的立项、文献搜集、联系访谈和参加会议等诸多方面给予了指导与帮助。

　　感谢国家机械档案馆王宏馆长和档案馆的李世勋高级工程师、安春杰女士等工作人员的辛勤劳动和大量的帮助！

　　感谢江南造船（集团）有限责任公司党委宣传部曾明部长与公司档案馆郑静芳女士等工作人员的热情接待和帮助！

　　感谢上海重型机器厂有限公司总经理办公室邵智民主任与公司档案馆的热情接待接待和帮助！

　　感谢沈阳重型机器集团公司档案馆岳延洲老师等工作人员、中国第一重型机械集团公司档案馆提供的支持！

　　特别感谢原上海12000吨水压机技术组组长，上海重型机器集团公司原总工程师、教授级高级工程师徐希文先生！2008年暑期，年逾古稀的徐先生在上海数次接受笔者的访谈，为本研究提供了翔实、生动和感人的口述资料，弥补了文献资料的不足，使得本书的一些细节得以丰富和完善。

　　本书的初稿完成于2007年5月，张柏春研究员（中国科学院自然科学史研究所）指导笔者完成了相关的研究工作，付出了大量的心血。初稿完成后，华觉明研究员（中国科学院自然科学史研究所）、王兆春研究员

（军事科学院）、冯立昇教授（清华大学）、李成智教授（北京航空航天大学）、苏荣誉研究员（中国科学院自然科学史研究所）、田淼研究员（中国科学院自然科学史研究所）和邹大海研究员（中国科学院自然科学史研究所）等诸位先生提出了中肯的修改建议。在最后的写作过程中，胡大年副教授（美国纽约市立大学城市学院）、许苏葵女士等给予笔者的帮助和鼓励，在此一并致谢！

图书在版编目(CIP)数据

制造一台大机器——20世纪50—60年代中国万吨
水压机的创新之路/孙烈著. —济南:山东教育出版社,
2012
(技术转移与技术创新历史丛书/张柏春主编)
ISBN 978—7—5328—7066—0

Ⅰ.①制…　Ⅱ.①孙…　Ⅲ.①水压机(锻造)—技术
史—研究—中国　Ⅳ.①TG315.4—092

中国版本图书馆 CIP 数据核字(2012)第 317900 号

技术转移与技术创新历史丛书
制造一台大机器
——20 世纪 50—60 年代中国万吨水压机的创新之路
孙烈　著

主　　管: 山东出版传媒股份有限公司
出 版 者: 山东教育出版社
　　　　　(济南市纬一路 321 号　邮编:250001)
电　　话: (0531)82092664　传真:(0531)82092625
网　　址: http://www.sjs.com.cn
发 行 者: 山东教育出版社
印　　刷: 山东新华印务有限责任公司
版　　次: 2012 年 12 月第 1 版第 1 次印刷
规　　格: 787mm×1092mm　16 开本
印　　张: 16.5 印张
字　　数: 270 千字
书　　号: ISBN 978—7—5328—7066—0
定　　价: 48.00 元

(如印装质量有问题,请与印刷厂联系调换)
印厂电话:0531—82079112